面向21世纪高等院校精品规划教材·电工电子基础系列

数字信号处理

主　编　邓小玲　徐梅宣　刁寅亮
副主编　陈　楚　王文博
参　编　朱　航　周映虹　肖秀春

北京理工大学出版社
BEIJING INSTITUTE OF TECHNOLOGY PRESS

内 容 简 介

本书包含经典数字信号处理的理论、分析与应用，介绍了时域离散信号与系统、时域离散信号与系统的频域分析、离散傅里叶变换、快速傅里叶变换、数字滤波器的网络结构、IIR 无限长脉冲响应数字滤波器的实现方法、FIR 有限长脉冲响应数字滤波器的实现和经典数字信号处理的应用与实现案例。

本书适合的读者为高等院校具有一定的信息理论基础的大学本科生。学习本书所需先修课程是信号与系统、数字电子技术、工程数学和编程语言等。如果读者有 Matlab 程序设计语言基础则更有利于掌握本书的内容。本书配套有授课课件，该课件与本书内容紧密结合且形式丰富，更利于读者对本书内容的掌握。

图书在版编目（CIP）数据

数字信号处理 / 邓小玲，徐梅宣，刁寅亮主编. —北京：北京理工大学出版社，2019.8（2019.11 重印）

ISBN 978-7-5682-7195-0

Ⅰ. ①数…　Ⅱ. ①邓…　②徐…　③刁…　Ⅲ. ①数字信号处理–高等学校–教材　Ⅳ. ①TN911.72

中国版本图书馆 CIP 数据核字（2019）第 137294 号

出版发行 / 北京理工大学出版社有限责任公司
社　　址 / 北京市海淀区中关村南大街 5 号
邮　　编 / 100081
电　　话 /（010）68914775（总编室）
（010）82562903（教材售后服务热线）
（010）68948351（其他图书服务热线）
网　　址 / http://www.bitpress.com.cn
经　　销 / 全国各地新华书店
印　　刷 / 山东临沂新华印刷物流集团有限责任公司
开　　本 / 787 毫米×1092 毫米　1/16
印　　张 / 11.5
字　　数 / 280 千字
版　　次 / 2019 年 8 月第 1 版　2019 年 11 月第 2 次印刷
定　　价 / 35.00 元

责任编辑 / 陈莉华
文案编辑 / 陈莉华
责任校对 / 周瑞红
责任印制 / 李志强

图书出现印装质量问题，请拨打售后服务热线，本社负责调换

前　言

随着信息技术和计算机技术的快速发展，数字信号处理理论与应用也得到了迅猛发展。数字信号处理的内容十分广泛，其理论总体上分成三个部分：经典数字信号处理、统计数字信号处理以及现代数字信号处理。经典数字信号处理包括离散信号和离散系统分析、z 变换、DFT、FFT、IIR 数字滤波器和 FIR 数字滤波器及一些特殊形式的滤波器设计、有限字长问题及数字信号处理的硬件和软件实现等。经典的内容总是重要且相对成熟的，同时具有较完备的理论和公式。统计数字信号处理研究的对象是随机信号，对这一类信号的研究方法主要是基于统计或估计的方法，其内容包括随机信号的描述、平稳随机信号、自相关函数的估计、经典功率谱和现代功率谱估计、维纳滤波和自适应滤波等。现代数字信号处理中的“现代”一词比较笼统，不仅包括前述统计数字信号处理的内容，也包括非平稳信号处理和分析的理论、时－频联合分析、滤波器组和小波变换等。目前高等院校本科生课程主要要求掌握经典数字信号处理的内容，而统计数字信号处理与现代数字信号处理则主要作为研究生课程的学习内容。本书主要针对高等院校本科教育，因此主要介绍经典数字信号处理的理论与应用。

“数字信号处理”是电子信息、通信工程等本科专业的必修课程，通常设置在“信号与系统”课程之后，着重于数字域信号的处理与分析。同时“数字信号处理”与“DSP（Digital Signal Processing）技术”这两门课程从字面上理解都属于数字信号处理的范畴，前者偏重理论教学，后者注重芯片应用设计。这两门课程有着密切的联系，两个课程应该有着承上启下的作用。而目前已有的大多数教材中，这两门课程的教材内容存在着严重的脱节。前者过于注重理论知识，与实际应用脱节；后者纯粹介绍芯片的使用。此外，以往教材内容普遍存在繁、难、图少而旧且实践性不强等问题。因此，本书注重理论与应用的紧密结合，每一章内容都提供该章理论在 Matlab 上的应用实现，打造出框架清晰、通俗易懂、理论可视化，并与 Matlab 仿真实现相结合，同时与 DSP 技术课程衔接紧密的新型教材。

本书作者具备“数字信号处理”课程十多年的教学经验，常年使用清华大学程佩青和西安电子科技大学高西全编著的《数字信号处理》教材。在此教材的基础上，本书作者进行了框架、内容、描述手法以及表现形式的改良，以离散时间信号的时频域分析为主线，数字滤波器设计方法为重点，结合 Matlab 的仿真实现并加强理论知识的可视化功能编写本书。通过在计算机和手机 App 上最新的数学理论分析软件以及数学可视化功能，使学生更形象化地掌握离散信号的表征、运算、时域和频域分析及处理、常见滤波器的设计方法等。结合十多年来该课程的教学经验及从业工程师在实际应用领域深入浅出的心得体会，作者在教材中融入了 PPT 中形象化的多媒体内容及新型分析软件的绘图，采用通俗易懂的语言编写理论知识内容，并结合实际应用案例及 DSP 技术实现方法，以加强学生们对数字信号处理的概念、原理以及方法的理解。

本书包含经典数字信号处理的理论、分析与应用，一共设有 8 个章节。第 1 章介绍时域离散信号与系统，侧重介绍离散信号的时域表达与运算、离散系统的性质与时域表征；第 2 章介绍时域离散信号与系统的频域分析，侧重介绍 z 变换与离散时间傅里叶变换 DTFT 以及对离散系统的频域表征；第 3 章介绍离散傅里叶变换 DFT，介绍了对不同信号的四种傅里叶变换的形式，侧重介绍DFT的实际应用；第4章介绍快速傅里叶变换，侧重介绍DFT在计算机上的基2的快速实现算法；第5章介绍了数字滤波器的分类及网络结构，呈现了从理论分析到软硬件实现的一个过渡；第6章介绍了IIR无限长脉冲响应数字滤波器的实现方法，侧重介绍了间接设计法；第7章介绍了FIR有限长脉冲响应数字滤波器的实现，侧重介绍了数字相位滤波器的特性、窗函数实现方法等内容；第8章介绍了经典数字信号处理的应用与实现案例，介绍了几种软硬件平台的使用方法，侧重介绍了基于DSP平台的应用实例，从而更好地与后续课程“DSP技术”进行紧密的衔接。

本书第1、2章由邓小玲、朱航完成；第3、4章由刁寅亮、肖秀春完成；第5、8章由徐梅宣和周映虹完成；第6章由陈楚完成；第7章由王文博完成。

本书适合的读者为具有一定的信息理论基础的高等院校大学本科生。先修课程是信号与系统、数字电子技术、工程数学和编程语言等。如有Matlab程序设计语言基础则更有利于掌握本书的内容。本书配套有授课课件，该课件与本书内容紧密结合，且形式丰富，更有助于读者对本书内容的掌握。

本书由华南农业大学牵头，联合吉林大学、广东工业大学、广东海洋大学等共同编写。本书经过多所高校教师共同商讨教材每一个细节内容，凝聚了大家的教学经验和授课精华，撰写出该学科教材。由于作者水平所限，书中难免出现不足或笔误，欢迎广大读者指正并反馈建议和意见，以便作者不断修正，去粗取精，使本教材趋于完善。

邓小玲
2018年冬于华南农业大学
E-mail：dengxl@scau.edu.cn

CONTENTS 目录

第 1 章　时域离散信号与系统 …… (1)

1.0　引言 …… (1)

1.1　时域离散信号 …… (1)

1.1.1　序列的定义 …… (1)

1.1.2　常见的典型序列 …… (3)

1.1.3　序列的运算 …… (8)

1.2　时域离散系统 …… (12)

1.2.1　系统的输入输出描述 …… (12)

1.2.2　线性系统 …… (12)

1.2.3　时不变系统 …… (13)

1.2.4　因果系统 …… (14)

1.2.5　稳定系统 …… (15)

1.3　时域离散系统的时域表示方法 …… (16)

1.3.1　线性常系数差分方程 …… (16)

1.3.2　线性常系数差分方程的求解 …… (17)

1.4　连续时间信号的抽样 …… (18)

1.4.1　理想抽样过程 …… (18)

1.4.2　理想抽样后信号频谱的变化 …… (18)

1.4.3　抽样后信号的恢复 …… (20)

第 2 章　时域离散信号与系统的频域分析 …… (26)

2.0　引言 …… (26)

2.1　序列的 z 变换 …… (26)

2.1.1　z 变换的定义 …… (26)

2.1.2　序列的收敛域 …… (27)

2.1.3　z 变换的性质 …… (29)

2.1.4　z 反变换 …… (32)

2.1.5　利用 z 变换求解差分方程 …… (36)

2.2　序列的傅里叶变换 DTFT …… (37)

2.2.1　DTFT 的定义及性质 …… (37)

2.2.2　DTFT 与 z 变换的关系 …… (39)

2.3 系统的频域表示…………………………………………………………（39）
2.3.1 系统函数………………………………………………………………（39）
2.3.2 频率响应………………………………………………………………（40）
2.3.3 数字角频率与模拟角频率的转换关系 ……………………………（41）
2.4 利用零极点的几何位置分析系统的频率响应特性……………………（41）
2.5 本章内容的 Matlab 实现…………………………………………………（42）
第 3 章 离散傅里叶变换 ……………………………………………………（50）
3.0 引言…………………………………………………………………………（50）
3.1 4 种傅里叶变换的比较……………………………………………………（50）
3.1.1 连续时间非周期信号…………………………………………………（50）
3.1.2 连续时间周期信号……………………………………………………（51）
3.1.3 离散非周期信号………………………………………………………（51）
3.1.4 离散周期信号…………………………………………………………（52）
3.2 DFT 的定义和性质 ………………………………………………………（53）
3.2.1 DFT 的定义 ……………………………………………………………（53）
3.2.2 DFT 的性质 ……………………………………………………………（54）
3.3 频域采样……………………………………………………………………（58）
3.4 DFT 的应用举例 …………………………………………………………（60）
3.4.1 用 DFT 计算卷积和相关 ……………………………………………（60）
3.4.2 用 DFT 对信号进行分析 ……………………………………………（62）
3.5 本章内容的 Matlab 实现…………………………………………………（64）
3.5.1 DFT 和 IDFT……………………………………………………………（64）
3.5.2 利用 DFT 和 IDFT 计算卷积 ………………………………………（64）
第 4 章 快速傅里叶变换 ……………………………………………………（66）
4.0 引言…………………………………………………………………………（66）
4.1 基 2－FFT 算法 ……………………………………………………………（66）
4.1.1 DFT 的特点和计算量 …………………………………………………（66）
4.1.2 DIT－FFT………………………………………………………………（67）
4.1.3 DIF－FFT ………………………………………………………………（70）
4.1.4 傅里叶反变换的快速方法……………………………………………（73）
4.2 其他快速算法………………………………………………………………（73）
4.2.1 基 4－FFT 算法…………………………………………………………（74）
4.2.2 分裂基 FFT 算法………………………………………………………（74）
4.2.3 Goertzel 算法和调频 z 变换算法……………………………………（75）
4.3 本章内容的 Matlab 实现…………………………………………………（76）
4.3.1 DIT－FFT………………………………………………………………（76）
4.3.2 DIF－FFT………………………………………………………………（77）
第 5 章 数字滤波器的分类及网络结构 ……………………………………（80）
5.0 引言…………………………………………………………………………（80）
5.1 数字滤波器概述……………………………………………………………（80）

5.1.1 数字滤波器的分类……（82）
5.1.2 滤波器的频率响应与性能指标……（83）
5.2 数字滤波器网络结构……（84）
5.2.1 数字滤波器网络结构的意义……（84）
5.2.2 数字滤波器结构表示方法……（85）
5.3 IIR 数字滤波器的网络结构……（86）
5.3.1 直接型……（87）
5.3.2 级联型……（90）
5.3.3 并联型……（91）
5.4 FIR 数字滤波器的网络结构……（94）
5.4.1 直接型……（94）
5.4.2 级联型……（94）
5.4.3 线性相位型……（95）
5.4.4 频率采样型……（97）
第 6 章 IIR 无限长脉冲响应数字滤波器的设计……（102）
6.0 引言……（102）
6.1 IIR 数字滤波器的设计思想……（102）
6.2 模拟滤波器的原型设计……（103）
6.2.1 巴特沃斯低通滤波器的设计方法……（104）
6.2.2 其他 4 种类型模拟滤波器的简介及比较……（107）
6.2.3 模拟域频率转换……（114）
6.3 脉冲响应不变法设计 IIR 数字低通滤波器……（117）
6.4 双线性变换法设计 IIR 数字低通滤波器……（120）
6.5 频带变换法的数字低通、高通、带通、带阻滤波器的设计……（122）
6.6 本章内容的 Matlab 实现……（123）
6.6.1 模拟低通滤波器设计的 Matlab 实现……（123）
6.6.2 模拟域频率变换的 Matlab 实现……（125）
6.6.3 脉冲响应不变法设计 IIR 数字低通滤波器的 Matlab 实现……（126）
6.6.4 双线性变换法设计 IIR 数字低通滤波器的 Matlab 实现……（127）
第 7 章 FIR 有限长脉冲响应数字滤波器设计……（131）
7.0 引言……（131）
7.1 线性相位 FIR 数字滤波器的条件和特点……（131）
7.1.1 FIR 数字滤波器的基本特性……（131）
7.1.2 线性相位的含义和实现线性相位的条件……（132）
7.2 窗函数法设计 FIR 数字滤波器……（137）
7.2.1 窗函数法的原理……（137）
7.2.2 常用窗函数及其特性……（139）
7.2.3 窗函数法设计 FIR 滤波器的步骤……（141）
7.2.4 窗函数设计方法的评价……（145）
7.3 频率采样法设计 FIR 数字滤波器……（145）

7.3.1 频率采样法的原理…………………………………………………………（146）
7.3.2 频率采样法设计 FIR 滤波器的步骤 ………………………………………（147）
7.3.3 频率采样设计方法的评价……………………………………………………（150）
7.4 IIR 滤波器与 FIR 滤波器的应用比较 ……………………………………………（151）
7.5 本章内容的 Matlab 实现 …………………………………………………………（151）
7.5.1 滤波器的频率响应特性…………………………………………………………（151）
7.5.2 4 种类型的线性相位 FIR 滤波器 ……………………………………………（152）
7.5.3 矩形窗函数法的原理…………………………………………………………（152）
7.5.4 用哈明窗设计 FIR 低通滤波器 ………………………………………………（153）
7.5.5 用凯塞窗设计 FIR 低通滤波器 ………………………………………………（154）
7.5.6 用布莱克曼窗设计 FIR 带通滤波器 …………………………………………（155）
7.5.7 用频率采样法设计 FIR 低通滤波器 …………………………………………（155）
7.5.8 用 fir2 函数计算 FIR 滤波器系数 ……………………………………………（156）
第 8 章 数字信号处理应用与实现 ……………………………………………………（159）
8.0 引言 …………………………………………………………………………………（159）
8.1 数字信号处理应用……………………………………………………………………（159）
8.2 常用数字信号处理平台简介…………………………………………………………（160）
8.2.1 Matlab 软件集成开发平台 ……………………………………………………（160）
8.2.2 LabVIEW 软件集成开发平台 …………………………………………………（161）
8.2.3 Python 软件开发平台 …………………………………………………………（162）
8.2.4 单片机处理器……………………………………………………………………（163）
8.2.5 数字信号处理器（DSP 芯片） …………………………………………………（163）
8.3 基于 DSP 平台的信号滤波处理实例…………………………………………………（164）
8.3.1 语音信号处理……………………………………………………………………（165）
8.3.2 基于 Matlab 平台设计 FIR 滤波器 ……………………………………………（166）
8.3.3 基于 DSP 实现 FIR 滤波器 ……………………………………………………（170）
参考文献…………………………………………………………………………………（174）

第1章 时域离散信号与系统

1.0 引　　言

信号被定义为随着时间、空间或其他自变量变化的物理量，可以描述范围极为广泛的一类物理现象。在数学上，信号可以表示为一个或多个变量的函数。

从时间变量的特征和取值来看，信号可以分为两种类型：连续时间信号（模拟信号）和离散时间信号。连续时间信号是指时间自变量在其定义的范围内，除若干不连续点以外均是连续的，且信号幅值在自变量的连续值上都有定义的信号。信号幅值可以是连续的也可以是离散的。与连续时间信号相对应的是离散时间信号。当一个信号的自变量（时间）取离散值时，就被称为时域离散信号。从这个意义上看，时域离散信号就是对模拟信号的采样。当信号的自变量（时间）和函数值均为离散值时，我们称其为数字信号，因此数字信号是幅度量化了的时域离散信号。

信号有模拟信号、时域离散信号和数字信号之分。对应地按照系统的输入输出信号的类型，系统也可分为模拟系统、时域离散系统和数字系统。

数字信号处理最终要处理的是数字信号，但在理论研究中一般研究时域离散信号和系统。时域离散信号与数字信号之间的差别仅在于数字信号存在量化误差。

本章作为全书的基础，主要学习时域离散信号的表示方法、典型离散信号、时域离散系统的特性以及时域分析方法等。

1.1 时域离散信号

1.1.1 序列的定义

时域离散信号（Discrete－time Signals）是以时间 T 对模拟信号的采样，如图 1－1 所示。一般来说，采样间隔是均匀的。离散时间信号在两个连续样本之间的时刻并没有定义，也不能说在这两个样本之间取值为零。

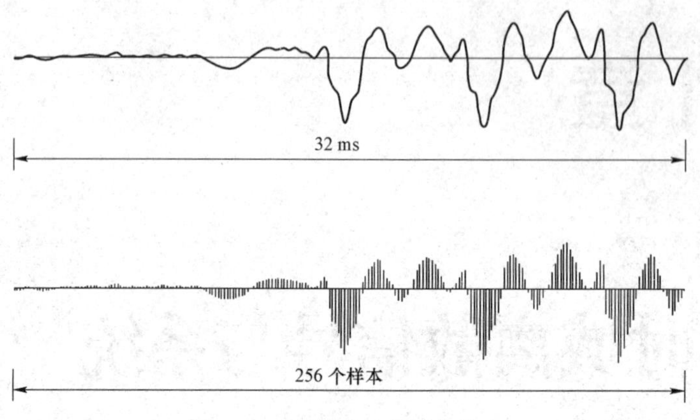

图 1-1　离散时间信号的由来

用 $x(nT)$ 表示离散时间信号在 nT 点上的值，n 为整数。由于 $x(nT)$ 顺序存放在存储器中，可以用一个有序的集合——序列（Sequences）表示时域离散信号，用 $x(n)$ 表示。它有多种表示方法。

1. 用集合符号表示序列

$$x(n)=\{x_n;n=\cdots,-2,-1,0,1,2,\cdots\}$$

例 1-1：一个有限长序列可以表示为：

$$x(n)=\{10,8,7,8,9;n=0,1,2,3,4\}$$

也可以简单地表示为：

$$x(n)=\{\underline{10},8,7,8,9\}$$

集合中有下划线的元素表示 $n=0$ 时刻的采样值。

2. 用公式表示序列

例如：

$$x(n)=a^{|n|}\qquad 0<a<1,-\infty<n<\infty$$

$$x(n)=\begin{cases}2，n=0\\4，n=3\\0，其他\end{cases}$$

3. 用图形表示序列

如图 1-2 所示是时域离散信号

$$x(n)=\sin(\pi n/6)，n=-5,-4,\cdots,0,\cdots,4,5$$

的图形表示。图中横坐标 n 表示离散的时间坐标，且仅在 n 为整数时才有意义，纵坐标代表信号此时的取值。

该图形对应的 Matlab 语言如下：

```
n=-5:5;%位置向量n从-5到5
x=sin(pi*n/6);%计算向量x(n)的11个样本值
stem(n,x,'filled');%绘图,竖线顶端用黑点填充
line([-5,6],[0,0]);%在(-5,0)点与(6,0)之间加一条直线
axis([-5,6,-1.2,1.2]);
xlabel('n');
ylabel('x(n)');
```

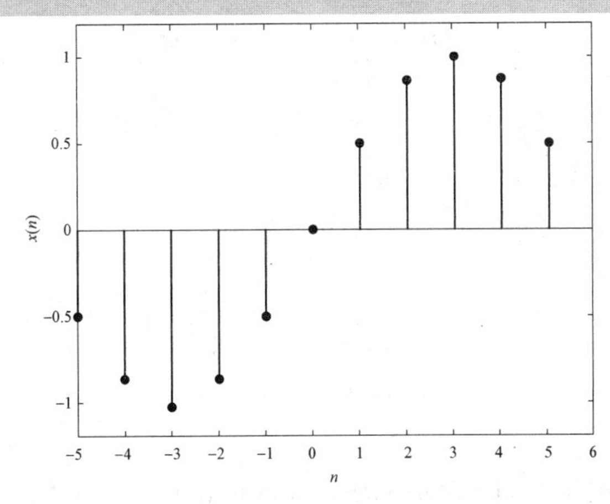

图 1-2 $x(n)=\sin(\pi n/6)$ 的波形图

4. **用单位抽样序列的移位加权和来表示**

该表示方法详见公式（1-3）。

1.1.2 常见的典型序列

在时域离散时间信号和系统的研究中，会频繁出现许多基本信号，它们起着非常重要的作用。

（一）典型序列

1. 单位脉冲序列 $\delta(n)$

单位脉冲序列亦称单位抽样序列，或时域离散冲激。其定义如下：

$$\delta(n)=\begin{cases}1, & n=0\\ 0, & n\neq 0\end{cases} \tag{1-1}$$

$\delta(n)$ 的图形如图 1-3 所示。

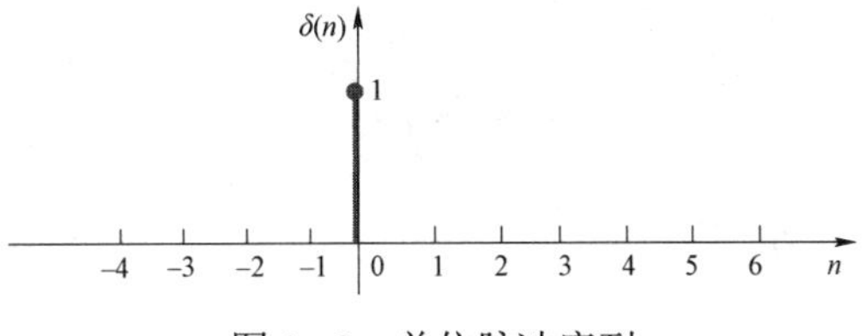

图 1-3 单位脉冲序列

单位脉冲序列可以用于一个信号在 $n=0$ 时值的采样，更一般的情况是若考虑发生在 $n=n_0$ 处的单位脉冲 $\delta[n-n_0]$，那么就有

$$x(n)\delta(n-n_0)=x(n_0)\delta(n-n_0) \tag{1-2}$$

在“信号与系统”课程中，我们学习过单位冲激函数$\delta(t)$，它是脉宽为零，幅度为∞的一种数学极限，是非现实信号。而这里的单位脉冲序列$\delta(n)$是一个脉冲幅度为 1 的现实序列。

对于任何一个序列，用单位抽样序列的移位加权和来表示。

$$x(n)=\sum_{m=-\infty}^{+\infty}x(m)\delta(n-m) \tag{1-3}$$

如图 1-4 所示的序列，包含三个序列值，因此可将其表示为：

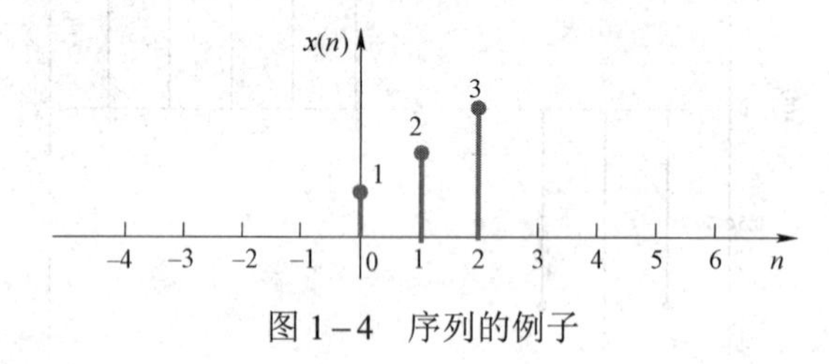

图 1-4　序列的例子

$$x(n)=\sum_{m=0}^{2}x(m)\delta(n-m)=\delta(n)+2\delta(n-1)+3\delta(n-2)$$

2. 单位阶跃序列 $u(n)$

$$u(n)=\begin{cases}1, & n\geqslant 0\\ 0, & n<0\end{cases} \tag{1-4}$$

单位阶跃序列如图 1-5 所示。

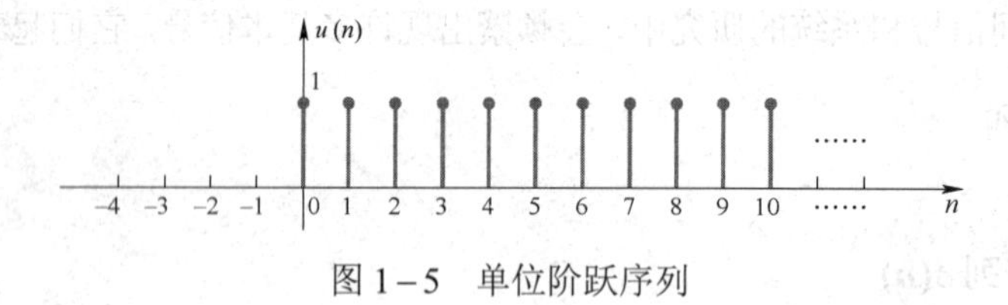

图 1-5　单位阶跃序列

离散时间单位脉冲与单位阶跃之间存在着密切的联系。离散时间单位脉冲是单位阶跃的一次差分，即：

$$\delta(n)=u(n)-u(n-1) \tag{1-5}$$

相反地，单位阶跃序列是单位脉冲的求和函数，或者说单位阶跃序列可以看成一系列延时脉冲的叠加，即：

$$u(n)=\sum_{k=0}^{+\infty}\delta(n-k) \tag{1-6}$$

将 $m=n-k$ 代入式（1-6）得：

$$u(n)=\sum_{m=-\infty}^{n}\delta(m) \tag{1-7}$$

3. 矩形序列

$$R_N(n)=\begin{cases}1, & 0\leqslant n\leqslant N-1\\ 0, & n\text{为其他值}\end{cases} \tag{1-8}$$

矩形序列如图 1-6 所示。

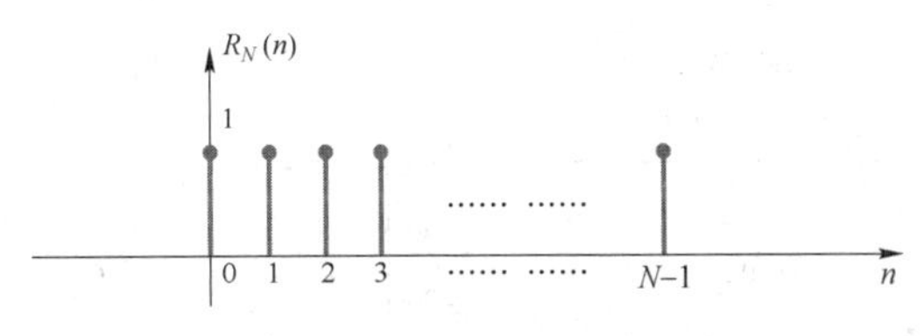

图 1-6 矩形序列

用单位阶跃序列 $u(n)$ 表示矩形序列 $R_N(n)$，则有：

$$R_N(n)=u(n)-u(n-N) \tag{1-9}$$

用单位取样序列 $\delta(n)$ 表示矩形序列 $R_N(n)$，则有：

$$R_N(n)=\sum_{m=0}^{N-1}\delta(n-m) \tag{1-10}$$

4. 实指数序列

$$x(n)=a^n u(n)=\begin{cases}a^n, & n\geqslant 0\\ 0, & n<0\end{cases} \tag{1-11}$$

若 $|a|<1$，$x(n)$ 的幅度随 n 的增大而减小，为收敛序列；若 $|a|>1$，则称为发散序列。若 $a>0$，实指数序列的所有值有同一符号；反之，若 $a<0$，则实指数序列的值正负交替。其图形如图 1-7 所示。

5. 复指数序列

$$x(n)=C\alpha^n \tag{1-12}$$

其中，C 与 α 一般均为复数。若令 $\alpha=\mathrm{e}^{\beta}$，则有另一种表达形式：

$$x(n)=C\mathrm{e}^{\beta n} \tag{1-13}$$

将 C 用极坐标表示，β 用笛卡尔坐标表示，分别有：

$$C=|C|\mathrm{e}^{\mathrm{j}\theta}$$

$$\beta=r+\mathrm{j}\omega_0$$

那么，利用欧拉公式，可以进一步展开为：

$$C\mathrm{e}^{\beta n}=|C|\mathrm{e}^{rn}\cos(\omega_0 n+\theta)+\mathrm{j}|C|\mathrm{e}^{rn}\sin(\omega_0 n+\theta) \tag{1-14}$$

由此可见，若 $r=0$，则复指数信号的实部和虚部都是正弦的；若 $r>0$，其实部和虚部都是呈指数增长的信号；若 $r<0$ 则为振幅呈指数衰减的信号。图 1-8（a）、（b）是当 $r=0.9$ 对应的衰

减余弦信号与正弦信号；图 1-8（c）是 $r=1$ 时对应的图，$r=1$ 的时候不会出现衰减。

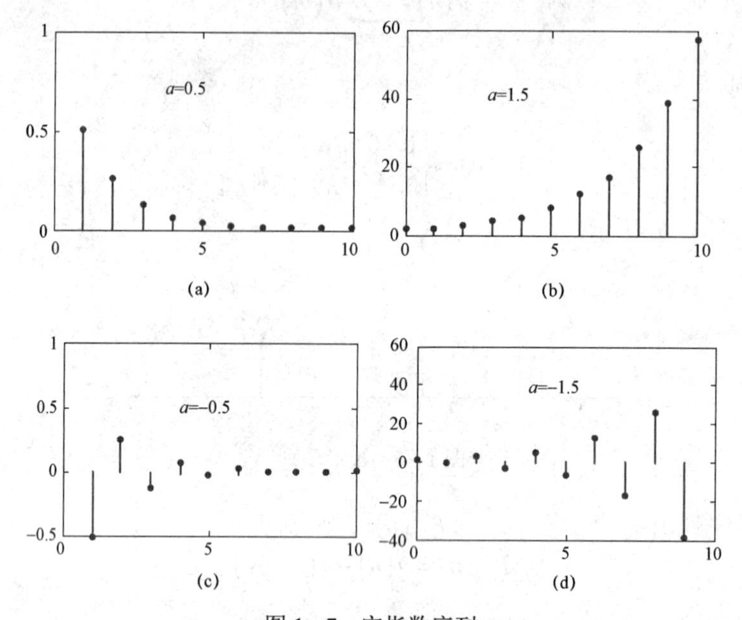

图 1-7　实指数序列

（a）$a>0$ 且 $|a|<1$；（b）$a>0$ 且 $|a|>1$；（c）$a<0$ 且 $|a|<1$；（d）$a<0$ 且 $|a|>1$

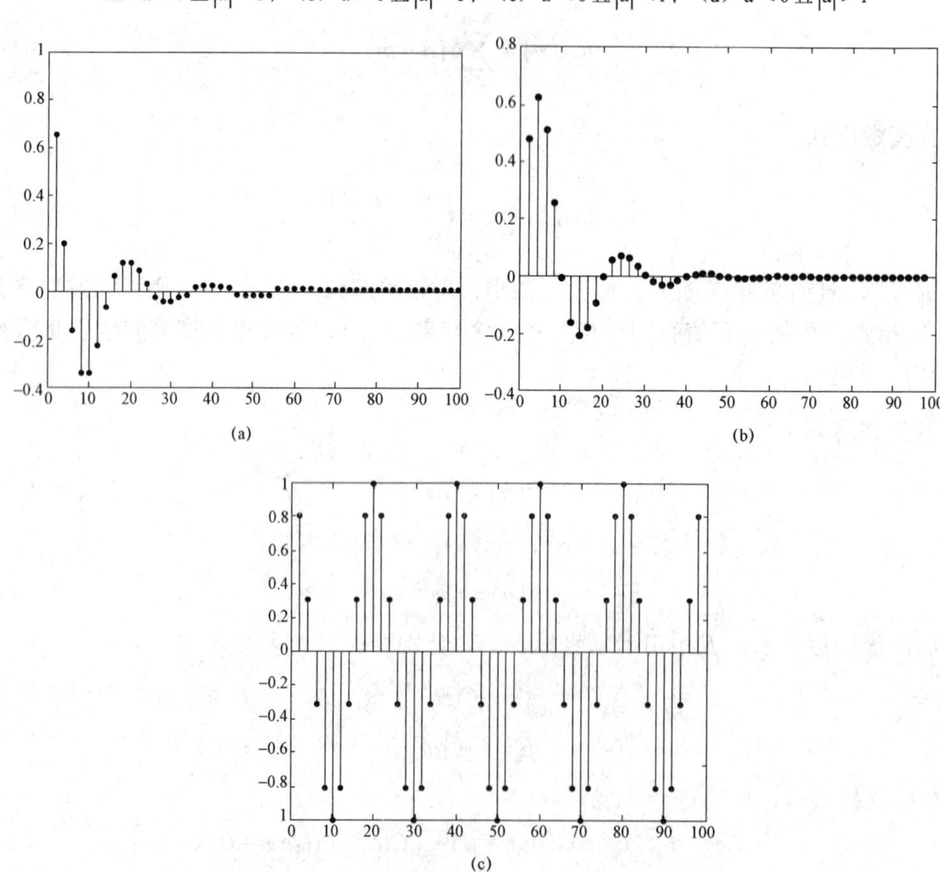

图 1-8　r 取不同值对应的复指数信号

（a）$r=0.9$；（b）$r=0.9$；（c）$r=1$

若将式（1－13）中的 β 限定为纯虚数，即令 $\beta = \mathrm{j}\omega_0$，就可以得到另一个重要的复指数序列：

$$x(n) = C\mathrm{e}^{\mathrm{j}\omega_0 n} \tag{1-15}$$

复指数序列 $\mathrm{e}^{\mathrm{j}\omega n}$ 作为序列分解的基单元，在序列的傅里叶分析中起着重要的作用。

$$x(n) = \mathrm{e}^{\mathrm{j}\omega n} = \cos(\omega n) + \mathrm{j}\sin(\omega n) \tag{1-16}$$

6. 正弦序列

对连续时间正弦信号 $x_a(t) = \sin(\Omega t)$ 取样可以得到正弦序列：

$$x(n) = x_a(t)\big|_{t=nT} = \sin(\Omega nT) = \sin(\omega n) \tag{1-17}$$

式中，ω 称为正弦序列的数字域频率（也称数字频率），单位是弧度（rad），它表示序列变化的速率，或者说表示相邻两个序列值之间相位变化的弧度数。

因此得到数字频率 ω 与模拟角频率 Ω 之间的关系为

$$\omega = \Omega T \tag{1-18}$$

式（1－17）具有普遍意义，表示凡是由模拟信号采样得到的序列，模拟角频率 Ω 与序列的数字域频率 ω 成线性关系。由于采样频率 F_s 与采样周期 T 互为倒数，因而有

$$\omega = \frac{\Omega}{F_\mathrm{s}} \tag{1-19}$$

式（1－19）表示数字域频率是模拟角频率对采样频率的归一化频率。本书中用 ω 表示数字域频率，Ω 和 f 分别表示模拟角频率与模拟频率，Ω=2πf。Ω 的量纲为 rad/s，ω的量纲为 rad。

（二）序列的周期性

当序列是周期的时，其周期表示正弦序列的序列值重复变化的快慢。

例 1－2：若ω=0.01π，则序列值每 200 个重复一次正弦循环；

若ω=0.1π，则序列值每 20 个重复一次正弦循环。

如果信号 $x(n)$ 有

$$x(n+N) = x(n) \tag{1-20}$$

则称信号 $x(n)$ 是周期为 $N(N>0)$ 的周期信号，N 的最小值称为基础周期。

一个离散时间正弦信号可以表示为：

$$x(n) = A\sin(n\omega_0 + \phi) \tag{1-21}$$

其中，n 是整型变量，称为样本数。

$$\begin{aligned} x(n+N) &= A\sin[(n+N)\omega_0 + \phi] \\ &= A\sin[N\omega_0 + n\omega_0 + \phi] \end{aligned}$$

若 $N\omega_0$=2kπ，当 k 为整数时（即 $N\omega_0$ 为 2π的整数倍），则有：

$$x(n) = x(n+N)$$

$x(n)$ 为周期信号。

观察 $N\omega_0=2k\pi$，即 $N=\dfrac{2\pi}{\omega_0}\cdot k$ 时：

（1）当 $2\pi/\omega_0$ 为整数，$k=1$ 时，则 $N=2\pi/\omega_0$ 为最小整数，且保证 $x(n)=x(n+N)$。

例 1-3：序列 $x(n)=5\sin\left(\dfrac{\pi}{4}n+3\right)$，因为 $2\pi/\omega_0=8$，所以是一个周期序列，其周期 $N=8$。

（2）当 $2\pi/\omega_0$ 为有理数而非整数时，仍然是周期序列，周期大于 $2\pi/\omega_0$。

例 1-4：序列 $x(n)=2\cos\left(\dfrac{3\pi}{4}n+7\right)$，$2\pi/\omega_0=8/3$ 是有理数，所以是周期序列，取 $k=3$，得到周期 $N=8$。

（3）当 $2\pi/\omega_0$ 为无理数时，任何 k 都不能使 N 为整数，此时 $x(n)$ 不是周期性的。

因此，只有当 $2\pi/\omega_0$ 是有理数时，一个离散时间正弦信号才是周期的。如图 1-9 是 $x(n)=\cos(2n)$ 的信号，其 $2\pi/\omega_0$ 不是有理数，因此它并不是周期的。

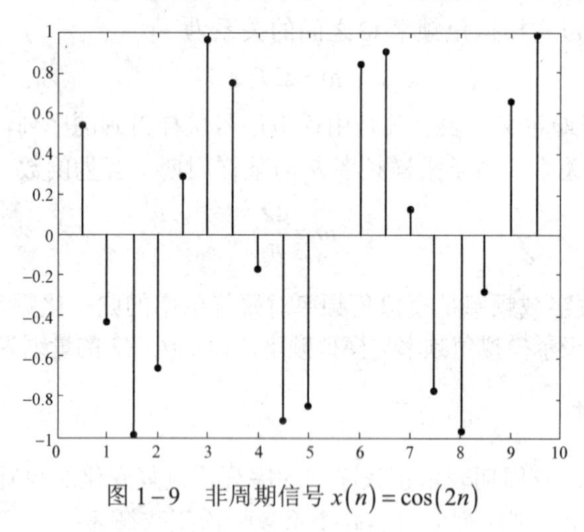

图 1-9　非周期信号 $x(n)=\cos(2n)$

1.1.3　序列的运算

序列的运算主要有加法、乘法、移位、翻转（反褶）、累加、差分运算、时间尺度（比例）变换和卷积和。

1. 序列的和

设 $y(n)$ 是两个信号 $x_1(n)$ 和 $x_2(n)$ 的和，即

$$y(n)=x_1(n)+x_2(n),-\infty<n\leqslant\infty \tag{1-22}$$

两序列的和是指同序号 n 的序列值逐项对应相加而构成的新序列。

2. 序列的积

类似地，两个信号 $x_1(n)$ 和 $x_2(n)$ 的积可表示为：

$$y(n)=x_1(n)x_2(n),-\infty<n<\infty \tag{1-23}$$

两序列的积是指同序号 n 的序列值逐项对应相乘而构成的新序列。

3. 序列的移位

设有一信号 $x(n)$，将自变量 n 变为 $n-k$，其中 k 是整数，那么就实现了信号 $x(n)$ 在时间上的平移，即移位。如果 k 是正整数，则时间平移使得信号在时间上延迟了 k 个单位，即序列逐项依次右移 k；反之，信号就超前 $|k|$ 个单位。信号移位 k 个单位可表示为：

$$y(n)=x(n-k) \tag{1-24}$$

如果信号已经存储在某些存储器内，那么通过引入延迟或超前，可以很容易得到改变信号的起点。比如，回声可以用延迟单元来生成，直接声音和它的延迟了 R 个周期的单个回声可以用公式（1-25）来表示（α 是回声的衰减系数）：

$$y(n)=x(n)+ax(n-R),\ |a|<1 \tag{1-25}$$

为了生成间隔为 R 个周期的多重回声，可将上式改为：

$$y(n)=x(n)+ax(n-R)+a^2x(n-2R)+\cdots+a^{N-1}x(n-(N-1)R),\ |a|<1$$

但是，如果是实时信号，那么就不可能在时间上超前这个信号，只可能插入一定延迟。

4. 序列的反褶（翻转）

将 $x(n)$ 变为 $x(-n)$，这就实现了将信号关于纵轴的翻转，有的教材也把这种过程叫作映射。$x(-n)$ 是以 $n=0$ 为纵轴将 $x(n)$ 反褶后的序列，如图 1-10 所示。

$$y(n)=x(-n) \tag{1-26}$$

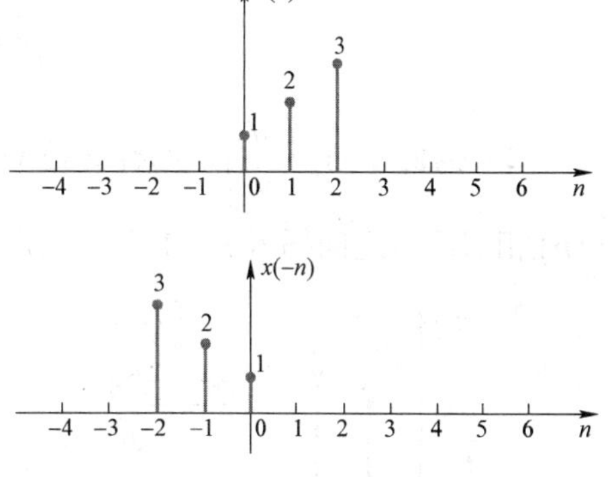

图 1-10　信号翻转示意

5. 序列的累加

设有序列 $x(n)$，则 $x(n)$ 的累加序列 $y(n)$ 定义为：

$$y(n)=\sum_{k=-\infty}^{n}x(k) \tag{1-27}$$

它表示 $y(n)$ 在某一个 n_0 上的值等于这一个 n_0 上的 $x(n_0)$ 以及 n_0 之前的所有 n 值上的 $x(n)$ 值的和。

6. 差分运算

设有信号 $x(n)$，则 $x(n)$ 的前向差分为：

$$\Delta x(n)=x(n+1)-x(n) \tag{1-28}$$

$x(n)$ 的后向差分为：

$$\Delta x(n)=x(n)-x(n-1) \tag{1-29}$$

由上式可知 $x(n-1)$ 的前向差分为：

$$\Delta x(n-1)=x(n)-x(n-1)$$

我们可以看到

$$\Delta x(n)=\Delta x(n-1) \tag{1-30}$$

差分运算反映了序列 $x(n)$ 的幅值变化规律。

7. 序列的尺度（比例）变换

设某序列 $x(n)$，在时间上对其进行尺度变换为 $x(mn)$ 或 $x\left(\dfrac{n}{m}\right)$，其中 m 是整数。这种基于时间的尺度变换称为时间缩放。

在序列的尺度变换这一基础上，又定义了两种序列：抽取序列与插值序列。

（1）抽取序列 $x(mn)$：对 $x(n)$ 进行抽取运算，不是简单在时间轴上按比例增加到 m 倍，而是 以 $1/m$ 倍的取样频率每隔 $m-1$ 个点抽取 1 点，并且保留 $x(0)$ 的值不变，如图 1－11 所示。

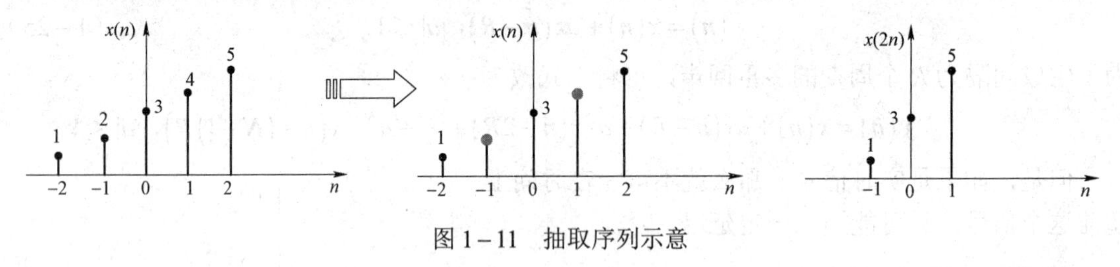

图 1－11　抽取序列示意

（2）插值序列 $x\left(\dfrac{n}{m}\right)$：同样保留 $x(0)$ 的值不变，在时间轴上按比例扩大 m 倍，在原序列 $x(n)$ 相邻两点之间插入 $m-1$ 个零值点，如图 1－12 所示。

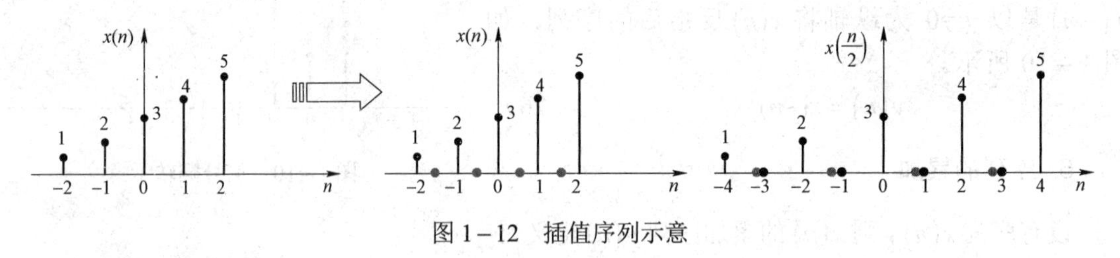

图 1－12　插值序列示意

8. 序列的卷积和

在“信号与系统”课程中，卷积积分是求连续线性时不变系统输出响应的主要方法。其表达式为：

$$y(t)=x(t)*h(t)=\int_{-\infty}^{+\infty}x(m)h(t-m)\mathrm{d}m \tag{1-31}$$

而卷积和是求离散线性时不变系统输出响应的主要方法。其表达式为：

$$y(n)=x(n)*h(n)=\sum_{-\infty}^{+\infty}x(m)h(n-m) \tag{1-32}$$

卷积和的计算步骤包含以下四步：

（1）翻转：$x(m)$，$h(m)\rightarrow h(-m)$。

（2）移位：$h(-m)\rightarrow h(n-m)$，其中 n 为正数，右移 n 位；n 为负数，左移 n 位。

（3）相乘：$h(n-m)\cdot x(m)$（m 值相同）。

（4）相加：$y(n)=\sum[h(n-m)\cdot x(m)]$

卷积和与两序列的前后次序无关。证明如下：

$$y(n)=x(n)*h(n)=\sum_{m=-\infty}^{+\infty}x(m)h(n-m)=\sum_{n-k=-\infty}^{+\infty}x(n-k)h(k)$$

令 $n-m=k$，$m=n-k$，则：

$$y(n)=x(n)*h(n)=\sum_{k=-\infty}^{+\infty}h(k)x(n-k)=h(n)*x(n)$$

如果信号可以分解为类似多项式的形式：

$$\begin{cases}y(n)=a_nx^n+\cdots+a_2x^2+a_1x+a_0\\x^n=f(n\omega_0)\end{cases}$$

则两个信号相乘的结果就可以通过卷积计算。

之所以强调 $x^n=f(n\omega_0)$，是因为频谱分析通常关心各频率成分的大小。任何一个周期信号都可以表示为多个频率分量之和，即直流分量、基波分量（角频率 $\omega_0=2\pi f_0$）、2 次谐波分量（角频率为 $2\omega_0$）、3 次谐波分量（角频率为 $3\omega_0$）等，所以我们希望多项式中的各项是 $n\omega_0$ 的函数。

上面这种把信号表示成形式类似于多项式的方法，本质上就是傅里叶级数展开，多项式中各项的系数实际就是傅里叶系数。即：

$$f(t)=\sum_{k=-\infty}^{+\infty}c_k\mathrm{e}^{\mathrm{j}k\omega_0t}\quad\text{（时域相乘，相当于频域卷积）}$$

举个例子，计算多项式 $(x+1)(x^2+2x+5)$。一般地，多项式的系数要通过逐项相乘再合并同类项的方法得到，而如果用卷积计算，则：

多项式 $x+1$ 的系数为

$$[a(1),a(0)]=[1,1]$$

多项式 x^2+2x+5 的系数为

$$[b(2),b(1),b(0)]=[1,2,5]$$

二者相乘所得的多项式 x^3+3x^2+7x+5 的系数为

$$[c(3),c(2),c(1),c(0)]=[1,3,7,5]$$

利用上面的计算方法，可以得到：

$$c(0)=a(0)b(0)$$

$$c(1)=a(0)b(1)+a(1)b(1)+a(2)b(0)$$

$$c(2)=a(0)b(2)+a(1)b(2)+a(2)b(1)+a(3)b(0)$$

在上面基础上推广，假定两个多项式的系数分别为：

$$a(n),\ n=0\sim n_1;\ b(n),\ n=0\sim n_2$$

这两个多项式相乘所得的多项式系数 $c(n)$ 为：

$$c(n)=\sum a(k)b(n-k),\ n=0\sim(n_1+n_2)\tag{1-33}$$

上面这个式子就是 $a(n),b(n)$ 的表达式。

通常我们把 $a(n),b(n)$ 的卷积记为：$a(n)*b(n)$，其中“*”表示卷积运算符。

1.2 时域离散系统

1.2.1 系统的输入输出描述

设时域离散系统的输入为$x(n)$，经过规定的运算，系统输出序列用$y(n)$表示。输入输出之间的关系用下式表示：

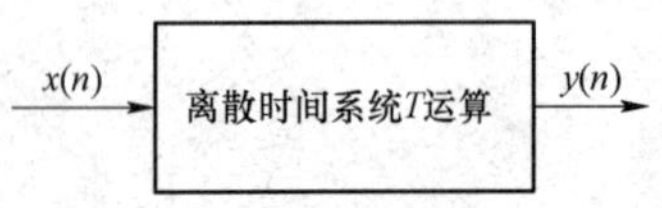

图1－13　时域离散系统框图

$$y(n)=T\left[x(n)\right] \tag{1-34}$$

其中，符号T表示系统对$x(n)$进行的运算或处理以产生$y(n)$。其框图如图1－13所示。

当输入为$\delta(n)$时，系统的输出用单位抽样（冲激）响应$h(n)$表示。即：

$$h(n)=T[\delta(n)] \tag{1-35}$$

1.2.2 线性系统

系统的输入、输出之间满足线性叠加原理的系统就称为线性系统。线性叠加原理要求系统既要满足可加性，又要满足比例性或齐次性。

1. 可加性

设$y_1(n)=T[x_1(n)]$，$y_2(n)=T[x_2(n)]$，如果$y_1(n)+y_2(n)=T[x_1(n)]+T[x_2(n)]=T[x_1(n)+x_2(n)]$，说明系统$T[\bullet]$满足可加性。

2. 比例性（齐次性）

设$y_1(n)=T[x_1(n)]$，如果$a_1y_1(n)=a_1T[x_1(n)]=T[a_1x_1(n)]$，说明系统$T[\bullet]$满足比例性或齐次性。

综合1、2，得到叠加原理的一般表达式为：

$$\sum_{i=1}^{N}a_iy_i(n)=T\left[\sum_{i=1}^{N}a_ix_i(n)\right] \tag{1-36}$$

说明：

（1）叠加原理的一个直接结果是零输入产生零输出。

（2）在证明一个系统是否为线性系统时，应证明系统既满足可加性，又满足比例性。

例1－5：验证下面的系统是否为线性系统：

$$y(n)=4x(n)+6$$

方法一：验证系统是否满足叠加原理。

可加性分析：

若$x_1(n)=3$，则：

$$y_1(n)=4\times3+6=18$$

若 $x_2(n)=4$，则：

$$y_2(n)=4\times4+6=22$$

得到：

$$y_1(n)+y_2(n)=18+22=40$$

而 $x_3(n)=x_1(n)+x_2(n)=7$，有：

$$y_3(n)=4\times7+6=34\neq40$$

得证：由于该系统不满足可加性，故其不是线性系统。

方法二：利用线性系统的“零输入产生零输出”的特性验证。

因为当 $x(n)=0$ 时，$y(n)=6\neq0$，这不满足线性系统的“零输入产生零输出”的特性，因此它不是线性系统。

1.2.3 时不变系统

若系统的响应与激励加于系统的时刻无关，则该系统为时不变或移不变系统。通俗来讲，假设有一系统，当信号 $x(n)$ 输入后，产生响应 $y(n)$，现在同样的输入信号 $x(n)$ 在时间上延迟了 k 个单位变成 $x(n-k)$，将其输入系统，如果系统对输入信号的运算关系不变（输入—输出特性不变），那么该系统此时的输出就是 $y(n-k)$，即系统的输出对 $x(n)$ 的响应相同只是在时间上延迟了 k 个单位，与输入的延迟相同。

时不变系统用公式表示如下：

$$y(n)=T[x(n)] \tag{1-37}$$

$$y(n-k)=T[x(n-k)] \tag{1-38}$$

例 1-6：证 $y(n)=4x(n)+6$ 是移不变系统。

证：$y(n-m)=4x(n-m)+6$

$T\left[x(n-m)\right]=4x(n-m)+6$

因为

$$y(n-m)=T\left[x(n-m)\right]$$

所以该系统是移不变系统。

说明：乍一看该例，$y(n-m)$ 和 $T\left[x(n-m)\right]$ 似乎很容易就得到了一样的结果，而实际上它们是通过不同的途径得到的。$y(n-m)$ 是将 $y(n)=4x(n)+6$ 表达式中的所有出现 n 的地方用 $n-m$ 去替换；而 $T\left[x(n-m)\right]$ 是将所有 x 函数的自变量 n 替换为 $n-m$。

例 1-7：验证系统 $y(n)=nx(n)$ 的移不变特性。

证：方法一（用概念）

$$T\left[x(n-k)\right]=nx(n-k)，\quad y(n-k)=(n-k)x(n-k)$$

因为 $y(n-k)$ 与 $T\left[x(n-k)\right]$ 不同，故不是移不变系统。

方法二（找反例）

设 $x_1(n)=\delta(n)$，则

$$T\left[x_1(n)\right]=n\delta(n)=0$$

设 $x_2(n)=\delta(n-1)$，则

$$T\left[x_2(n)\right]=n\delta(n-1)=\delta(n-1)$$

可以看出，当输入移位$[\delta(n)\to\delta(n-1)]$时，输出并不是也移位了，而是$[0\to\delta(n-1)]$，故不是移不变系统。

线性时不变系统：即同时具有线性和移不变性的离散时间系统，也称为LTI（Linear Time Invariant）系统。当一个系统是 LTI 系统时，它的输出 $y(n)$ 可以用输入 $x(n)$ 与单位抽样响应 $h(n)$ 的卷积来表示。

$$y(n)=x(n)*h(n) \tag{1-39}$$

证明：在前面我们学过，任一序列 $x(n)$ 可以写成：

$$x(n)=\sum_{m=-\infty}^{+\infty}x(m)\delta(n-m)$$

系统的输出为：

$$y(n)=T\left[\sum_{m=-\infty}^{+\infty}x(m)\delta(n-m)\right]$$

$$\underline{\underline{\text{利用线性的特性}}}\sum_{m=-\infty}^{+\infty}x(m)T\left[\delta(n-m)\right]$$

$$\underline{\underline{\text{利用移不变的特性}}}\sum_{m=-\infty}^{+\infty}x(m)h(n-m)=x(n)*h(n)$$

说明：注意在证明 $y(n)=x(n)*h(n)$ 的过程中用到了线性和移不变的特性，这说明只有 LTI 系统才有式（1－39）成立。

1.2.4 因果系统

如果系统 n 时刻的输出只取决于 n 时刻以及 n 时刻以前的输入序列，而和 n 时刻以后的输入序列无关，则称该系统具有因果性质，或称该系统为因果系统。即：$n=n_0$ 时的输出 $y(n_0)$ 只取决于 $n\leqslant n_0$ 的输入 $x(n)|_{n\leqslant n_0}$ 的系统为因果系统，否则为非因果系统。

如果一个系统不满足这个定义，那么它就是非因果的。在实时信号处理的应用中，我们无法观察到信号的将来值，因此，非因果系统是物理上不可实现的。

线性移不变系统是因果系统的充分必要条件为：

$$h(n)=0,\ n<0$$

注意：当利用该性质验证一个系统为因果系统时，应首先确定系统是 LTI 系统，并求出其单位冲激响应 $h(n)$。

证明：

（1）充分条件。

若 $n<0$，$h(n)=0$，有

$$y(n_0)=\sum_{m=-\infty}^{+\infty}x(m)h(n-m)$$

$$=\sum_{m=-\infty}^{n}x(m)h(n-m)$$

因此：

$$y(n_0)=\sum_{m=-\infty}^{n_0}x(m)h(n_0-m)$$

从上式看出，$y(n_0)$只与$m\leqslant n_0$时刻的$x(m)$有关，这满足因果系统的定义。

（2）必要条件。

采用反证法。假设已知一系统是因果系统，但当$n<0$时，至少存在一个n使得$h(n)\neq 0$，则有：

$$y(n_0)=\sum_{m=-\infty}^{n}x(m)h(n-m)+\sum_{m=n+1}^{+\infty}x(m)h(n-m)$$

在设定条件下，第二项至少有一个$h(n-m)\neq 0$，故$y(n)$将至少和$m>n$时的一个$x(m)$值有关，而这又与设定的另一个条件——因果系统相矛盾，所以说明设定条件有误。

1.2.5 稳定系统

稳定是系统的一个重要属性，在实际应用中必须考虑。不稳定的系统常常显示出不规律的、极端的特性，并且在实际执行时或产生溢出。而一般的稳定系统，它对于有界输入，产生的输出也是有界的。我们从数学上给出定义：

输入序列$x(n)$对于所有的n值，满足

$$|x(n)|\leqslant M<\infty，\ M\text{ 是常数}$$

经过系统运算后，使得输出$y(n)$满足

$$|y(n)|\leqslant P<\infty，\ P\text{ 是常数}$$

就称该系统为稳定系统，反之，若有界的输入产生无界的输出，该系统就是不稳定系统。

一个 LTI 系统是稳定系统的充分必要条件是：单位抽样响应绝对可和，即

$$\sum_{n=-\infty}^{+\infty}|h(n)|=q<\infty$$

证明：

（1）充分条件。

若$|h(n)|\leqslant q<\infty$，且$|x(n)|\leqslant M<\infty$，则$y(n)$为：

$$y(n)=\left|\sum_{m=-\infty}^{+\infty}x(m)h(n-m)\right|\leqslant\left|\sum_{m=-\infty}^{n}x(m)h(n-m)\right|\leqslant M\sum_{m=-\infty}^{n}|h(n-m)|$$

$$=M\sum_{k=-\infty}^{n}|h(k)|=Mq<\infty$$

即得证：若$|h(n)|\leqslant q<\infty$，且$|x(n)|\leqslant M<\infty$，则$|y(n)|<\infty$，即该 LTI 系统确实为稳定系统。

（2）必要条件（反证法）。

假设一系统为 LTI 稳定系统，且存在：$\sum_{m=-\infty}^{+\infty}|h(m)|=\infty$，我们可以找到一个有界输入$x(n)$：

$$x(n)=\begin{cases}1，& h(-n)\geqslant 0\\ -1，& h(n)<0\end{cases}$$

$$y(0)=\sum_{m=-\infty}^{+\infty}x(m)h(0-m)=\sum_{m=-\infty}^{+\infty}|h(-m)|$$
$$=\sum_{m=-\infty}^{+\infty}|h(-m)|=\infty$$

当 $n=0$ 时，$y(n)=\infty$，即得到无界的输出 $y(n)$，而这不符合该系统为稳定系统的假设，所以说明上面的假设不成立，得证。

总的来说，证明一个系统是否稳定的方法主要有以下几种：

（1）若 LTI 系统的 $h(n)$ 已直接给出，或间接求出，则可以用 $h(n)$ 是否绝对可和来证明系统的稳定性。

（2）若系统是以 $y(n)=T\left[x(n)\right]$ 的形式给出的，则应该直接利用稳定系统的定义“有界输入得到有界输出”来证明。

（3）有时可利用反证法，只要找到一个有界的输入 $x(n)$，若能得到无界的输出，则该系统肯定不稳定。

特别注意的是，在用充要条件判断系统的因果稳定性时，首先必须确定系统是线性时不变的。

1.3 时域离散系统的时域表示方法

1.3.1 线性常系数差分方程

连续时间线性时不变系统的输入输出关系常用线性常系数微分方程表示，而对于离散时间系统，则用线性常系数差分方程表示，形式如下：

$$\sum_{k=0}^{N}a_k y(n-k)=\sum_{m=0}^{M}b_m x(n-m) \tag{1-40}$$

式中，$x(n)$ 和 $y(n)$ 分别是系统的输入输出序列，a_k 和 b_m 均为常数；“线性”是由于 $y(n-k)$ 和 $x(n-m)$ 项只有一次幂，并且没有相互交叉相乘项；N 阶是由于 $y(n-k)$ 项中的 k 最大的取值为 N，最小取值为 0。

差分方程的一个优点是：可以直接得到系统的结构，即将输入变换成输出的结构。例如差分方程

$$y(n)=b_0x(n)-a_1y(n-1) \tag{1-41}$$

该差分方程的结构表示如图 1-14 所示。

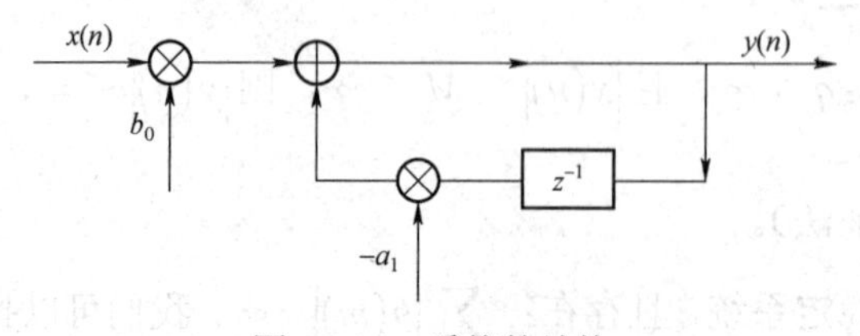

图 1-14　系统的结构

1.3.2 线性常系数差分方程的求解

求解差分方程的基本方法有以下几种：

（1）经典解法：类似于模拟系统求微分方程的方法，要求齐次解、特解，并由边界条件求待定系数。由于计算复杂，较少使用。

（2）递推法（迭代法）：这种方法简单，且适用于计算机求解，但只能得到数值解，对于阶次较高的线性常系数差分方程不容易得到公式解答。

（3）变换域方法：将差分方程变换到 z 域进行求解。

（4）卷积法：由卷积方程求出系统的 $h(n)$，再与已知的 $x(n)$ 进行卷积，得到 $y(n)$。

例 1－8：假设一个系统的差分方程为 $y(n)-ay(n-1)=x(n)$，a 是常数。用迭代法求其单位抽样响应 $h(n)$。

解：设 $x(n)=\delta(n)$，对因果系统，有：

$$y(n)=h(n)=0\text{，}\quad n<0$$

$$h(0) = ah(-1)+\delta(0) = 0+1 = 1$$

$$h(1) = ah(0)+\delta(1) = a+0 = a$$

$$h(2) = ah(1)+\delta(2) = a^2+0 = a^2$$

$$\cdots$$

$$h(n) = ah(n-1)+\delta(n)= a^n+0 = a^n$$

故系统的单位抽样响应为：

$$h(n)=a^n u(n)$$

这个系统显然是因果系统，当 $|a|<1$ 时，它还是稳定系统。

注意：一个常系数线性差分方程，并不一定代表因果系统。如果边界条件假设不同，可以得到非因果系统。同理，一个线性常系数差分方程只有当边界条件选择合适时，才相当于一个线性时不变系统。

例 1－9：设一个系统差分方程仍为 $y(n)-ay(n-1)=x(n)$，求 $h(n)$。

解：设 $x(n)=\delta(n)$，有：

$$y(n)=h(n)=0\text{，}\quad n>0$$

可写出另一种递推关系：

$$y(n-1)=a^{-1}\left[y(n)-x(n)\right]$$

$$h(0)=a^{-1}\left[h(1)-\delta(1)\right]=0$$

$$h(-1) = a^{-1}\left[h(0)-\delta(0)\right] = -a^{-1}$$

$$h(-2) = a^{-1}\left[h(-1)-\delta(-1)\right] = -a^{-2}$$

$$\cdots$$

$$h(n) = a^{-n}u(-n-1)$$

因此，该系统的单位抽样响应为：

$$h(n)=a^{-n}u(-n-1)$$

这个系统显然不是因果系统，但它的差分方程与前一题相同。

1.4 连续时间信号的抽样

抽样是指利用周期性抽样脉冲序列 $p(t)$，从连续信号 $x_a(t)$ 中抽取一系列的离散值，得到抽样信号，用 $\hat{x}_a(t)$ 表示。

1.4.1 理想抽样过程

所谓理想抽样，是指抽样器的闭合时间无限短，即 $x\to 0$，此时抽样脉冲序列 $p(t)$ 可看成冲激函数序列 $\delta_T(t)$，各冲激函数准确地出现在抽样瞬间上，面积为 1。抽样后的信号完全与输入信号 $x_a(t)$ 在抽样瞬间的幅度相同。

冲激函数序列为：

$$\delta_T(t)=\sum_{m=-\infty}^{+\infty}\delta(t-mT) \tag{1-42}$$

理想抽样输出为：

$$\begin{aligned}\hat{x}_a(t)&=x_a(t)\cdot\delta_T(t)=x_a(t)\sum_{m=-\infty}^{+\infty}\delta(t-mT)\\&=\sum_{m=-\infty}^{+\infty}x_a(t)\delta(t-mT)=\sum_{m=-\infty}^{+\infty}x_a(mT)\delta(t-mT)\end{aligned} \tag{1-43}$$

1.4.2 理想抽样后信号频谱的变化

要分析频域特性，需要将时域信号转换到频域：

$$X_a(\mathrm{j}\Omega)=DTFT[x_a(t)]$$

$$\Delta_T(\mathrm{j}\Omega)=DTFT[\delta_T(t)]$$

$$\hat{X}_a(\mathrm{j}\Omega)=DTFT[\hat{x}_a(t)]=DTFT[x_a(t)\cdot\delta_T(t)]$$

因为时域相乘相当于频域卷积，所以：

所以：
$$\hat{X}_a(\mathrm{j}\Omega)=\frac{1}{2\pi}[\Delta_T(\mathrm{j}\Omega)*X_a(\mathrm{j}\Omega)] \tag{1-44}$$

我们由上式结果来分析 $\hat{X}_a(\mathrm{j}\Omega)$ 与 $X_a(\mathrm{j}\Omega)$ 的关系。由于

$$X_a(\mathrm{j}\Omega)=DTFT\left[x_a(t)\right]=\int_{-\infty}^{+\infty}x_a(t)\mathrm{e}^{-\mathrm{j}\Omega}\mathrm{d}t$$

利用傅里叶级数将 $\delta_T(t)$ 展开，可得：

$$\delta_T(t)=\sum_{k=-\infty}^{+\infty} A_k \mathrm{e}^{\mathrm{j}k\Omega_s t}$$

其中

$$\begin{aligned}
A_k &= \frac{1}{T}\int_{-\frac{T}{2}}^{\frac{T}{2}} \delta_T(t)\mathrm{e}^{-\mathrm{j}k\Omega_s t}\mathrm{d}t \\
&= \frac{1}{T}\int_{-\frac{T}{2}}^{\frac{T}{2}} \sum_{m=-\infty}^{+\infty}(t-mT)\mathrm{e}^{-\mathrm{j}k\Omega_s t}\mathrm{d}t \\
&= \frac{1}{T}\int_{-\frac{T}{2}}^{\frac{T}{2}} \delta(t)\mathrm{e}^{-\mathrm{j}\Omega_s t}\mathrm{d}t \\
&= \frac{1}{T}
\end{aligned}$$

所以

$$\delta_T(t)=\frac{1}{T}\sum_{k=-\infty}^{+\infty}\mathrm{e}^{\mathrm{j}k\Omega_s t}$$

$$\begin{aligned}
\Delta_T(\mathrm{j}\Omega) &= DTFT\left[\delta_T(t)\right] \\
&= \frac{2\pi}{T}\sum_{k=-\infty}^{+\infty}\delta(\Omega-k\Omega_s) \\
&= \Omega_s\sum_{k=-\infty}^{+\infty}\delta(\Omega-k\Omega_s)
\end{aligned} \tag{1-45}$$

可知

$$\begin{aligned}
\hat{X}_a(\mathrm{j}\Omega) &= \frac{1}{2\pi}\left[X_a(\mathrm{j}\Omega)*\Delta_T(\mathrm{j}\Omega)\right] \\
&= \frac{1}{2\pi}\left[\frac{2\pi}{T}\sum_{k=-\infty}^{+\infty}\delta(\Omega-k\Omega_s)*X_a(\mathrm{j}\Omega)\right] \\
&= \frac{1}{T}\sum_{k=-\infty}^{+\infty}\int_{-\infty}^{+\infty}X_a(\mathrm{j}\theta)\delta(\Omega-k\Omega_s-\theta)\mathrm{d}\theta \\
&= \frac{1}{T}\sum_{k=-\infty}^{+\infty}X_a(\mathrm{j}\Omega-\mathrm{j}k\Omega_s) \\
&= \frac{1}{T}\sum_{k=-\infty}^{+\infty}X_a\left(\mathrm{j}\Omega-\mathrm{j}k\frac{2\pi}{T}\right)
\end{aligned} \tag{1-46}$$

通过比较 $X_a(\mathrm{j}\omega)$ 与 $\hat{X}_a(\mathrm{j}\omega)$ 的频谱，可以发现，抽样后的频谱 $\hat{X}_a(\mathrm{j}\omega)$ 是 $X_a(\mathrm{j}\omega)$ 以抽样角频率 Ω_s 为周期的重复。符合一个域（时域/频域）的离散性，将导致另一域（频域/时域）具有周期性的规律。以下考虑两种情况：

情况①：频域不混叠，如图 1-15 所示。

若 $x_a(t)$ 是带限信号，且信号最高频谱分量 Ω_h 不超过 $\Omega_s/2$。

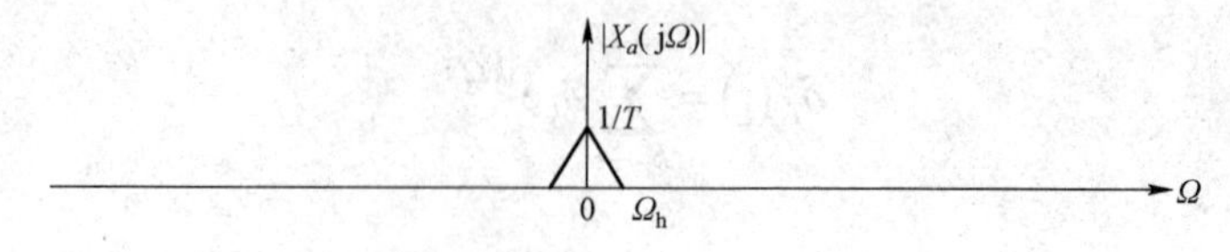

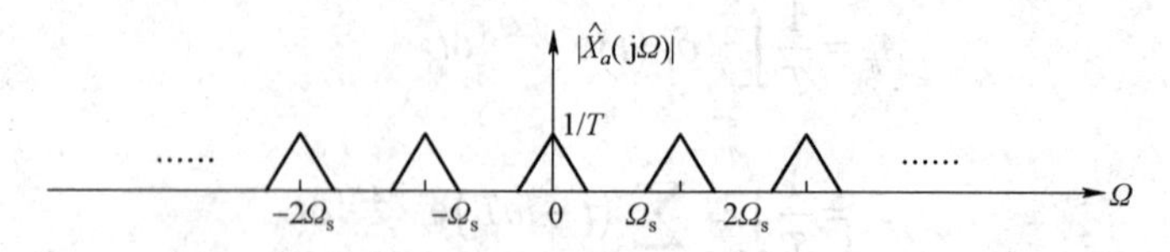

图 1－15　抽样后频域不混叠情况

理论上说，只要用一个截止频率为$\Omega_s/2$ 的理想低通滤波器 $\hat{X}_a(\mathrm{j}\Omega)$ 进行处理，就能得到 $X_a(\mathrm{j}\Omega)$，从而得到 $x_a(t)$。

情况②：频域混叠，如图 1－16 所示。

若 $x_a(t)$ 是带限信号，且信号最高频谱分量Ω_h 超过$\Omega_s/2$。

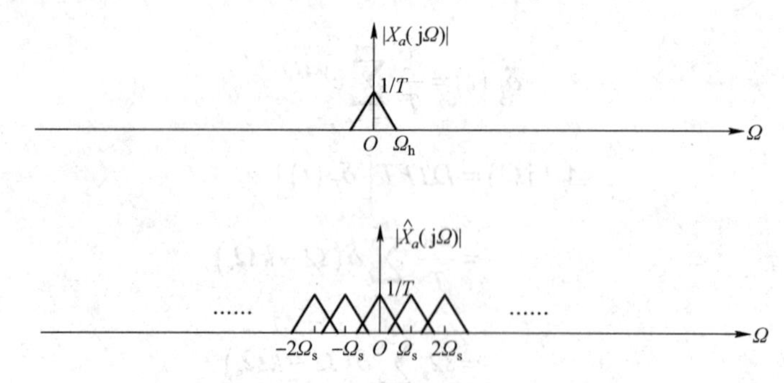

图 1－16　抽样后频域混叠情况

由于各周期延拓分量产生的频谱互相交叠，使抽样信号的频谱产生混叠现象。

根据以上两种情况的分析，若要从抽样后的信号中不失真地还原出原信号，则抽样频率必须大于信号最高频率的 2 倍以上。这就是著名的奈奎斯特采样定理。

$$\Omega_s > 2\Omega_h$$

我们将抽样频率之半（$\Omega_s/2$）称为折叠频率。它如同一面镜子，当信号最高频率超过它时，就会被折叠回来，造成频谱混叠。为避免混叠，一般在抽样器前加一个保护性的前置低通滤波器，将高于$\Omega_s/2$ 的频率分量滤除。这个前置低通滤波器也叫抗混叠滤波器，通常是由模拟滤波器设计。工程上，通常取抗混叠滤波器的截止频率 $\Omega_s > (3\sim 5)\Omega_h$。

1.4.3　抽样后信号的恢复

如果满足采样定理，信号的最高频率小于折叠频率，则抽样后信号的频谱不会产生混叠，故可以恢复原信号。将 $\hat{X}_a(\mathrm{j}\Omega)$ 通过一个理想低通滤波器得到 $X_a(\mathrm{j}\Omega)$，如图 1－17 所示。

$$H(\mathrm{j}\Omega)=\begin{cases}T, & |\Omega| < \Omega_s/2\\ 0, & |\Omega| \geqslant \Omega_s/2\end{cases} \tag{1-47}$$

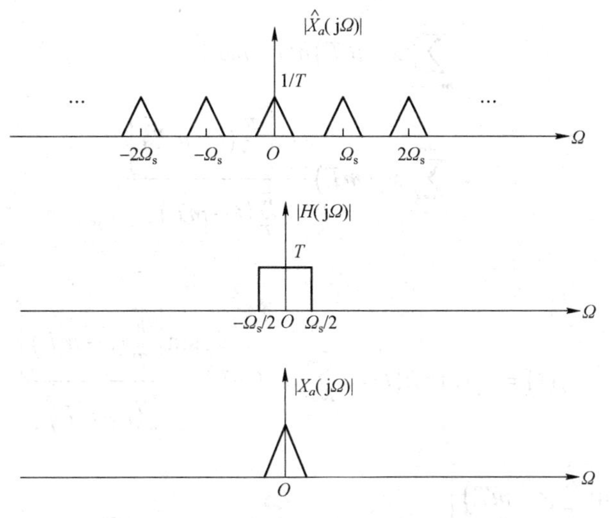

图 1－17　频域上的理想恢复示意

而实际上，理想的低通滤波器是不能实现的，但我们可以在一定精度范围内用一个可实现的滤波器来逼近它。

那么，如何由抽样信号 $\hat{x}_a(t)$ 来恢复原来的模拟信号 $x_a(t)$ 呢？

因为抽样后的频谱是乘以理想低通滤波器的频谱后得到原信号的频谱的，所以对应到时域，应该是抽样信号与理想低通滤波器对应时域信号 $h(t)$ 的卷积。这个卷积的结果记为 $y_a(t)$，然后，我们将它与 $x_a(t)$ 进行对比。

由于理想低通滤波器的冲激响应为：

$$\begin{aligned}h(t)&=\frac{1}{2\pi}\int_{-\infty}^{+\infty}H(j\Omega)e^{j\Omega t}d\Omega\\&=\frac{T}{2\pi}\int_{-\Omega_s/2}^{\Omega_s/2}e^{j\Omega t}d\Omega\\&=\frac{\sin\left[\frac{\Omega_s}{2}t\right]}{\frac{\Omega_s}{2}t}\\&=\frac{\sin\left[\frac{\pi}{T}t\right]}{\frac{\pi}{T}t}\end{aligned}\tag{1-48}$$

因此：

$$\begin{aligned}y_a(t)=\hat{x}_a(t)*h(t)&=\int_{-\infty}^{+\infty}\hat{x}_a(\tau)h(t-\tau)d\tau\\&=\int_{-\infty}^{+\infty}\left[\sum_{m=-\infty}^{+\infty}x_a(\tau)\delta(\tau-mT)\right]h(t-\tau)d\tau\\&=\sum_{m=-\infty}^{+\infty}\int_{-\infty}^{+\infty}x_a(\tau)h(t-\tau)\delta(\tau-mT)d\tau\end{aligned}$$

$$= \sum_{m=-\infty}^{+\infty} x_a(mT)h(t-mT)$$

$$= \sum_{m=-\infty}^{+\infty} x_a(mT)\frac{\sin\left[\frac{\pi}{T}(t-mT)\right]}{\frac{\pi}{T}(t-mT)}$$

即

$$y_a(t)=\hat{x}_a(t)*h(t)=\sum_{m=-\infty}^{+\infty} x_a(mT)\frac{\sin\left[\frac{\pi}{T}(t-mT)\right]}{\frac{\pi}{T}(t-mT)} \qquad (1-49)$$

其中，$h(t-mT)=\dfrac{\sin\left[\frac{\pi}{T}(t-mT)\right]}{\frac{\pi}{T}(t-mT)}$为内插函数，如图 1－18 所示，内插函数具有以下几个特性：

（1）内插函数只有在抽样点 mT 上为 1。

（2）$x_a(t)$等于$x_a(mT)$乘上对应的内插函数的总和。

（3）在每一个抽样点上，只有该点所对应的内插函数不为零，这说明在抽样点上信号值不变，即$y_a(mT)=x_a(mT)$，而抽样点之间的信号$y_a(t)$（其中$t \neq mT$，$-\infty<m<+\infty$）由各加权抽样函数波形的延伸叠加而成。

如图 1－19 所示，信号的抽样值$x_a(mT)$经内插函数得到连续信号$y_a(t)$。

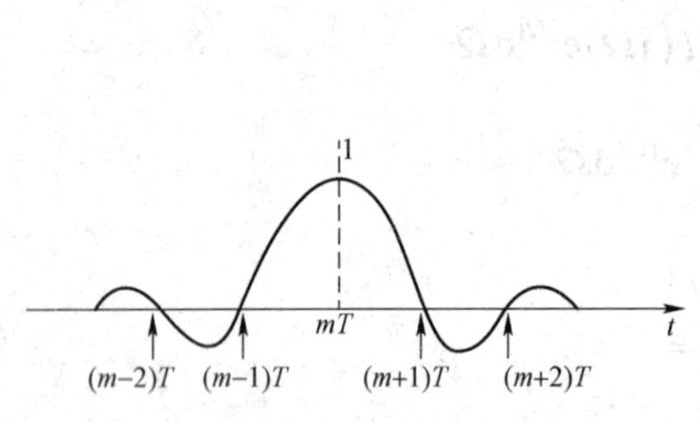

图 1－18　内插函数示意

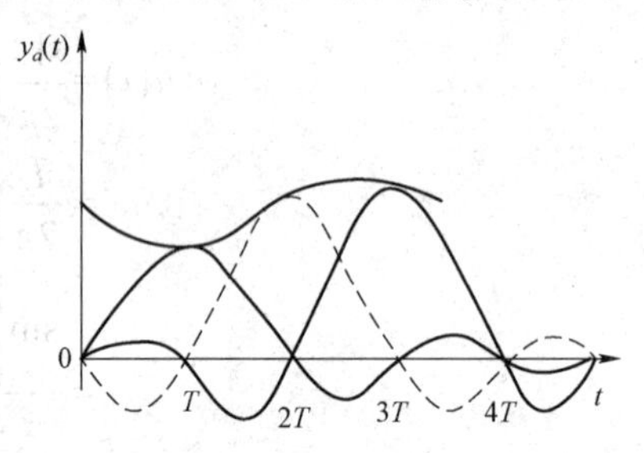

图 1－19　抽样信号恢复示意

在实际抽样过程中，抽样脉冲不是冲激函数，而是一定宽度的矩形周期脉冲。

$$P_T(t)=\sum_{k=-\infty}^{+\infty} C_k \mathrm{e}^{-\mathrm{j}k\Omega_s \mathrm{t}}$$

$$C_k=\frac{1}{T}\int_{-\frac{T}{2}}^{\frac{T}{2}} P_T(t)\mathrm{e}^{-\mathrm{j}k\Omega_s t}\mathrm{d}t$$

$$=\frac{1}{T}\int_0^{\tau}\sum_{m=-\infty}^{+\infty}\mathrm{e}^{-\mathrm{j}k\Omega_s t}\mathrm{d}t$$

$$=\frac{\tau}{T}\frac{\sin\left(\frac{k\Omega_s\tau}{2}\right)}{\frac{k\Omega_s\tau}{2}}\mathrm{e}^{-\mathrm{j}\frac{k\Omega_s\tau}{2}}$$

若t、T一定，则C_k的幅度$\left|C_k\right|$按$\dfrac{\sin\left(\dfrac{k\Omega_s\tau}{2}\right)}{\dfrac{k\Omega_s\tau}{2}}$变化。因此实际抽样后频谱为：

$$\hat{X}_a(\mathrm{j}\Omega)=\sum_{k=-\infty}^{+\infty}C_k X_a\left(\mathrm{j}\Omega-\mathrm{j}k\frac{2\pi}{T}\right) \tag{1-50}$$

实际抽样后的频谱具有以下特点：

（1）抽样信号的频谱是连续信号频谱的周期延拓，周期为Ω_s。

（2）若满足奈奎斯特抽样定理，则不产生频谱混叠失真。

（3）抽样后频谱幅度随着频率的增加而下降。

实际抽样后的频谱包络的变化如图 1-20 所示。

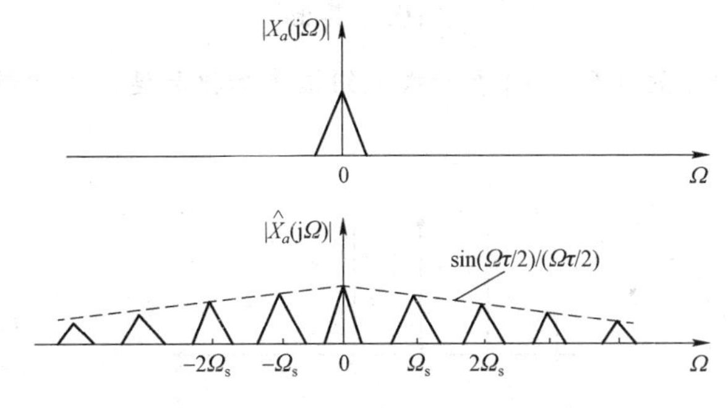

图 1-20　实际抽样时频谱包络的变化

包络的第一个零点出现在：

$$\frac{\sin\left(\dfrac{k\Omega_s\tau}{2}\right)}{\dfrac{k\Omega_s\tau}{2}}=0$$

由$\dfrac{k\Omega_s\tau}{2}=\pi$可推出：

$$\frac{k}{2}\cdot\frac{2\pi}{T}\cdot\tau=\pi\Rightarrow k=\frac{T}{\tau}$$

因为$\tau\ll T$，所以k很大。

本章小结

本章主要描述了离散时间信号与系统的时域特性。首先介绍了离散时间信号和系统与连续时间信号和系统的关系，引入了序列的概念，用以表示离散时间信号，分别介绍了常见的序列、序列的运算。然后介绍了离散时间系统的定义、表征以及几种特性。重点介绍了线性系统、移不变系统、因果系统、稳定系统的定义以及判断方法，特别介绍了线性时不变系统具有因果性和稳定的充分必要条件。接着介绍了常系数线性差分方程对离散时间系统的表征以及求解。最后介绍了抽样定义、抽样信号频谱的变化以及抽样信号的恢复过程。

习　题

1. 以下序列是LTI系统的单位序列响应，请判断该系统的因果性和稳定性。

（1）$h(n)=\delta(n+4)$；

（2）$h(n)=0.3^n u(-n-1)$。

2. 已知 $x_1=\delta(n)+3\delta(n-1)+2\delta(n-2)$，$x_2=u(n)-u(n-3)$，求 $x(n)=x_1(n)*x_2(n)$。

3. 计算以下信号的卷积 $y(n)$：

$$x(n)=\begin{cases}a^n, & -3\leqslant n\leqslant 5\\ 0, & 其他\end{cases}$$

$$h(n)=\begin{cases}1, & 0\leqslant n\leqslant 4\\ 0, & 其他\end{cases}$$

4. 将如图1－21所示的序列 $x(n)$ 表示成一组幅度加权和延迟的冲激脉冲序列的和。

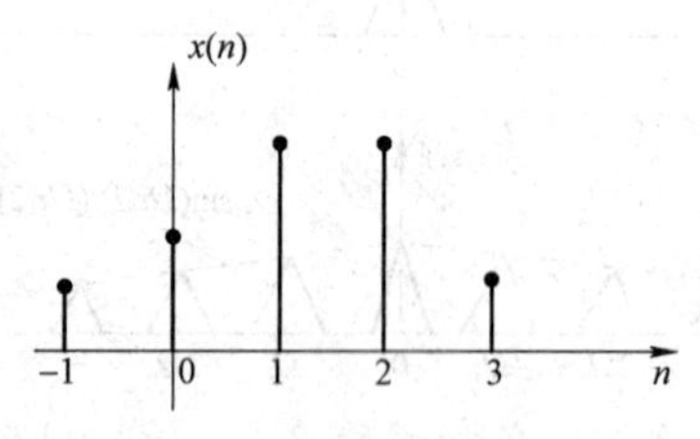

图1－21　习题4用图

5. 试画出下列离散信号的波形。

（1）$x_1(n)=u(-n)-u(-n+1)$；

（2）$x_2(n)=\sum_{m=0}^{+\infty}\delta(n-m)$；

（3）$x_3(n)=\sin\frac{\pi}{2}n-\sin\frac{\pi}{2}(n-1)$；

（4）$x_4(n)=1^n-g_7(n)$。

6. 判断下面的序列是否为周期序列，若是周期序列，试确定其周期。

（1）$x(n)=\cos\left(\frac{4}{7}\pi n-\frac{\pi}{4}\right)$；

（2）$x(n)=A\mathrm{e}^{\mathrm{j}\left(\frac{n}{8}-\pi\right)}$；

（3）$x(n)=2\cos\left(\frac{11}{10}\pi n-\frac{\pi}{2}\right)+2\sin(0.7\pi n)$。

7. 求下列差分方程的解。

（1）$y(n)+2y(n-1)+y(n-2)=0$，$y(0)=1$ 且 $y(1)=0$；

（2）$y(n)+y(n-1)+2y(n-2)=0$，$y(-1)=1$ 且 $y(0)=1$。

8. 计算下列系统的脉冲响应。

（1）$y(n)=5x(n)+3x(n-1)+8x(n-2)+3x(n-4)$；

（2）$y(n)+\frac{1}{3}y(n-1)=x(n)+\frac{1}{2}x(n-1)$；

（3）$y(n)-3y(n-1)=x(n)$；

（4）$y(n)+2y(n-1)+y(n-2)=x(n)$。

9. 设输入为$x(n)=\sin(\omega n)u(n)$，计算下列滤波器的稳定响应，并分别写出每个$y(n)$关于ω的幅度和相位响应函数。

（1）$y(n)=x(n)+x(n-1)+x(n-2)$；

（2）$y(n)-\frac{1}{2}y(n-1)=x(n)$；

（3）$y(n)=x(n)+2x(n-1)+x(n-2)$。

10. 已知某系统的差分方程以及初始条件如下，求系统的完全响应：

$$y(n)=-y(n-1)+n,\ y(-1)=0$$

11. 已知某系统的差分方程以及初始条件如下，求系统的完全响应：

$$y(n)+2y(n-1)=n-2,\ y(0)=1$$

12. 试确定下列信号不失真均匀抽样的奈奎斯特频率与奈奎斯特间隔。

（1）$\mathrm{Sa}(100t)$；

（2）$\mathrm{Sa}^2(100t)$；

（3）$\mathrm{Sa}(100t)+\mathrm{Sa}(50t)$；

（4）$\mathrm{Sa}(100t)+\mathrm{Sa}^2(60t)$。

13. 一个采样周期为T的采样器，开关间隙为τ，若采样器输入信号为$x_a(t)$，求采样器输出信号$x_s(t)=x_a(t)p(t)$的频谱结构，并证明若原来的$x_s(t)$满足奈奎斯特准则，则τ值在$0<\tau<\frac{T}{2}$之间变化，频谱周期重复及奈奎斯特定理都成立。其中，

$$p(t)=\sum_{n=-\infty}^{+\infty}r(t-nT)\quad r(t)=\begin{cases}1, & 0\leqslant t\leqslant\tau\\0, & 其他\end{cases}$$

14.连续信号$x_a(t)=\cos(2\pi f_0 t+\varphi)$，式中$f_0=20\ \mathrm{Hz}$，$\varphi=\frac{\pi}{2}$，求：

（1）$x_a(t)$的周期；

（2）用采样间隔T=0.02 s对$x_a(t)$进行采样，写出采样信号$\hat{x}_a(t)$的表示式；

（3）画出$\hat{x}_a(t)$对应的序列$x_a(t)$，并求出$x_a(n)$的周期。

第2章 时域离散信号与系统的频域分析

2.0 引　言

傅里叶变换的物理意义非常清晰，它将通常在时域里表示的信号，分解成多个正弦信号的叠加，每个正弦信号用幅度、频率、相位就可以完全表征，傅里叶变换之后的信号通常称为频谱，包括幅度谱和相位谱，分别表示幅度随频率的分布以及相位随频率的分布。在自然界中，频率是有明确物理意义的。

傅里叶变换虽然好用，且物理意义明确，但存在一个问题：其存在条件比较苛刻，而 s 变换和 z 变换可以说是推广了这个概念，通过乘以一个自然界中衰减很快的信号之一 e^{-x}，使乘完之后的信号很容易满足收敛的条件。

2.1 序列的 z 变换

z 变换是离散系统与信号分析的重要工具，其地位犹如拉普拉斯变换在连续信号与系统中的地位。

2.1.1 z 变换的定义

在连续时间系统中，信号 $x(t)$ 的拉氏变换为

$$X(s)=L\left[x(t)\right]=\int_{-\infty}^{+\infty}x(t)e^{-st}dt \tag{2-1}$$

理想抽样后得到 $\hat{x}(t)$，对抽样信号进行拉氏变换得到

$$\hat{X}(s)=L\left[\hat{x}(t)\right]=\int_{-\infty}^{+\infty}\left[\sum_{-\infty}^{+\infty}x(nT)\delta(t-nT)\right]e^{-st}dt \tag{2-2}$$

利用

$$\int_{-\infty}^{+\infty} f(t)\delta(t-\tau)\mathrm{d}t = f(\tau)$$

可将式（2–2）化简为

$$\hat{X}(s) = \sum_{-\infty}^{+\infty} x(nT)\mathrm{e}^{-snT} \tag{2–3}$$

若令 $z = \mathrm{e}^{sT}$， $x(nT)$ 写作 $x(n)$，有

$$X(z)|_{z=\mathrm{e}^{sT}} = X\left(\mathrm{e}^{sT}\right) = \hat{X}(s) = \sum_{-\infty}^{+\infty} x(n)z^{-n} \tag{2–4}$$

称为序列 $x(n)$ 的双边 z 变换。

若信号 $x(n)$ 为因果序列， $x(n)=0$ （$n<0$），式（2–4）可化为

$$X(z)|_{z=\mathrm{e}^{sT}} = X\left(\mathrm{e}^{sT}\right) = \hat{X}(s) = \sum_{0}^{+\infty} x(n)z^{-n} \tag{2–5}$$

由以上定义可见，z 变换是拉氏变换的一种特殊情况。单边 z 变换具有双边 z 变换全部的性质，但单边 z 变换具有明确的起点，其位移特性与双边 z 变换不同。

2.1.2 序列的收敛域

由式（2–4）可知，z 变换实际上为复变量 z 的幂级数。只有当该幂级数收敛时，z 变换才有意义。按照级数收敛理论，收敛的必要充分条件是满足绝对可和条件，即

$$\sum_{-\infty}^{+\infty} \left|x(n)z^{-n}\right| = M < \infty \tag{2–6}$$

要满足收敛条件，$|z|$ 的值必须在一定范围内才行，这个范围就是收敛域。不同形式的序列的收敛域形式不同。

根据级数收敛的阿贝尔定理得

$$\boldsymbol{\rho} = \lim_{n\to\infty} \sqrt[n]{|a_n|} = \begin{cases} <1，收敛 \\ 1，\quad 不定 \\ >1，发散 \end{cases} \tag{2–7}$$

1. 有限长序列

$x(n)$ 仅在有限长的时间间隔 $n_1 < n < n_2$ 内，才有非零的有限值，此区间外 $x(n)=0$，此时，式（2–4）变为

$$X(z) = \sum_{n=n_1}^{n_2} x(n)z^{-n} \tag{2–8}$$

令级数中的每一项有界，则级数收敛，即要求：

$$|x(n)z^{-n}| < \infty,\quad n_1 \leqslant n \leqslant n_2$$

由于 $x(n)$ 为有限值，即 $x(n)$ 有界，故要求：

$$|z^{-n}| < \infty,\quad n_1 \leqslant n \leqslant n_2$$

所以，当 $n\geqslant 0$ 时，$|z^{-n}|=\frac{1}{|z^{n}|}$，$z\neq 0$，则满足 $|z^{-n}|<\infty$；

当 $n<0$ 时，$|z^{-n}|=|z^{|n|}|$，$z\neq 0$，则满足 $|z^{-n}|<\infty$。

所以 $X(z)$ 的收敛域为 $0<|z|<\infty$，即开区域 $(0,\infty)$，“有限的 z 平面”。

当 $0\leqslant n_1<n_2$ 时，收敛域为 $0<|z|\leqslant\infty$；

当 $n_1<0<n_2$ 时，收敛域为 $0<|z|<\infty$；

当 $n_1<n_2\leqslant 0$ 时，收敛域为 $0\leqslant|z|<\infty$。

2. 右边序列

$x(n)$ 在 $n\geqslant n_1$ 时，序列值不全为零；在 $n<n_1$ 时，$x(n)=0$，此时有

$$X(z)=\sum_{n=n_1}^{+\infty}x(n)z^{-n}=\sum_{n=n_1}^{-1}x(n)z^{-n}+\sum_{n=0}^{+\infty}x(n)z^{-n}$$

（1）上式第一项为有限长序列的 z 变换，因为 $n_1<0$，故收敛域为

$$|z|\in[0,\infty)$$

（2）第二项为因果序列，是 z 的负幂级数，对于幂级数收敛问题，可设 $x(n)=a^n$，则：

$$x(n)z^{-n}=(a/z)^n$$

由于 $|z|>|a|$，故收敛域为

$$|z|\in(R_{x^-},\infty]$$

合并（1）、（2），得到右边序列 z 变换的收敛域为 $|z|\in(R_{x^-},\infty)$，R_{x^-} 为最小收敛半径。

3. 左边序列

左边序列在 $n\leqslant n_2$ 时，序列值不为零；在 $n>n_2$ 时，$x(n)=0$，其 z 变换为

$$X(z)=\sum_{n=-\infty}^{n_2}x(n)z^{-n}=\sum_{n=-\infty}^{0}x(n)z^{-n}+\sum_{n=1}^{n_2}x(n)z^{-n}$$

（1）上式第一项为正幂级数，故收敛域为

$$|z|\in[0,R_{x^+})$$

（2）上式第二项为有限长序列的 z 变换，因为 $n_2>0$，故收敛域为

$$|z|\in(0,\infty]$$

合并（1）、（2），得到左边序列的收敛域为

$$|z|\in(0,R_{x^+})$$

若 $n_2\leqslant 0$，则第二项不存在，则收敛域为

$$|z|\in[0,R_{x^+})$$

4. 双边序列

双边序列是指 n 为任意值时，$x(n)$ 均有值的序列。此时的 z 变换可看成一个右边序列与左边序列之和，即

$$X(z)=\sum_{n=-\infty}^{+\infty}x(n)z^{-n}=\sum_{n=-\infty}^{-1}x(n)z^{-n}+\sum_{n=0}^{+\infty}x(n)z^{-n}$$

（1）第一项为左边序列（$n_2 \leqslant 0$），其收敛域为

$$|z|\in\left[0,R_{x^+}\right)$$

（2）第二项为因果序列，其收敛域为

$$|z|\in\left(R_{x^-},\infty\right]$$

合并（1）、（2），只有当$R_{x^-}<R_{x^+}$时，才存在公共的环状收敛域

$$|z|\in\left(R_{x^-},R_{x^+}\right)$$

2.1.3 z 变换的性质

1. 线性

z 变换是一种线性变换，满足叠加定理。若序列$x(n)$的z变换用$X(z)$表示，序列$y(n)$的z变换用$Y(z)$表示:

$$Z\left[x(n)\right]=X(z) \qquad R_{x^-}<|z|<R_{x^+}$$

$$Z\left[y(n)\right]=Y(z) \qquad R_{y^-}<|z|<R_{y^+}$$

则

$$Z\left[ax(n)+by(n)\right]=aX(z)+bY(z) \qquad R_-<|z|<R_+ \tag{2-9}$$

其中，a、b为任意常数，$R_-=\max\left(R_{x^-},R_{y^-}\right)$，$R_+=\max\left(R_{x^+},R_{y^+}\right)$。

例 2-1： 已知$x(n)=\cos(\omega_0 n)u(n)$，求它的$z$变换。

解：

$$\begin{aligned}Z\left[\cos(\omega_0 n)u(n)\right]&=Z\left[\frac{e^{j\omega_0 n}+e^{-j\omega_0 n}}{2}u(n)\right]\\&=\frac{1}{2}Z\left[e^{j\omega_0 n}u(n)\right]+\frac{1}{2}Z\left[e^{-j\omega_0 n}u(n)\right]\\&=\frac{1}{2}\frac{1}{1-e^{j\omega_0}z^{-1}}+\frac{1}{2}\frac{1}{1-e^{-j\omega_0}z^{-1}}\\&=\frac{1-z^{-1}\cos\omega_0}{1-2z^{-1}\cos\omega_0+z^{-2}}\end{aligned}$$

2. 序列移位

若$Z\left[x(n)\right]=X(z)$，$R_{x^-}<|z|<R_{x^+}$，则

$$Z\left[x(n-m)\right]=z^{-m}X(z),\quad R_{x^-}<|z|<R_{x^+} \tag{2-10}$$

例 2-2： $Z\left[\delta(n)\right]=1$，$z\in[0,\infty]$

$Z[\delta(n-1)] = z^{-1}$， $z \in (0,\infty]$

$Z[\delta(n+1)] = z$， $z \in [0,\infty)$

求序列 $x(n) = u(n) - u(n-3)$ 的 z 变换。

解：

$$\begin{aligned}Z[u(n)-u(n-3)] &= Z[u(n)] - Z[u(n-3)] \\ &= \frac{z}{z-1} - \frac{z \bullet z^{-3}}{z-1} \\ &= \frac{z^{-2}(z^3-1)}{z-1} = z^{-2}(z^2+z+1) \\ &= \frac{z^2+z+1}{z^2} \\ &= 1 + \frac{1}{z} + \frac{1}{z^2}\end{aligned}$$

收敛域为 $|z| \neq 0$。

3. 乘以指数序列（z 域尺度变换）

若 $X(z) = Z[x(n)]$， $R_{x^-} < |z| < R_{x^+}$，则

$$Z[a^n x(n)] = X\left(\frac{z}{a}\right), \quad |a|R_{x^-} < |z| < |a|R_{x^+} \tag{2-11}$$

4. 序列的线性加权

若 $X(z) = Z[x(n)]$ $R_{x^-} < |z| < R_{x^+}$，则

$$Z[nx(n)] = -z\frac{\mathrm{d}}{\mathrm{d}z}X(z), \quad R_{x^-} < |z| < R_{x^+} \tag{2-12}$$

5. 共轭序列

若 $X(z) = Z[x(n)]$， $R_{x^-} < |z| < R_{x^+}$，则

$$Z[x^*(n)] = X^*(z^*), \quad R_{x^-} < |z| < R_{x^+} \tag{2-13}$$

证明：

$$\begin{aligned}Z[x^*(n)] &= \sum_{n=-\infty}^{+\infty} x^*(n) z^{-n} \\ &= \sum_{n=-\infty}^{+\infty} \left[x(n)(z^*)^{-n}\right]^* \\ &= \left[\sum_{n=-\infty}^{+\infty} x(n)(z^*)^{-n}\right]^* \\ &= X^*(z^*)\end{aligned}$$

6. 反褶序列

若 $X(z) = Z[x(n)]$， $R_{x^-} < |z| < R_{x^+}$，则

$$Z\left[x(-n)\right]=X\left(\frac{1}{z}\right),\quad \frac{1}{R_{x^+}}<|z|<\frac{1}{R_{x^-}} \tag{2-14}$$

证明：

$$\begin{aligned}Z\left[x(-n)\right]&=\sum_{n=-\infty}^{+\infty}x(-n)z^{-n}\\&=\sum_{n=-\infty}^{+\infty}x(n)(z)^{n}\\&=\sum_{n=-\infty}^{+\infty}x(n)(z^{-1})^{-n}\\&=X\left(\frac{1}{z}\right)\end{aligned}$$

$$R_{x^-}<\left|z^{-1}\right|<R_{x^+}$$

7. 序列的卷积和

设 $y(n)$ 为 $x(n)$ 与 $h(n)$ 的卷积和，即

$$y(n)=x(n)*h(n)=\sum_{m=-\infty}^{+\infty}x(m)h(n-m)$$

若

$$X(z)=Z\left[x(n)\right],\quad R_{x^-}<|z|<R_{x^+}$$
$$H(z)=Z\left[h(n)\right],\quad R_{h^-}<|z|<R_{h^+}$$

则

$$Y(z)=Z\left[y(n)\right]=X(z)\bullet H(z) \tag{2-15}$$
$$\max[R_{x^-},R_{h^-}]<|z|<\min[R_{x^+},R_{h^+}]$$

证明：

$$\begin{aligned}Z\left[x(n)*h(n)\right]&=\sum_{n=-\infty}^{+\infty}\left[x(n)*h(n)\right]z^{-n}\\&=\sum_{n=-\infty}^{+\infty}\left[\sum_{m=-\infty}^{+\infty}x(m)h(n-m)\right]z^{\ n}\\&=\sum_{m=-\infty}^{+\infty}x(m)\left[\sum_{n=-\infty}^{+\infty}h(n-m)z^{-n}\right]\\&=\sum_{m=-\infty}^{+\infty}x(m)z^{-m}H(z)\\&=X(z)\bullet H(z)\end{aligned}$$

$Y(z)$ 的收敛域理论上是 $X(z)$ 和 $H(z)$ 的重叠部分，但若在收敛域边界上一个 z 变换的零点与另一个 z 变换的极点相抵消，则收敛域可能会扩大。

例 2－3：设 $x(n)=a^{n}u(n)$， $h(n)=b^{n}u(n)-ab^{n-1}u(n-1)$，求： $x(n)*h(n)$ 。

解：

$$X(z)=Z\left[x(n)\right]=\frac{z}{z-a}，\ |z|>|a|$$

$$H(z)=Z\left[h(n)\right]=\frac{z}{z-b}-\frac{a}{z-b}=\frac{z-a}{z-b}，\ |z|>|b|$$

$$Y(z)=X(z)\cdot H(z)=\frac{z}{z-b}，\ |z|>|b|$$

我们发现，在$|z|=|a|$处，$X(z)$的极点与$H(z)$的零点抵消，若$|b|<|a|$收敛域扩大。

$$y(n)=x(n)*h(n)=Z^{-1}\left[Y(z)\right]=b^n u(n)$$

2.1.4　z 反变换

z反变换的概念：由$X(z)$求出序列$x(n)$，称为z反变换。表示为：

$$x(n)=Z^{-1}\left[X(z)\right] \tag{2-16}$$

z反变换实际上是求$X(z)$的幂级数展开式。z反变换常用的三种方法：围线积分法、部分分式展开法、长除法。

1. 围线积分法

已知z变换$X(z)=\sum\limits_{n=0}^{+\infty}x(n)z^{-n}$，$R_{x^-}<|z|<R_{x^+}$，$x(n)$可由下式计算：

$$x(n)=\frac{1}{2\pi\mathrm{j}}\oint_c X(z)z^{n-1}\mathrm{d}z \quad c\in\left(R_{x^-},R_{x^+}\right) \tag{2-17}$$

围线积分法求z反变换可采用留数定理：

$$x(n)=\frac{1}{2\pi\mathrm{j}}\oint_c X(z)z^{n-1}\mathrm{d}z=\sum_k \mathrm{Res}\left[X(z)\cdot z^{n-1}\right]_{z=z_k} \tag{2-18}$$

$$x(n)=\frac{1}{2\pi\mathrm{j}}\oint_c X(z)z^{n-1}\mathrm{d}z=-\sum_k \mathrm{Res}\left[X(z)\cdot z^{n-1}\right]_{z=z_m} \tag{2-19}$$

z_k为c内的第k个极点，z_m为c外的第m个极点，Res[·]表示极点处的留数。

其中，式（2-19）的使用条件为：$X(z)\cdot z^{n-1}$的分母z的阶次比分子z的阶次高二阶或二阶以上。

$X(z)\cdot z^{n-1}$在任一极点z_r处的留数的计算：

（1）若z_r是$X(z)\cdot z^{n-1}$的单极点，则有：

$$\mathrm{Res}\left[X(z)\cdot z^{n-1}\right]_{z=z_r}=\left[(z-z_r)X(z)\cdot z^{n-1}\right]_{z=z_r} \tag{2-20}$$

（2）若z_r是$X(z)\cdot z^{n-1}$的多重极点（p阶），则有：

$$\mathrm{Res}\left[X(z)\cdot z^{n-1}\right]_{z=z_r}=\frac{1}{(p-1)!}\frac{\mathrm{d}^{p-1}}{\mathrm{d}z^{p-1}}\left[(z-z_r)^p X(z)\cdot z^{n-1}\right]_{z=z_r} \tag{2-21}$$

例 2-4：求z的反变换，设$X(z)=\dfrac{1-2z^{-1}}{z^{-1}-2}$，$|z|>\dfrac{1}{2}$。

解：

$$x(n)=\frac{1}{2\pi j}\oint_c X(z)z^{n-1}dz$$

$$=\frac{1}{2\pi j}\oint_c z^{n-1}\frac{z-2}{-2(z-1/2)}dz$$

（1）当$n\geqslant 1$时，围线内有一个极点$z=1/2$，所以

$$x(n)=\text{Res}\left[\frac{z^{n-1}(z-2)}{-2(z-1/2)}\right]_{z=1/2}$$

$$=\left.\frac{z^{n-1}(z-2)}{-2}\right|_{z=1/2}=\left(\frac{1}{2}\right)^{n-1}\frac{-3/2}{-2}=\frac{3}{2}\left(\frac{1}{2}\right)^n$$

（2）当$n=0$时，围线内有两个极点：$z=0$和$z=1/2$，则有

$$x(n)=\text{Res}\left[\frac{z-2}{-2z(z-1/2)}\right]_{z=1/2}+\text{Res}\left[\frac{z-2}{-2z(z-1/2)}\right]_{z=0}$$

$$=\left.\frac{z-2}{-2z}\right|_{z=1/2}+\left.\frac{z-2}{-2(z-1/2)}\right|_{z=0}=-\frac{1}{2}$$

（3）当$n<0$时，$X(z)\cdot z^{n-1}$的分母多项式z的阶次比分子多项式的阶次高二阶或二阶以上，故可用式（2）来计算$x(n)$。由于此时在围线外无极点，所以：$x(n)=0$。

综合（1）、（2）、（3），得到$x(n)$：

$$x(n)=-\frac{1}{2}\delta(n)+\frac{3}{2}\left(\frac{1}{2}\right)^n u(n-1)$$

例2－5：已知$X(z)=\dfrac{z^2}{(4-z)\left(z-\frac{1}{4}\right)}$，$\frac{1}{4}<|z|<4$，求$z$反变换。

解：$X(z)z^{n-1}=\dfrac{z^{n+1}}{(4-z)\left(z-\frac{1}{4}\right)}$

（1）当$n\geqslant -1$时，z^{n+1}不会构成新极点，所以这时c内只有一个一阶极点$z_r=\frac{1}{4}$，因此

$$x(n)=\text{Res}\left[\frac{z^{n+1}}{(4-z)\left(z-\frac{1}{4}\right)}\right]_{z=\frac{1}{4}}$$

$$=\frac{\left(\frac{1}{4}\right)^{n+1}}{4-\frac{1}{4}}$$

$$=\frac{1}{15}\cdot 4^{-n},\ n\geqslant -1$$

（2）当$n \leqslant -2$时，$X(z) \cdot z^{n-1}$中的z^{n+1}构成$n+1$阶极点，所以c内有极点：$z=\frac{1}{4}$（一阶），$z=0$（n+1阶），而在c外仅有$z=4$（一阶）极点，且分母比分子的z的阶数至少高2，因此

$$x(n)=-\text{Res}\left[\frac{z^{n+1}}{(4-z)\left(z-\frac{1}{4}\right)}\right]_{z=4}$$

$$=\frac{4^{n+1}}{4-\frac{1}{4}}=\frac{1}{15} \cdot 4^{n+2},\ n \leqslant -2$$

综上可得：

$$x(n)=\begin{cases}\frac{1}{15}4^{-n},\ n \geqslant -1 \\ \frac{1}{15}4^{n+2},\ n \leqslant -2\end{cases}$$

2. 部分分式展开法

$X(z)$一般都是z的有理分式，可表示为

$$X(z)=\frac{B(z)}{A(z)} \tag{2-22}$$

我们可以将$X(z)$展开成部分分式的形式，然后求每个部分分式的z变换：

$$X(z)=\frac{B(z)}{A(z)}=X_1(z)+X_2(z)+\cdots+X_k(z) \tag{2-23}$$

即：

$$x(n)=Z^{-1}\left[X_1(z)\right]+Z^{-1}\left[X_2(z)\right]+\cdots+Z^{-1}\left[X_k(z)\right] \tag{2-24}$$

求解z反变换的步骤如下：

（1）先将$X(z)$因式分解：

$$\begin{aligned}X(z)&=\frac{B(z)}{A(z)}=\sum_{i=0}^{M}b_i z^{-i}\bigg/\left(1+\sum_{i=1}^{N}a_i z^{-i}\right) \\ &=\sum_{n=0}^{M-N}B_n z^{-n}+\sum_{k=1}^{N-r}\frac{A_k}{1-z_k z^{-1}}+\sum_{k=1}^{r}\frac{C_k}{\left[1-z_i z^{-1}\right]^k}\end{aligned} \tag{2-25}$$

其中，z_i为$X(z)$的一个r阶极点，各个z_k是$X(z)$的单极点。

B_n是$X(z)$的整式部分的系数，当$M<N$时，$B_n=0$。

（2）根据留数定理求系数A_k和C_k：

$$\begin{aligned}A_k&=\left(1-z_k z^{-1}\right)X(z)\Big|_{z=z_k} \\ &=\left(z-z_k\right)\frac{X(z)}{z}\bigg|_{z=z_k} \\ &=\text{Res}\left[\frac{X(z)}{z}\right]_{z=z_k}\end{aligned} \tag{2-26}$$

$$C_k=\frac{1}{(r-k)!}\left\{\frac{\mathrm{d}^{rk}}{\mathrm{d}z^{rk}}\left[(z-z_i)^r\frac{X(z)}{z^k}\right]\right\}_{z=z_i} \tag{2-27}$$

例 2-6：设 $X(z)=\frac{1}{(1-2z^{-1})(1-0.5z^{-1})}$，$|z|>2$，求 $x(n)$。

解：因为

$$X(z)=\frac{z^2}{(z-2)(z-0.5)}$$

所以

$$\frac{X(z)}{z}=\frac{z}{(z-2)(z-0.5)}=\frac{A_1}{z-2}+\frac{A_2}{z-0.5}$$

$$A_1=\left[(z-2)\frac{X(z)}{z}\right]_{z=2}=\left[\frac{z}{(z-0.5)}\right]_{z=2}=\frac{4}{3}$$

$$A_2=\left[(z-0.5)\frac{X(z)}{z}\right]_{z=0.5}=\left[\frac{z}{z-2}\right]_{z=0.5}=-\frac{1}{3}$$

$$\frac{X(z)}{z}=\frac{4}{3}\frac{1}{z-2}-\frac{1}{3}\frac{1}{z-0.5}$$

$$X(z)=\frac{4}{3}\frac{z}{z-2}-\frac{1}{3}\frac{z}{z-0.5}$$

$$X(z)=\frac{4}{3}\frac{1}{(1-2z^{-1})}-\frac{1}{3}\frac{1}{1-0.5z^{-1}}$$

$$x(n)=\left[\frac{4}{3}2^n-\frac{1}{3}(0.5)^n\right]u(n)$$

3. 长除法

将 $X(z)$ 展开，$X(z)=\cdots+x(n-1)z^1+x(0)z^0+x(1)z^{-1}+x(2)z^{-2}+\cdots$，其系数就是 $x(n)$。

例 2-7：设 $X(z)=\frac{3z^{-1}}{(1-3z^{-1})^2}$，$|z|>3$，求 $x(n)$。

解：因为 $|z|>3$，所以 $x(n)$ 为因果序列，$X(z)$ 应按 z 的降幂排列。

$$X(z)=\frac{3z}{(z-3)^2}=\frac{3z}{z^2-6z+9}$$

$$\begin{array}{r l}
 & 3z^{-1}+18z^{-2}+81z^{-3}+\cdots \\
z^2-6z+9 \big) & 3z \\
 & \underline{3z-18+27z^{-1}} \\
 & 18-27z^{-1} \\
 & \underline{18-108z^{-1}+162z^{-2}} \\
 & 81z^{-1}-162z^{-2} \\
 & \underline{81z^{-1}-486z^{-2}+729z^{-3}} \\
 & \cdots\cdots
\end{array}$$

得：

$$X(z)=3z^{-1}+18z^{-2}+81z^{-3}+\cdots$$
$$=3z^{-1}+2\times3^{2}\times z^{-2}+3\times3^{3}\times z^{-3}+\cdots$$

所以

$$x(n)=n3^{n}u(n-1)$$

围线积分法、部分分式法和长除法均可以用来计算 z 的反变换。围线积分法虽然概念清晰，但计算复杂，所以并不常用；相比之下，部分分式法计算起来就容易许多，但前提是 $X(z)$ 是一个较容易被因式分解的有理分式；长除法大多用在工程实践中，当 $X(z)$ 很难被因式分解，且工程不要求反变换的结果很精确或能用解析式表示时，则通常选择长除法。

2.1.5 利用 z 变换求解差分方程

离散时间系统可用差分方程来描述，这里分两种情况讨论差分方程的 z 变换求解方法。

1. 零状态响应的解法

当输入序列 $x(n)$ 为因果序列时，线性时不变系统的常系数差分方程描述为：

$$\sum_{k=0}^{N}a_{k}y(n-k)z^{-k}=\sum_{k=0}^{M}b_{k}x(n-k) \tag{2-28}$$

在系统初始状态为零，即 $y(n)=0(n<0)$ 时，对上式两边取双边 z 变换，由 z 变换的移位特性可得

$$Y(z)\sum_{k=0}^{N}a_{k}z^{-k}=X(z)\sum_{k=0}^{M}b_{k}z^{-k}$$

于是

$$H(z)=\frac{Y(z)}{X(z)}=\frac{\sum_{k=0}^{M}b_{k}z^{-k}}{\sum_{k=0}^{N}a_{k}z^{-k}} \tag{2-29}$$

由 z 变换的卷积定理可知，当 $x(n)$ 给定时，可由下式求得响应 $y(n)$。

$$y(n)=Z^{-1}\left[H(z)X(z)\right] \tag{2-30}$$

2. 初始状态不为零的解法

当系统的初始状态不为零时，除了考虑零状态响应外，还必须考虑零输入响应。这时方程的 z 变换解法需要使用单边变换。

设 $Y(z)=Z\left[y(n)\right]=\sum_{n=0}^{+\infty}y(n)z^{-n}$，则

$$Z\left[y(n-m)u(n)\right]=\sum_{n=0}^{+\infty}y(n-m)z^{-n}$$
$$=z^{-m}\sum_{n=0}^{+\infty}y(n-m)z^{-(n-m)}$$
$$=z^{-m}\sum_{k=-m}^{+\infty}y(k)z^{-k}$$

$$= z^{-m}\left[\sum_{k=0}^{+\infty} y(k) z^{-k} + \sum_{k=-m}^{-1} y(k) z^{-k}\right]$$

$$= z^{-m}\left[Y(z) + \sum_{k=-m}^{-1} y(k) z^{-k}\right]$$

对上式单边 z 变换，得到差分方程的单边 z 变换形式：

$$\sum_{k=0}^{N} a_k z^{-k}\left[Y(z) + \sum_{l=-k}^{-1} y(l) z^{-l}\right] = \sum_{k=0}^{M} b_k X(z) z^{-k} \tag{2-31}$$

由此得到

$$Y(z) = \frac{\sum_{k=0}^{M} b_k z^{-k}}{\sum_{k=0}^{N} a_k z^{-k}} X(z) - \frac{\sum_{k=0}^{N} a_k z^{-k} \sum_{l=-k}^{-1} y(l) z^{-l}}{\sum_{k=0}^{N} a_k z^{-k}} \tag{2-32}$$

上式第一项为零状态解，即与系统初始状态无关。第二项为零输入解，即与输入信号无关。求零输入解必须考虑初始条件，用单边 z 变换求解。

2.2 序列的傅里叶变换 DTFT

序列的傅里叶变换是离散时间信号分析与处理的最重要工具之一。它给出了序列频谱的概念，并由此可从频域来对离散时间信号和系统进行分析。

2.2.1 DTFT 的定义及性质

1. DTFT 的定义

时域离散信号的傅里叶变换（DTFT，Discrete－Time Fourier Transform）的定义如下：

$$DTFT\lfloor x(n) \rfloor = X(\mathrm{e}^{\mathrm{j}\omega}) = \sum_{n=-\infty}^{+\infty} x(n) \mathrm{e}^{-\mathrm{j}\omega n} \tag{2-33}$$

由于 $\mathrm{e}^{-\mathrm{j}\omega n} = \mathrm{e}^{-\mathrm{j}(\omega + 2\pi M)n}$，其中 M 为整数，固有

$$X(\mathrm{e}^{\mathrm{j}\omega}) = \sum_{n=-\infty}^{+\infty} x(n) \mathrm{e}^{-\mathrm{j}(\omega + 2\pi M)n} = X\left(\mathrm{e}^{\mathrm{j}(\omega + 2\pi M)}\right) \tag{2-34}$$

可见，$X(\mathrm{e}^{\mathrm{j}\omega})$ 还是 ω 的周期函数，周期为 2π。这点与连续时间信号的傅里叶变换不同，连续时间信号的傅里叶变换是 Ω 的非周期连续函数。由于 $X(\mathrm{e}^{\mathrm{j}\omega})$ 的周期性，式（2－34）可看成对 $X(\mathrm{e}^{\mathrm{j}\omega})$ 的傅里叶级数展开，$x(n)$ 为其展开函数。

序列的傅里叶反变换记为 $x(n) = F^{-1}\left[X(\mathrm{e}^{\mathrm{j}\omega})\right]$，由于序列的傅里叶变换是 z 变换在 $z = \mathrm{e}^{\mathrm{j}\omega}$ 时的特殊情况，根据求 z 反变换的公式，可得到序列的傅里叶反变换公式为

$$\begin{aligned} x(n) &= F^{-1}\left[X(\mathrm{e}^{\mathrm{j}\omega})\right] \\ &= \frac{1}{2\pi \mathrm{j}} \oint_c X(z) z^{n-1} \mathrm{d}z \Big|_{z=\mathrm{e}^{\mathrm{j}\omega}} \\ &= \frac{1}{2\pi} \int_{-\pi}^{\pi} X(\mathrm{e}^{\mathrm{j}\omega}) \mathrm{e}^{\mathrm{j}\omega n} \mathrm{d}\omega \end{aligned} \tag{2-35}$$

2. 序列傅里叶变换的性质

（1）线性。

序列 $x(n)$ 和 $y(n)$ 的傅里叶变换分别用 $X(e^{j\omega})$ 和 $Y(e^{j\omega})$ 表示，即

$$F[x(n)]=X(e^{j\omega}),\quad F[y(n)]=Y(e^{j\omega})$$

则对于任何常数 a 和 b 有

$$F[ax(n)+by(n)]=aX(e^{j\omega})+bY(e^{j\omega}) \tag{2-36}$$

（2）序列的移位。

若 $F[x(n)]=X(e^{j\omega})$，则

$$F[x(n-n_0)]=e^{-j\omega n_0}X(e^{j\omega}) \tag{2-37}$$

即时域的移位，导致频域的移位。

（3）频域的相移。

若 $F[x(n)]=X(e^{j\omega})$，则

$$F[e^{j\omega n_0}x(n)]=X[e^{j(\omega-\omega_0)}] \tag{2-38}$$

即频域的相移相当于对时域信号进行了调制。

（4）序列的反褶。

若 $F[x(n)]=X(e^{j\omega})$，则

$$F[x(-n)]=X(e^{-j\omega}) \tag{2-39}$$

（5）序列的共轭。

若 $F[x(n)]=X(e^{j\omega})$，则

$$F[x^*(n)]=X^*(e^{j\omega}) \tag{2-40}$$

（6）时域卷积定理。

若 $F[x(n)]=X(e^{j\omega})$，$F[h(n)]=H(e^{j\omega})$，$y(n)=x(n)*h(n)$，则

$$Y(e^{j\omega})=X(e^{j\omega})H(e^{j\omega}) \tag{2-41}$$

即两个序列在时域的卷积对应于频域为两个序列傅里叶变换的乘积。

（7）频域卷积定理。

若 $F[x(n)]=X(e^{j\omega})$，$F[h(n)]=H(e^{j\omega})$，$y(n)=x(n)h(n)$，则

$$\begin{aligned}Y(e^{j\omega})&=\frac{1}{2\pi}\left[X(e^{j\omega})*H(e^{j\omega})\right]\\&=\frac{1}{2\pi}\int_{-\pi}^{\pi}X(e^{j\theta})H(e^{j(\omega-\theta)})d\theta\end{aligned} \tag{2-42}$$

即两个序列在时域的乘积对应于频域为两个序列傅里叶变换的卷积。

（8）帕斯瓦尔定理。

若 $F[x(n)]=X(e^{j\omega})$，则

$$\sum_{n=-\infty}^{+\infty}|x(n)|^2=\frac{1}{2\pi}\int_{-\pi}^{\pi}|X(e^{j\omega})|^2 d\omega \tag{2-43}$$

2.2.2 DTFT 与 z 变换的关系

我们知道，傅里叶变换是拉普拉斯变换在虚轴 $S=\mathrm{j}\Omega$ 的特例，因而映射到 z 平面上为单位圆。

$$X(z)_{z=\mathrm{e}^{\mathrm{j}\Omega T}}=X\left(\mathrm{e}^{\mathrm{j}\Omega T}\right)=\hat{X}_a\left(\mathrm{j}\Omega\right) \tag{2-44}$$

所以，序列在单位圆上的 z 变换为序列的傅里叶变换。

2.3 系统的频域表示

2.3.1 系统函数

可以用单位脉冲响应 $h(n)$ 表示 LTI 离散系统的输入输出关系

$$y(n)=T\left[x(n)\right]=x(n)*h(n) \tag{2-45}$$

对应的 z 变换为

$$Y(z)=H(z)X(z) \tag{2-46}$$

定义 LTI 离散系统输出 z 变换与输入 z 变换之比为系统函数，即

$$H(z)=\frac{Y(z)}{X(z)} \tag{2-47}$$

1. 因果稳定系统

对于一个 LTI 系统来说，其稳定的充要条件是：

$$\sum_{n=-\infty}^{+\infty}\left|h(n)\right|<\infty \tag{2-48}$$

下面来分析 $H(z)$ 的收敛域满足什么条件时，LTI 系统稳定。$H(z)$ 收敛的条件是：

$$\sum_{n=-\infty}^{+\infty}\left|h(n)z^{-n}\right|<\infty \tag{2-49}$$

可以看出，若 $H(z)$ 的收敛域包括 $|z|=1$，则可以从式（2−49）推出式（2−48），此时，系统稳定。

结论①：如果 LTI 系统函数 $H(z)$ 的收敛域包括单位圆 $|z|=1$，则该系统稳定。再来分析因果系统：因果系统的收敛域形式是：$|z|>R_{x^-}$。

结论②：一个因果稳定系统的系统函数 $H(z)$ 的收敛域一定是：

$$r<|z|\leqslant\infty,\ 0<r<1$$

即：$H(z)$ 的全部极点必须在单位圆内。

2. 系统函数和差分方程的关系

一个 LTI 系统可以用常系数差分方程来描述：

$$\sum_{k=0}^{N}a_k y(n-k)=\sum_{m=0}^{M}b_m x(n-m) \tag{2-50}$$

若系统初始状态为零，对上式两边求 z 变换，得到：

$$\sum_{k=0}^{N} a_k z^{-k} Y(z) = \sum_{m=0}^{M} b_m z^{-m} X(z)$$

于是：

$$H(z) = \frac{Y(z)}{X(z)} = \frac{\sum_{m=0}^{M} b_m z^{-m}}{\sum_{k=0}^{N} a_k z^{-k}}$$

将 $H(z)$ 因式分解：

$$H(z) = K \frac{\prod_{m=1}^{M}\left(1 - c_m z^{-1}\right)}{\prod_{k=1}^{N}\left(1 - d_k z^{-1}\right)} \tag{2-51}$$

式中，c_m、d_k 分别为 $H(z)$ 的零、极点，K 为比例常数。

注意：

① 在 $H(z)$ 未说明 z 的收敛域时，可以代表不同的系统。这与一个差分方程并不唯一地确定系统的 $h(n)$ 是一致的。

② 对于稳定的系统，其收敛域必须包括单位圆。所以，在用 z 平面的零、极点图来描述 $H(z)$ 时，通常都画出单位圆，以便看清极点位置与单位圆的关系，从而判断系统稳定与否。

2.3.2 频率响应

系统的频率响应是单位抽样响应 $h(n)$ 的傅里叶变换：

$$H\left(e^{j\omega}\right) = \sum_{n=-\infty}^{+\infty} h(n) e^{-j\omega n} \tag{2-52}$$

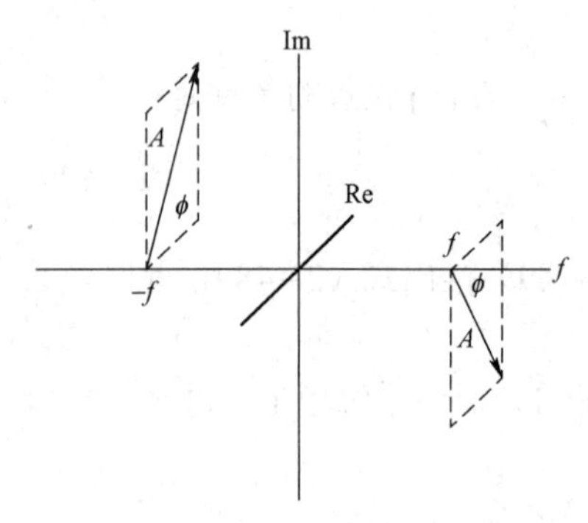

图 2-1　共轭对称示意

系统频率响应 $H\left(e^{j\omega}\right)$ 存在且连续的条件是：$h(n)$ 绝对可和，系统稳定。它用于研究离散 LTI 系统对输入频谱的处理作用（滤波器）。对于输入和输出都是实信号的滤波器，其频率响应在频率为 f 和 $-f$ 处对应的固定向量也必须和共轭对称，否则输出信号对应的旋转向量将无法做到任意时刻都共轭对称。

如图 2-1 所示，如果滤波器的频率响应在频率 f 处的取值为 $Ae^{-j\omega}$，则其在频率 $-f$ 处的取值必然是 $Ae^{j\omega}$。

也正是因为滤波器频率响应的这种共轭对称性，常见的幅频响应和相频响应曲线一般都是只画一半：只有正频率部分，没有负频率部分。

某理想低通滤波器，在 $-f_c < f < f_c$ 频率范围内的幅度增益为 A，其他频率的幅度增益为 0，滤波器引入的时延是 t_0。该理想低通滤波器的频率响应表达式为：

$$H(f) = \begin{cases} Ae^{j\phi(f)}, & |f| < f_c \\ 0, & |f| \geq f \end{cases} \tag{2-53}$$

其中，$\phi(f)=-2\pi f t_0$。

也就是说，系统对不同频率信号产生的相移必须与频率成正比，否则信号发生失真。

2.3.3 数字角频率与模拟角频率的转换关系

讨论时域离散信号的傅里叶变换与模拟信号傅里叶变换之间的关系，我们假设一个背景：时域离散信号是由模拟信号采样得来。设 $x_a(t)$ 为时域模拟信号，$\widehat{x_a}(t)$ 为理想采样信号，令采样间隔为T_s，则 $t=nT_s$，用离散序列$x(n)$来表示量化后的模拟信号。

$$x(n)=x_a(t)\big|_{t=nT_s}=x_a(nT_s)$$

若对于离散序列，N个样点为一个周期，则频率$\omega=\frac{2\pi}{N}$，称为数字角频率。

那么对于模拟信号，周期 $T=NT_s$，频率$\Omega=\frac{2\pi}{T}=\frac{2\pi}{NT_s}$，称为模拟角频率。

$$\begin{cases}\omega=\frac{2\pi}{N}\\ \Omega=\frac{2\pi}{NT_s}\end{cases}$$

所以

$$\Omega T_s=\omega \tag{2-54}$$

即为模拟角频率和数字角频率应该满足的关系，在其他表述中，也常见到把 T_s 简记为T的情况，一般不会混淆它们的含义。

从另一个角度思考：$T=NT_s$等价于 $fN=f_s$，采样频率一般高于模拟信号的频率，以N个样点为一个周期时，采样频率是模拟域频率的N倍，即模拟信号“振动”一次，采样信号“振动”了N次。

2.4 利用零极点的几何位置分析系统的频率响应特性

频率响应的零极点表达式为：

$$H(z)=K\frac{\prod_{m=1}^{M}(1-c_m z^{-1})}{\prod_{k=1}^{N}(1-d_k z^{-1})}=Kz^{N-M}\frac{\prod_{m=1}^{M}(z-c_m)}{\prod_{k=1}^{N}(z-d_k)} \tag{2-55}$$

$$H(e^{j\omega})=Ke^{j(N-M)\omega}\frac{\prod_{m=1}^{M}(e^{j\omega}-c_m)}{\prod_{k=1}^{N}(e^{j\omega}-d_k)}=\left|H(e^{j\omega})\right|e^{j\arg[H(e^{j\omega})]} \tag{2-56}$$

模为：

$$\left|H(e^{j\omega})\right|=|K|\frac{\prod_{m=1}^{M}\left|e^{j\omega}-c_m\right|}{\prod_{k=1}^{N}\left|e^{j\omega}-d_k\right|} \tag{2-57}$$

相角为：

$$\arg[H(\mathrm{e}^{\mathrm{j}\omega})]=\arg[K]+\sum_{m=1}^{M}\arg[\mathrm{e}^{\mathrm{j}\omega}-c_m]-\sum_{k=1}^{N}\arg[\mathrm{e}^{\mathrm{j}\omega}-d_k]+(N-M)\omega \tag{2-58}$$

如图 2-2 所示，$\mathrm{e}^{\mathrm{j}\omega}-\vec{c}_m=\vec{\rho}_m=\rho_m\mathrm{e}^{\mathrm{j}\theta_m}$ 其中 $\vec{c}_m$ 为零点向量，$\vec{\boldsymbol{\rho}}_m$ 为零点指向向量；同理，$\mathrm{e}^{\mathrm{j}\omega}-\vec{d}_k=\vec{l}_k=l_k\mathrm{e}^{\mathrm{j}\Phi_k}$，其中 $\vec{d}_k$ 为极点向量，$\vec{l}_k$ 为极点指向向量。因此：

$$\left|H(\mathrm{e}^{\mathrm{j}\omega})\right|=|K|\frac{\prod_{m=1}^{M}\rho_m}{\prod_{k=1}^{N}l_m} \tag{2-59}$$

$$\arg[H(\mathrm{e}^{\mathrm{j}\omega})]=\arg[K]+\sum_{m=1}^{M}\theta_m-\sum_{k=1}^{N}\Phi_k+(N-M)\omega \tag{2-60}$$

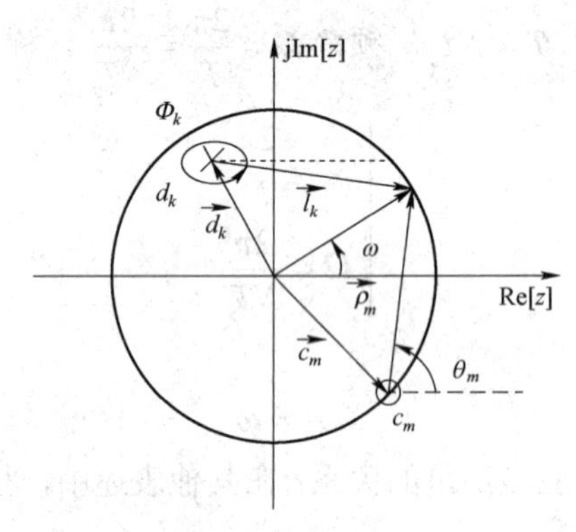

图 2-2　零极点示意

说明：

（1）$z^{(n-m)}$ 表示原点处零极点，它到单位圆的距离恒为 1，故对幅度响应不起作用，只是给出线性相移分量 $\omega(N-M)$。

（2）单位圆附近的零点对幅度响应的谷点的位置与深度有明显影响，当零点位于单位圆上时，谷点为零。零点可在单位圆外。

（3）单位圆附近的极点对幅度响应的峰点位置和高度有明显影响。若极点在圆外，系统不稳定。

2.5　本章内容的 Matlab 实现

$$\begin{aligned}H(z)&=\frac{B(z)}{A(z)}\\&=\frac{b(1)+b(2)z^{-1}+b(3)z^{-2}+\cdots+b(n_b+1)z^{-n_b}}{1+a(2)z^{-1}+a(3)z^{-2}+\cdots+a(n_a+1)z^{-n_a}}\end{aligned}$$

$$\boldsymbol{b}=[b(1),b(2),b(3),\cdots,b(n_b+1)]$$

$$\boldsymbol{a}=[a(1),a(2),a(3),\cdots,a(n_a+1)]$$

标准的系统函数要求 $a(1)=1$，若不为 1，则程序会自动将其归一化为 1。

1. filter.m

filter 可用来求一个离散系统的输出。

调用格式：

```
y=filter(b,a,x);
```

如求一个离散系统 $H(z)=\dfrac{z+1}{z-0.9}=\dfrac{1+z^{-1}}{1-0.9z^{-1}}$ 的输出的程序如下，程序运行所得图像如图 2－3 所示。

```
x(t)=sin(2*pi*200*t)+ sin(2*pi*10*t)
T=1/1 000;
n=0:199;
x(n)=sin(2*pi*200*n*T)+ sin(2*pi*10*n*T);
n = 0:199;   %取 200 个点
T=1/1 000;   %采样频率 1 kHz
x = sin(2*pi*200*n*T)+ sin(2*pi*10*n*T);
b=[1,1];
a=[1,－0.9];
y=filter(b,a,x);
subplot(2,1,1);
stem(n, x); grid on; title(' x');
subplot(2,1,2);
stem(n, y); grid on; title(' y');
```

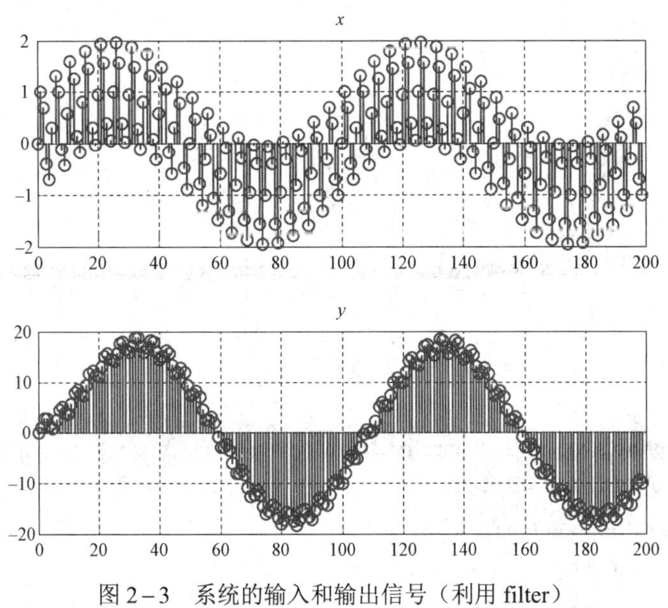

图 2－3　系统的输入和输出信号（利用 filter）

2. impz.m

impz 可用来求一个离散系统的 $h(n)$。以下程序运行所得图像如图 2－4、图 2－5 所示。

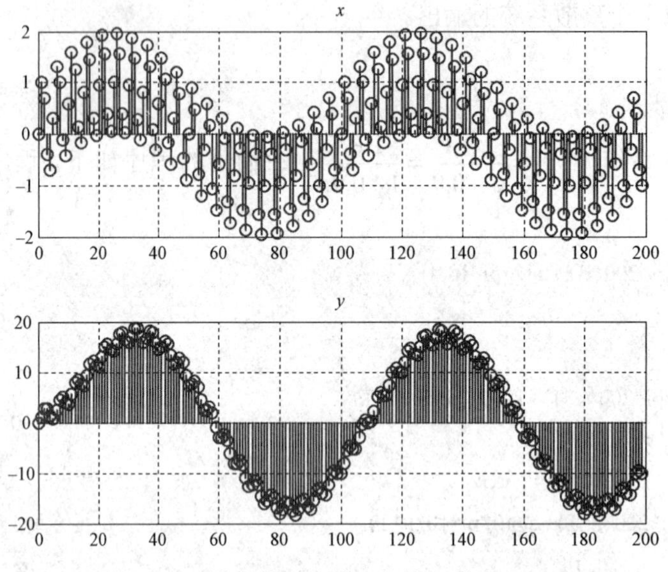

图 2－4　系统的输入和输出信号（利用 impz）

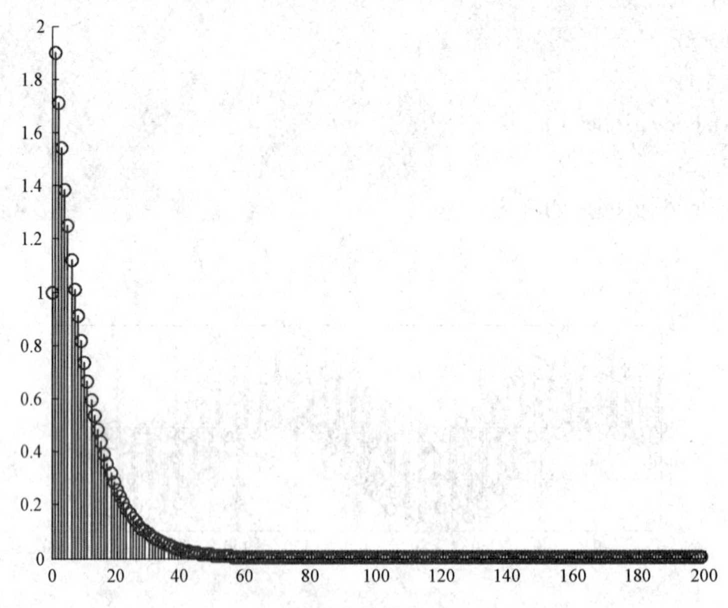

图 2－5　系统的单位脉冲响应 $h(n)$

调用格式：

```
h=impz(b,a,N) 或 [h,t]=impz(b,a,N);
```

注：其中，N 是 $h(n)$所需的长度。

```
n = 0:199;   %x(n)取 200 个点
T=1/1 000;   %采样频率 1 kHz
x = sin(2*pi*200*n*T)+ sin(2*pi*10*n*T);
```

```
b=[1,1];
a=[1,-0.9];
h= impz(b,a,200);
ny=0:398;
y=conv(x,h);
subplot(2,1,1);
stem(n, x); grid on; title(' x');
subplot(2,1,2);
stem(ny, y); grid on; title(' y');
stem(n, h)
```

3. freqz.m

freqz 可用来求一个离散系统的频率响应。

调用格式：

```
freqz(b,a,N,'whole',Fs); 或 [H,w] = freqz(b,a,N,'whole',Fs);
```

其中：

（1）N 是频率轴分点数，建议 N 为 2 的整次幂。

（2）w 返回频率轴坐标向量供绘图用。

（3）F_s 是采样频率，若 F_s=1，频率轴给出归一化频率。

（4）whole 指定计算的频率范围从 0～F_s，缺省时从 0～$F_s/2$。

以下程序运行所得图像如图 2-6 所示。

```
b=[1,1];
a=[1,-0.9];
[H,w]=freqz(b,a,512,'whole',1 000);
subplot(2,1,1);
plot(w,abs(H)) ; grid on;
subplot(2,1,2);
plot(w,angle(H)); grid on;
```

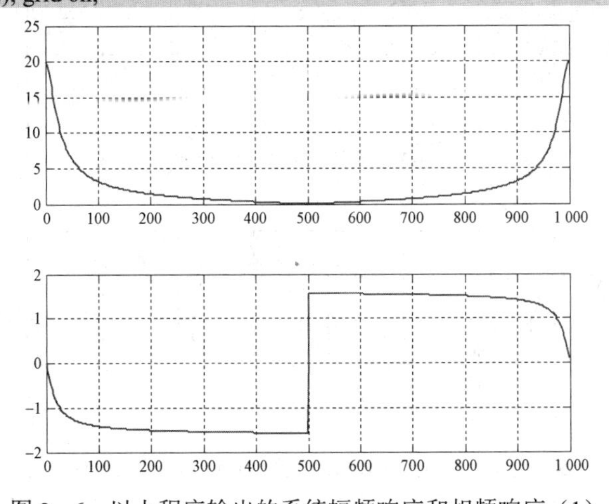

图 2-6 以上程序输出的系统幅频响应和相频响应（1）

以下程序运行所得图像如图 2－7 所示。

```
b=[1,1];
a=[1,－0.9];
[H,w]=freqz(b,a,512,'whole');
subplot(2,1,1);
plot(w,abs(H)) ; grid on;
subplot(2,1,2);
plot(w,angle(H)); grid on;
```

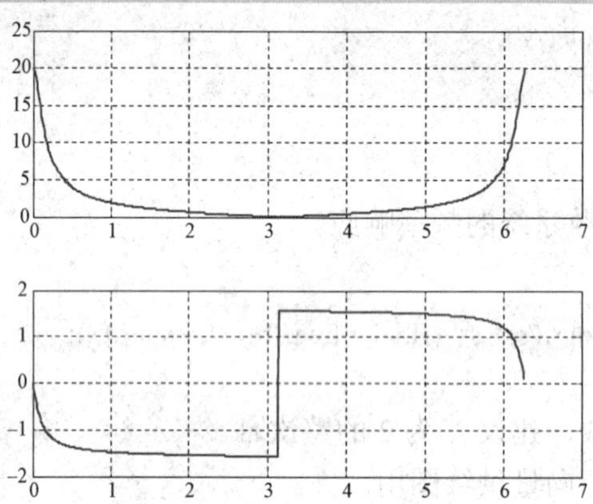

图 2－7　以上程序输出的系统幅频响应和相频响应（2）

以下程序运行所得图像如图 2－8 所示。

```
b=[1,1];      a=[1,－0.9];
[H,w]=freqz(b,a,512);
subplot(2,1,1);
plot(w,abs(H)) ; grid on;
subplot(2,1,2);
plot(w,angle(H)); grid on;
```

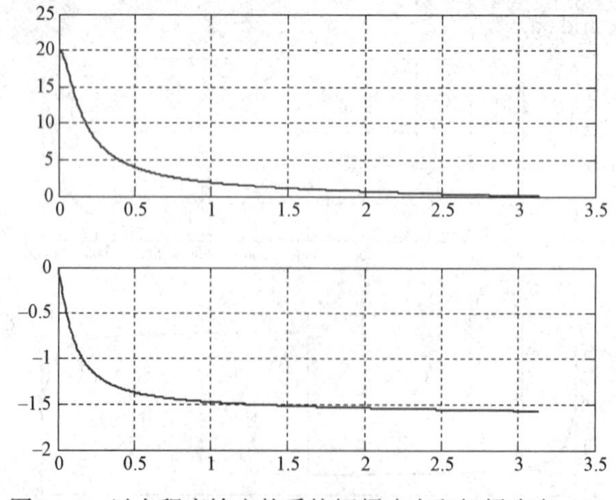

图 2－8　以上程序输出的系统幅频响应和相频响应（3）

以下程序运行所得图像如图 2－9 所示。

```
b=[1,1];
a=[1,－0.9];
freqz(b,a);
```

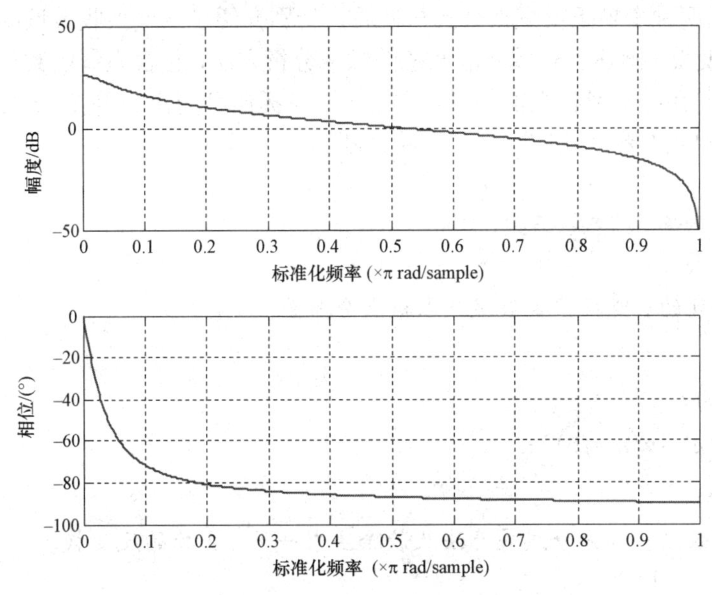

图 2－9　以上程序输出的系统幅频响应和相频响应（4）

4. zplane.m

zplane 可用来显示离散系统的零极点图。

调用格式：

```
zplane(b,a);
```

以下程序运行所得图像如图 2－10 所示。

```
b=[1,1];
a=[1,－0.9];
zplane(b,a);
```

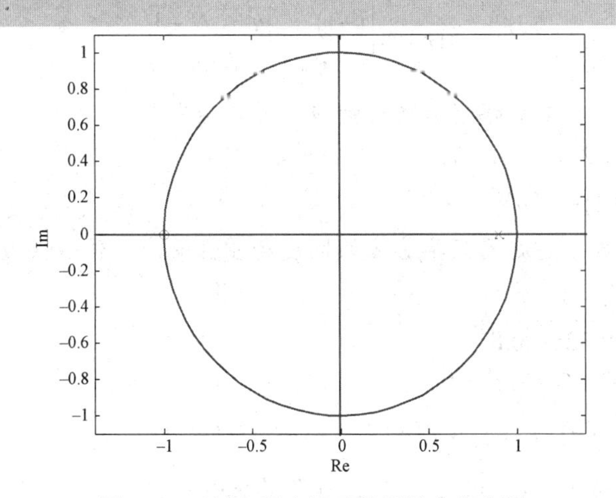

图 2－10　以上程序显示的零极点分布图

本章小结

本章主要介绍了时域离散信号与系统的两种频域变换：z 变换以及序列的傅里叶变换DTFT，介绍了这两种变换正反变换公式与性质，特别介绍了 z 变换收敛域的概念以及判断方法。基于这两种变换，阐述了时域离散系统的频域分析方法，包含系统函数与频率响应的概念以及零极点位置与系统频率特性的关系。本章重点掌握两种变换的定义、z 变换的收敛域以及零极点几何位置对系统频率响应特性的影响判断。

习　题

1. 求下列序列的 z 变换、收敛域及零极点分布图。

（1）$\delta(n)$；

（2）$0.5^n u(n)$；

（3）$0.5^n\left[u(n)-u(n-10)\right]$；

（4）$e^{j\omega_0 n}u(n)$。

2. 分别用留数法、部分分式展开法及长除法求一下 z 变换的反变换。

（1）$X(z)=\dfrac{1}{1-0.5z^{-1}},\ |z|>0.5$；

（2）$X(z)=\dfrac{1-2z^{-1}}{1-0.5z^{-1}},\ |z|<0.5$；

（3）$X(z)=\dfrac{1-az^{-1}}{z^{-1}-a},\ |z|>|a|^{-1}$。

3. 系统的传输函数如下，当输入为单位阶跃信号时，求其时域响应。

$$H(z)=\frac{(z-1)^2}{z^2-0.32z+0.8}$$

4. 求系统的频率响应，系统的脉冲响应如下：

$$h(n)=\begin{cases}(-1)^n, & |n|<N-1\\ 0, & \text{其他}\end{cases}$$

5. 求下列系统频率响应的幅度和相位响应，并画图表示。

（1）$y(n)=x(n)+2x(n-1)+3x(n-2)+2x(n-3)+x(n-4)$；

（2）$y(n)=y(n+1)+x(n)$。

6. 画出表示下列数字滤波器频率响应的幅度和相位响应。传输函数如下：

（1）$H(z)=\dfrac{(z-1)^2}{z^2-0.32z+0.8}$；

（2）$H(z)=z^{-4}+2z^{-3}+2z^{-1}+1$。

7. 证明：$y(n)=x(n)*h(n)\leftrightarrow Y(e^{j\omega})=X(e^{j\omega})H(e^{j\omega})$。

8. 已知下列序列的 $X(z)$，求 $X(e^{j\omega})$，并作其振幅相位图。

（1）$X(z)=\dfrac{1}{1-az^{-1}}$，$0<a<1$；

（2）$X(z)=\dfrac{1}{1-2az^{-1}\cos\omega_0+a^2z^{-2}}$，$0<a<1$；

（3）$X(z)=\dfrac{1-z^{-6}}{1-z^{-1}}$；

（4）$X(z)=\dfrac{1-az^{-1}}{z^{-1}-a}$，$a>1$。

9. 若$x(n)$、$y(n)$为稳定因果的实序列，试证明：

$$\frac{1}{2\pi}\int_{-\pi}^{\pi}X(e^{j\omega})Y(e^{j\omega})d\omega=\left\{\frac{1}{2\pi}\int_{-\pi}^{\pi}X(e^{j\omega})d\omega\right\}\cdot\left\{\frac{1}{2\pi}\int_{-\pi}^{\pi}Y(e^{j\omega})d\omega\right\}$$

10.令实序列$x(n)$的傅里叶变换为$X(e^{j\omega})$，且$Y(e^{j\omega})=\left\{X\left(e^{\frac{j\omega}{2}}\right)+X\left(e^{\frac{-j\omega}{2}}\right)\right\}/2$，求$Y(e^{j\omega})$的傅里叶反变换$y(n)$。

11. 用z变换解下列差分方程。

（1）$y(n)-0.9y(n-1)=0.05u(n)$，初始条件$y(-1)=0$；

（2）$y(n)+y(n-1)+y(n-2)=u(n-2)$，初始条件$y(-1)=3$，$y(-2)=2$。

12. 已知线性时不变系统由差分方程描述：

$$y(n)=\frac{1}{4}y(n-2)+x(n)+\frac{1}{2}x(n-1),\quad y(n)=0,\ n<0$$

（1）求系统的$H(z)$；

（2）定性画出幅频特性$\left|H(e^{j\omega})\right|$。

13. 设线性时不变因果系统的传输函数$H(z)$为

$$H(z)=\frac{z^{-1}-a}{1-az^{-1}},\quad a\text{为实数}$$

（1）问a在什么范围内时，系统稳定？

（2）如果$0<a<1$，画出极零点图，并将收敛域画上斜线。

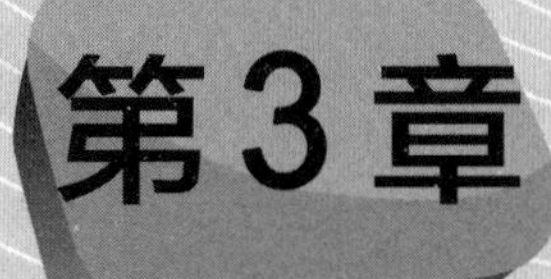

第3章 离散傅里叶变换

3.0 引　　言

离散傅里叶变换（Discrete Fourier Transform，DFT）是数字信号处理中非常重要的一种数学变换。本章主要讨论 DFT 的定义、物理意义、基本性质以及频域采样和 DFT 的应用举例等。主要内容包括 4 种傅里叶变换的比较、周期序列的离散傅里叶变换的定义及其性质、频率域采样理论和离散傅里叶变换的基本应用。

3.1 4 种傅里叶变换的比较

3.1.1 连续时间非周期信号

连续时间非周期信号 $x(t)$ 的傅里叶变换对为

$$\begin{cases} x(t)=\dfrac{1}{2\pi}\displaystyle\int_{-\infty}^{+\infty} X(\mathrm{j}\Omega)\mathrm{e}^{\mathrm{j}\Omega t}\mathrm{d}\Omega \\ X(\mathrm{j}\Omega)=\displaystyle\int_{-\infty}^{+\infty} x(t)\mathrm{e}^{-\mathrm{j}\Omega t}\mathrm{d}t \end{cases} \tag{3-1}$$

如图 3-1 所示为连续时间非周期信号 $x(t)$ 的傅里叶变换，所得到的是连续的非周期的频谱函数。

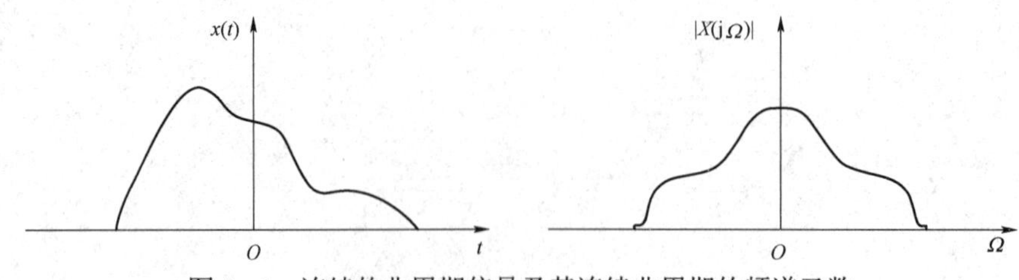

图 3-1　连续的非周期信号及其连续非周期的频谱函数

从图 3-1 中可以看出，时域连续函数对应的频域是非周期的，而时域的非周期所对应的是连续的谱函数。

3.1.2 连续时间周期信号

设 $x(t)$ 代表一个周期为 T 的周期性连续时间函数，其可以展开成傅里叶级数。傅里叶级数的系数为 $X(k\Omega_0)$，是离散频域的非周期函数，$x(t)$ 和 $X(k\Omega_0)$ 组成的傅里叶变换对可以表示为：

$$\begin{cases} x(t)=\sum_{k=-\infty}^{+\infty} X(k\Omega_0)\mathrm{e}^{\mathrm{j}k\Omega_0 t} \\ X(k\Omega_0)=\frac{1}{T}\int_t^{t+T} x(t)\mathrm{e}^{-\mathrm{j}k\Omega_0 t}\mathrm{d}t \end{cases} \tag{3-2}$$

式中，

$$\begin{cases} x(t)=x(t+nT) \\ \Omega_0=\frac{2\pi}{T} \end{cases} \tag{3-3}$$

这一变换对应的示意图如图 3-2 所示。

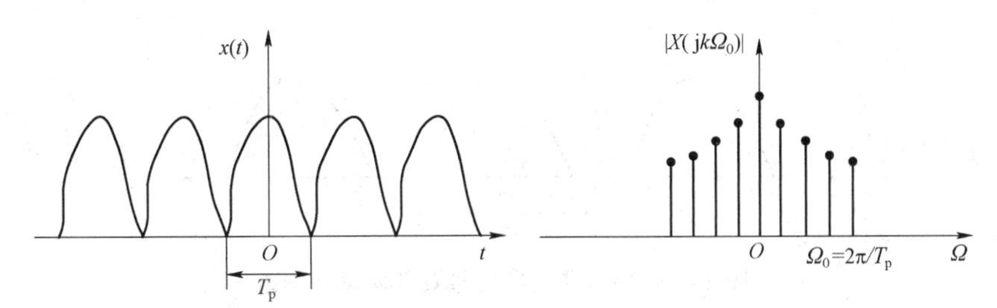

图 3-2 连续的周期信号及其非周期离散谱线

从图 3-2 中可以看出，时域连续函数所对应的傅里叶频域是非周期的频谱函数，而时域的周期时间函数所对应的是离散的频谱。

3.1.3 离散非周期信号

离散非周期信号的傅里叶变换对为

$$\begin{cases} x(n)=\frac{1}{2\pi}\int_{-\pi}^{\pi} X(\mathrm{e}^{\mathrm{j}\omega})\mathrm{e}^{\mathrm{j}\omega n}\mathrm{d}\omega \\ X(\mathrm{e}^{\mathrm{j}\omega})=\sum_{n=-\infty}^{+\infty} x(n)\mathrm{e}^{-\mathrm{j}\omega n} \end{cases} \tag{3-4}$$

式中，ω 为数字角频率，它和模拟角频率 Ω 的关系为 $\omega=\Omega T$。

如果把序列看成模拟信号的采样，采样时间间隔为 T，采样频率为 $f_s=1/T$，$\Omega_s=2\pi/T$，则这一变换对也可以写成如下形式（令 $x(n)=x(nT)$，$\omega=\Omega T$）：

$$\begin{cases} x(nT)=\dfrac{1}{\Omega_s}\displaystyle\int_{-\frac{\Omega_s}{2}}^{\frac{\Omega_s}{2}} X\left(e^{j\Omega T}\right)e^{jn\Omega T}d\Omega \\ X\left(e^{j\Omega T}\right)=\displaystyle\sum_{n=-\infty}^{+\infty}x(nT)e^{-jn\Omega T} \end{cases} \tag{3-5}$$

这一变换对应的示意图如图 3－3 所示，同样可以看出，时域的离散会造成频域的周期延拓，而时域的非周期对应为连续的频谱。

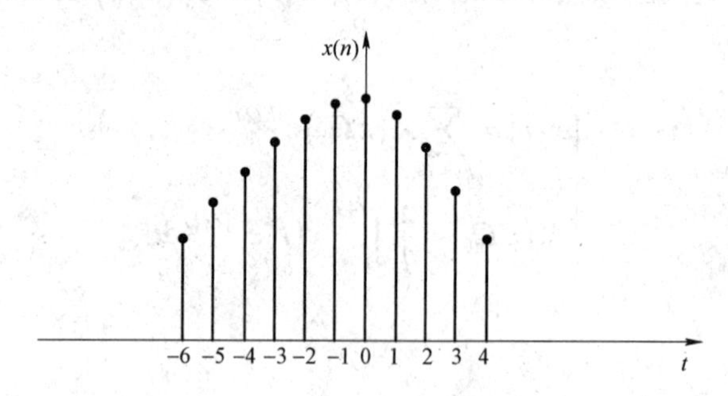

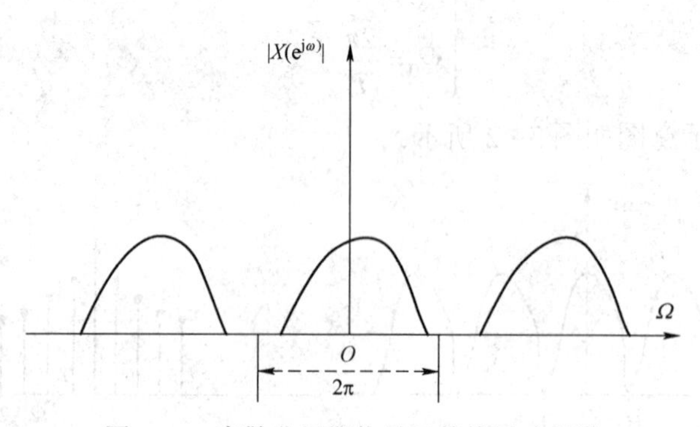

图 3－3　离散非周期信号及其傅里叶频谱

3.1.4　离散周期信号

上面讨论的三种傅里叶变换对都不适合在计算机上运算，因为它们至少在一个域（时域或频域）中的函数是连续的。因而从数字计算的角度出发，我们感兴趣的是时域及频域都是离散的情况，这就是本章所要研究的离散傅里叶变换。

首先应指出的是，这一变换对是针对有限长序列或周期序列才存在的；其次，它相当于把序列的连续傅里叶变换加以离散化（采样），频域的离散化使得时间序列也呈现周期特性。因此，傅里叶级数应限制在一个周期之内。离散周期信号的傅里叶变换对为

$$\begin{cases} x(n)=\dfrac{1}{N}\displaystyle\sum_{k=0}^{N-1}X(k)e^{j\frac{2\pi}{N}nk} \\ X(k)=\displaystyle\sum_{n=0}^{N-1}x(n)e^{-j\frac{2\pi}{N}nk} \end{cases} \tag{3-6}$$

这一变换对如图 3-4 所示。由该图可以看出，时域和频域的函数波形都是离散的，同时也是周期的。

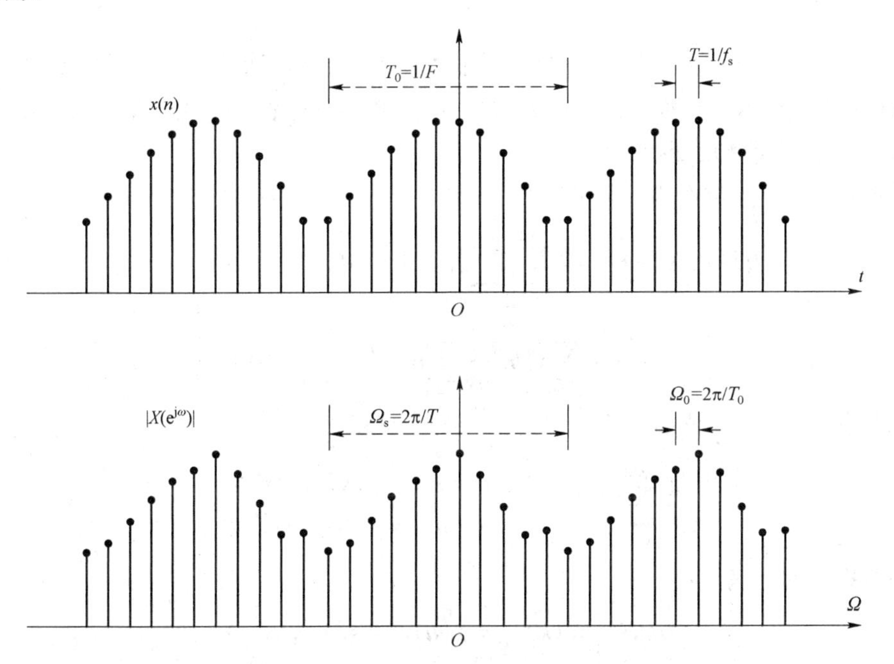

图 3-4 离散周期时间函数及其傅里叶频谱

表 3-1 对 4 种傅里叶变换形式的特点做了简要归纳。

表 3-1 4 种傅里叶变换形式的归纳

时间函数	频率函数
连续和非周期	非周期和连续
连续和周期	非周期和离散
离散和非周期	周期和连续
离散和周期	周期和离散

3.2 DFT 的定义和性质

3.2.1 DFT 的定义

设 $x(n)$ 是一个长度为 M 的有限长序列， $x(n)$ 的 N 点离散傅里叶变换定义为：

$$X(k)=DFT\left[x(n)\right]=\sum_{n=0}^{N-1}x(n)W_N^{kn},\quad k=0,1,\cdots,N-1 \tag{3-7}$$

$X(k)$ 的离散傅里叶反变换为：

$$x(n)=IDFT\left[X(k)\right]=\frac{1}{N}\sum_{k=0}^{N-1}X(k)W_N^{-kn}，\quad k=0,1,\cdots,N-1 \tag{3-8}$$

式中，$W_N=\mathrm{e}^{-\mathrm{j}\frac{2\pi}{N}}$，$N$ 称为 DFT 变换区间的长度，$N\geqslant M$。通常称上面两个公式（3-7）和式（3-8）为离散傅里叶变换对。常用 $DFT[x(n)]_N$ 和 $IDFT[X(k)]_N$ 分别表示 N 点离散傅里叶变换和 N 点离散傅里叶反变换。

我们把式（3-7）带入式（3-8）中，可得：

$$\begin{aligned}IDFT\left[X(k)\right]&=\frac{1}{N}\sum_{k=0}^{N-1}\left[\sum_{n=0}^{N-1}x(n)W_N^{kn}\right]W_N^{-kn}\\&=\sum_{m=0}^{N-1}x(m)\frac{1}{N}\sum_{k=0}^{N-1}W_N^{k(m-n)},\quad k=0,1,\cdots,N-1\end{aligned} \tag{3-9}$$

由于：

$$\frac{1}{N}\sum_{k=0}^{N-1}W_N^{k(m-n)}=\begin{cases}1，& m=n+iN，i\text{为整数}\\0，& m\neq n+iN，i\text{为整数}\end{cases} \tag{3-10}$$

所以，在变换区间上满足：

$$IDFT\left[X(k)\right]_N=x(n),\quad 0\leqslant n\leqslant N-1 \tag{3-11}$$

上面步骤证明了周期序列的离散傅里叶变换和其反变换是一一对应的。

3.2.2 DFT 的性质

1. 线性性质

若

$$DFT\left[x_1(n)\right]=X_1(k)$$

且

$$DFT\left[x_2(n)\right]=X_2(k)$$

则：

$$DFT\left[ax_1(n)+bx_2(n)\right]=aX_1(k)+bX_2(k) \tag{3-12}$$

其中 a、b 为任意常数，所得到的频域序列也是周期序列，周期为 N。将式（3-7）直接应用于序列 $ax_1(n)+bx_2(n)$ 上，就可以直接得到式（3-12）。线性性质可以推广到任意个同周期时间序列的线性组合上。

2. 循环移位性质

若

$$DFT\left[x(n)\right]=X(k)$$

则：

$$DFT\left[x(n+m)\right]=W_N^{-mk}X(k)=\mathrm{e}^{\mathrm{j}\frac{2\pi}{N}mk}X(k) \tag{3-13}$$

证明：

$$DFT\left[x(n+m)\right]=\sum_{n=0}^{N-1}x(n+m)W_N^{kn}=\sum_{i=m}^{N-1+m}x(i)W_N^{ki}W_N^{-mk}，\ i=n+m \tag{3-14}$$

上面证明中，令$i=n+m$。同时注意到W_N^{-mk}是与求和变量i无关的复系数。因此，

$$DFT\left[x(n+m)\right]=W_N^{-mk}\sum_{i=0}^{N-1}x(i)W_N^{ki}=W_N^{-mk}X(k) \tag{3-15}$$

此性质说明原时间序列在时间上的移位，并没有改变其傅里叶变换的模值。信号在时间上的移位只是在其傅里叶变换中引入了W_N^{-mk}的相移。

3. 共轭对称性

DFT 具有共轭对称性，因为序列$x(n)$及其变换对$X(k)$均为有限长序列，且定义区间为$0\sim N-1$，所以 DFT 的对称中心是$N/2$点。

有限长共轭对称序列和共轭反对称序列对于N点的离散时间序列，我们分别用$x_{\mathrm{ep}}(n)$和$x_{\mathrm{op}}(n)$表示为$(2N-1)$点的共轭对称分量和共轭反对称分量。

$x_{\mathrm{ep}}(n)$和$x_{\mathrm{op}}(n)$分别由式（3-16）和式（3-17）定义：

$$x_{\mathrm{ep}}(n)=x_{\mathrm{ep}}^{*}(N-n)，\ 0\leqslant n\leqslant N-1 \tag{3-16}$$

$$x_{\mathrm{op}}(n)=-x_{\mathrm{op}}^{*}(N-n)，\ 0\leqslant n\leqslant N-1 \tag{3-17}$$

当N为偶数时，将上式中的n换成$N/2-n$，可得到：

$$x_{\mathrm{ep}}\left(\frac{N}{2}-n\right)=x_{\mathrm{ep}}^{*}\left(\frac{N}{2}+n\right)，\ 0\leqslant n\leqslant \frac{N}{2}-1 \tag{3-18}$$

$$x_{\mathrm{op}}\left(\frac{N}{2}-n\right)=-x_{\mathrm{op}}^{*}\left(\frac{N}{2}+n\right)，\ 0\leqslant n\leqslant \frac{N}{2}-1 \tag{3-19}$$

式（3-18）说明有限长共轭对称序列关于$n=N/2$点对称。可以证明，任何有限长序列$x(n)$都可以表示成共轭对称分量和共轭反对称分量之和。

$$x(n)=x_{\mathrm{op}}(n)+x_{\mathrm{ep}}(n)，\ 0\leqslant n\leqslant N-1 \tag{3-20}$$

（1）如果将$x(n)$表示为

$$x(n)=x_{\mathrm{r}}(n)+\mathrm{j}x_{\mathrm{i}}(n) \tag{3-21}$$

其中，$x_{\mathrm{r}}(n)$为序列$x(n)$的实部：

$$x_{\mathrm{r}}(n)=\mathrm{Re}\left[x(n)\right]=\frac{1}{2}\left[x(n)+x^{*}(n)\right] \tag{3-22}$$

$x_{\mathrm{i}}(n)$为序列$x(n)$的虚部：

$$\mathrm{j}x_{\mathrm{i}}(n)=\mathrm{jIm}\left[x(n)\right]=\frac{1}{2}\left[x(n)-x^{*}(n)\right] \tag{3-23}$$

分别求式（3-22）和式（3-23）的离散傅里叶变换，可得：

$$DFT[x_r(n)] = \frac{1}{2}DFT\left[x(n)+x^*(n)\right] = \frac{1}{2}\left[X(k)+X^*(N-k)\right] = X_{ep}(k) \tag{3-24}$$

$$DFT[jx_i(n)] = \frac{1}{2}DFT\left[x(n)-x^*(n)\right] = \frac{1}{2}\left[X(k)-X^*(N-k)\right] = X_{op}(k) \tag{3-25}$$

同时，根据 DFT 的线性性质可以得到：

$$X(k) = DFT\left[x(n)\right] = X_{op}(k) + X_{ep}(k) \tag{3-26}$$

其中，$X_{ep}(k) = DFT\left[x_r(n)\right]$ 是 $X(k)$ 的共轭对称分量，$X_{op}(k) = DFT\left[jx_i(n)\right]$ 是 $X(k)$ 的共轭反对称分量。

（2）如果将 $x(n)$ 表示为

$$x(n) = x_{ep}(n) + x_{op}(n) \tag{3-27}$$

其中：

$$x_{ep}(n) = \frac{1}{2}\left[x(n)+x^*(N-n)\right] \tag{3-28}$$

是 $x(n)$ 的共轭对称分量。

$$x_{op}(n) = \frac{1}{2}\left[x(n)-x^*(N-n)\right] \tag{3-29}$$

是 $x(n)$ 的共轭反对称分量。

因此，可得：

$$DFT[x_{ep}(n)] = \frac{1}{2}DFT\left[x(n)+x^*(N-n)\right] = \frac{1}{2}\left[X(k)+X^*(k)\right] = \mathrm{Re}\left[X(k)\right] = X_R(k) \tag{3-30}$$

$$DFT[x_{op}(n)] = \frac{1}{2}DFT\left[x(n)-x^*(N-n)\right] = \frac{1}{2}\left[X(k)-X^*(k)\right] = j\mathrm{Im}\left[X(k)\right] = jX_I(k) \tag{3-31}$$

因此：

$$X(k) = DFT\left[x(n)\right] = X_R(k) + jX_I(k) \tag{3-32}$$

根据上面的推导，可以总结出 DFT 的共轭对称性：

如果序列 $x(n)$ 的 DFT 为 $X(k)$，则 $x(n)$ 的实部和虚部的 DFT 分别为 $X(k)$ 的共轭对称分量和共轭反对称分量；而 $X(k)$ 的实部和虚部的 DFT 分别为 $x(n)$ 的共轭对称分量和共轭反对称分量。

4. 圆周卷积和

设 $x_1(n)$ 和 $x_2(n)$ 都是点数为 N 的有限长序列 $(0 \leqslant n \leqslant N-1)$，它们的离散傅里叶变换为：

$$DFT\left[x_1(n)\right] = X_1(k)$$

$$DFT\left[x_2(n)\right]=X_2(k) \tag{3-33}$$

若：

$$Y(k)=X_1(k)\cdot X_2(k) \tag{3-34}$$

则：

$$\begin{aligned} y(n)=IDFT\left[Y(k)\right]&=\left[\sum_{m=0}^{N-1}x_1(m)x_2((n-m))_N\right]R_N(n) \\ &=\left[\sum_{m=0}^{N-1}x_2(m)x_1((n-m))_N\right]R_N(n) \end{aligned} \tag{3-35}$$

证明：令 $\tilde{x}_1(n)$ 和 $\tilde{x}_2(n)$ 分别是 $x_1(n)$ 和 $x_2(n)$ 的周期延拓，$\tilde{Y}(k)$ 为 $Y(k)$ 的周期延拓，即

$$\tilde{Y}(k)=\tilde{X}_1(k)\cdot\tilde{X}_2(k)$$

故：

$$\begin{aligned} \tilde{y}(n)&=\sum_{m=0}^{N-1}\tilde{x}_1(n)\tilde{x}_2(n-m) \\ &=\sum_{m=0}^{N-1}x_1((m))_N\,x_2((n-m))_N \end{aligned}$$

由于 $0\leqslant m\leqslant N-1$，为主值区间，故：

$$x_1(m)=x_1((m))_N$$

因此

$$y(n)=\tilde{y}(n)R_N(n)=\left[\sum_{m=0}^{N-1}x_1(m)x_2((n-m))_N\right]R_N(n)$$

这一运算称为圆周卷积和，可以看出它和周期卷积和的计算过程是一样的，只不过要取结果的主值序列。公式中的 $x_2((n-m))_N$ 只在 $0\leqslant m\leqslant N-1$ 之间取值，因此可以看作是圆周移位，所以这一卷积运算被称为圆周卷积和。

5. DFT 的帕斯瓦尔定理

DFT 形式下的帕斯瓦尔定理可以由下式表示：

$$\sum_{n=0}^{N-1}x(n)y^*(n)=\frac{1}{N}\sum_{k=0}^{N-1}X(k)Y^*(k) \tag{3 36}$$

证明：

$$\begin{aligned} \sum_{n=0}^{N-1}x(n)y^*(n)&=\sum_{n=0}^{N-1}x(n)\left[\frac{1}{N}\sum_{k=0}^{N-1}Y(k)W_N^{-kn}\right]^* \\ &=\frac{1}{N}\sum_{k=0}^{N-1}Y^*(k)\sum_{n=0}^{N-1}x(n)W_N^{kn} \\ &=\frac{1}{N}\sum_{k=0}^{N-1}X(k)Y^*(k) \end{aligned}$$

如果取 $y(n)=x(n)$，则式（3−36）变为：

$$\sum_{n=0}^{N-1} x(n) x^*(n) = \frac{1}{N} \sum_{k=0}^{N-1} X(k) X^*(k)$$

即：

$$\sum_{n=0}^{N-1} |x(n)|^2 = \frac{1}{N} \sum_{k=0}^{N-1} |X(k)|^2 \tag{3-37}$$

式（3-37）表示，一个离散时间信号在时域计算出的总能量和在频域计算出的总能量是相等的。

3.3 频域采样

时域采样定理指出，在一定条件下可以用时域离散采样信号恢复原来的连续信号。如果对频域信号进行采样，在一定条件下，也可以恢复原来的连续频率信号。

设任意序列 $x(n)$ 的 z 变换为：

$$X(z) = \sum_{n=-\infty}^{+\infty} x(n) z^{-n}$$

且 $X(z)$ 的收敛域包含单位圆，在单位圆上对 $X(z)$ 等间隔采样 N 点，得到：

$$\begin{aligned} X(k) &= X(z)\big|_{z=\mathrm{e}^{\left(\mathrm{j}\frac{2\pi}{N}k\right)}} = \sum_{n=-\infty}^{+\infty} x(n) \mathrm{e}^{-\mathrm{j}\frac{2\pi}{N}k} \\ &= \sum_{n=-\infty}^{+\infty} x(n) W_N^{kn},\quad 0 \leqslant k \leqslant N-1 \end{aligned} \tag{3-38}$$

将 $X(k)$ 看作长度为 N 的有限长序列 $X_N(n)$ 的 DFT，即：

$$x_N(n) = IDFT\left[X(k)\right],\quad 0 \leqslant n \leqslant N-1 \tag{3-39}$$

由 DFT 与 DFS 的关系可知，$X(k)$ 是 $x_N(n)$ 以 N 为周期的周期延拓序列 $\tilde{x}(n)$ 的离散傅里叶级数系数 $\tilde{X}(k)$ 的主值序列：

$$\tilde{X}(n) = X((k))_N = DFS\left[\tilde{x}(n)\right]$$

$$X(k) = \tilde{X}(k) R_N(k)$$

$$\begin{aligned} \tilde{x}(n) = x((n))_N &= IDFS\left[\tilde{X}(K)\right] = \frac{1}{N}\sum_{k=0}^{N-1} \tilde{X}(k) W_N^{-kn} \\ &= \frac{1}{N}\sum_{k=0}^{N-1} X(k) W_N^{-kn} \end{aligned} \tag{3-40}$$

将式（3-38）带入式（3-40）得：

$$\begin{aligned} \tilde{x}(n) &= \frac{1}{N}\sum_{k=0}^{N-1}\left[\sum_{m=-\infty}^{+\infty} x(m) W_N^{km}\right] W_N^{-kn} \\ &= \sum_{m=-\infty}^{+\infty} x(m) \frac{1}{N}\sum_{k=0}^{N-1} W_N^{k(m-n)} \end{aligned} \tag{3-41}$$

式中：

$$\frac{1}{N}\sum_{k=0}^{N-1}W_N^{k(m-n)}=\begin{cases}1, & m=n+iN，i为整数\\ 0, & 其他m\end{cases} \tag{3-42}$$

因此：

$$\tilde{x}(n)=\sum_{m=-\infty}^{+\infty}x(n+iN) \tag{3-43}$$

所以

$$x_N(n)=\tilde{x}(n)R_N(n)=\sum_{i=-\infty}^{+\infty}x(n+iN)R_N(n) \tag{3-44}$$

上面的推导说明，$X(z)$在单位圆上的N点等间隔采样$X(k)$的N点IDFT是原序列$x(n)$以N为周期的周期延拓序列的主值序列。综上所述，可以总结出频域采样定理：

若序列$x(n)$的长度为M，则只有当频域采样点数$N \geqslant M$时，才有：

$$x_N(n)=IDFT\left[X(k)\right]=x(n) \tag{3-45}$$

当上面条件满足时，可以由频域采样$X(k)$ 恢复原序列$x(n)$，否则会产生时域混叠现象。

满足频域采样定理时，必然可以由$X(k)$恢复$X(z)$和$X\left(e^{j\omega}\right)$。下面推导用频域采样$X(k)$表示$X(z)$和$X\left(e^{j\omega}\right)$的内插公式和内插函数。

设序列$x(n)$长度为M，在频域$[0,\cdots,2\pi]$上等间隔采样N点，$N \geqslant M$，则有：

$$X(z)=\sum_{n=0}^{N-1}x(n)z^{-n}$$

$$X(k)=X(n)\Big|_{z=e^{\left(j\frac{2\pi}{N}k\right)}} \tag{3-46}$$

因为满足频域采样定理，所以式中

$$x(n)=IDFT\left[X(k)\right]=\frac{1}{N}\sum_{n=0}^{N-1}X(k)W_N^{-kn} \tag{3-47}$$

将式（3-47）带入$X(z)$的表示式中，得到：

$$\begin{aligned}X(z)&=\sum_{n=0}^{N-1}\left[\frac{1}{N}\sum_{k=0}^{N-1}X(k)W_N^{-kn}\right]z^{-n}\\&=\frac{1}{N}\sum_{k=0}^{N-1}X(k)\sum_{n=0}^{N-1}W_N^{-kn}z^{-n}\\&=\frac{1}{N}\sum_{k=0}^{N-1}X(k)\frac{1-W_N^{-kN}z^{-N}}{1-W_N^{-k}z^{-1}}\end{aligned} \tag{3-48}$$

式中，$W_N^{-kN}=1$，因此：

$$X(z)=\frac{1}{N}\sum_{k=0}^{N-1}X(k)\frac{1-z^{-N}}{1-W_N^{-k}z^{-1}} \tag{3-49}$$

令：

$$\varphi_k(z)=\frac{1}{N}\frac{1-z^{-N}}{1-W_N^{-k}z^{-1}} \tag{3-50}$$

则：

$$X(z)=\sum_{k=0}^{N-1}X(k)\varphi_k(z) \tag{3-51}$$

式（3－51）称为用 $X(k)$ 表示 $X(z)$ 的复频域内插公式，$\varphi_k(z)$ 称为复频域内插函数。将 $z=\mathrm{e}^{\mathrm{j}\omega}$ 带入，可得：

$$X(\mathrm{e}^{\mathrm{j}\omega})=\sum_{k=0}^{N-1}X(k)\varphi\left(\omega-\frac{2\pi}{N}k\right)$$

$$\varphi(\omega)=\frac{1}{N}\frac{\sin\left(\frac{\omega N}{2}\right)}{\sin\left(\frac{\omega}{2}\right)}\mathrm{e}^{-\mathrm{j}\omega\left(\frac{N-1}{2}\right)} \tag{3-52}$$

$X(\mathrm{e}^{\mathrm{j}\omega})$ 称为频域内插公式，$\varphi(\omega)$ 称为频域内插函数。

3.4　DFT 的应用举例

3.4.1　用 DFT 计算卷积和相关

1. 用 DFT 计算卷积

时域圆周卷积在频域上相当两序列的 DFT 的相乘，因而可以采用快速傅里叶变换算法，计算速度可以大大提高。但是，一般的实际问题都是线性卷积运算。如果信号以及系统的单位冲激响应都是有限长序列，可以使用圆周卷积来代替线性卷积运算。

上面结论的证明如下：

假设 $x_1(n)$ 是 N_1 点的有限长序列 $(0\leqslant n\leqslant N_1-1)$，$x_2(n)$ 是 N_2 点的有限长序列 $(0\leqslant n\leqslant N_2-1)$。

首先，计算两个序列的线性卷积，它们的线性卷积 $y_l(n)$ 表示为：

$$y_l(n)=\sum_{m=-\infty}^{+\infty}x_1(m)x_2(n-m)=\sum_{m=0}^{N_1-1}x_1(m)x_2(n-m) \tag{3-53}$$

$x_1(m)$ 序列的非零区间为：$0\leqslant m\leqslant N_1-1$，$x_2(n-m)$ 的非零区间为：$0\leqslant n-m\leqslant N_2-1$。将 m 的取值范围带入 $n-m$ 的取值范围，可以得到 n 的取值范围应为：

$$0\leqslant n\leqslant N_1+N_2-2$$

在上述区间外，$y_l(n)=0$，所以 $x_1(n)$ 和 $x_2(n)$ 的线性卷积 $y_l(n)$ 是 (N_1+N_2-1) 点有限长序列。

其次，计算$x_1(n)$与$x_2(n)$的圆周卷积。先假设圆周卷积的长度为L，之后再来讨论L取何值时，圆周卷积才和线性卷积相等。

设$y(n)=x_1(n)Ⓛx_2(n)$是两序列的L点圆周卷积，此时需要将两个输入序列$x_1(n)$与$x_2(n)$都看成是L点的序列，对两个序列补零：

$$x_1(n)=\begin{cases}x_1(n), & 0\leqslant n\leqslant N_1-1\\ 0, & N_1\leqslant n\leqslant L-1\end{cases}$$

$$x_2(n)=\begin{cases}x_2(n), & 0\leqslant n\leqslant N_2-1\\ 0, & N_2\leqslant n\leqslant L-1\end{cases} \tag{3-54}$$

则$y(n)$可表示为：

$$y(n)=\left[\sum_{m=0}^{L-1}x_1(m)x_2((n-m))_L\right]R_L(n) \tag{3-55}$$

由于$x_1(n)$与$x_2(n)$已经通过式（3-54）补零，因此我们需要将其中任一个序列记成L点周期延拓后的序列。在此，将序列$x_2(n)$写成L点的周期延拓形式：

$$\tilde{x}_2(n)=x_2((n))_L=\sum_{r=-\infty}^{+\infty}x_2(n+rL) \tag{3-56}$$

将式（3-56）带入$y(n)$中，并对照线性卷积式（3-53），可得：

$$\begin{aligned}y(n)&=\left[\sum_{m=0}^{L-1}x_1(m)x_2((n-m))_L\right]R_L(n)\\&=\left[\sum_{m=0}^{L-1}x_1(m)\sum_{r=-\infty}^{+\infty}x_2(n+rL-m)\right]R_L(n)\\&=\left[\sum_{r=-\infty}^{+\infty}\sum_{m=0}^{L-1}x_1(m)x_2(n+rL-m)\right]R_L(n)\\&=\left[\sum_{r=-\infty}^{+\infty}y_l(n+rL)\right]R_L(n)\end{aligned} \tag{3-57}$$

式（3-57）表明，L点的圆周卷积$y(n)$是线性卷积$y_l(n)$以L为周期的周期延拓序列的主值序列。由于$y_l(n)$有N_1+N_2-1个非零值，所以延拓的周期必须满足：

$$L\geqslant N_1+N_2-1 \tag{3-58}$$

延拓周期才不会交叠，而$y(n)$的前N_1+N_2-1个值正好是$y(n)$的全部非零序列值，也正是$y_l(n)$，而剩下的$L-(N_1+N_2-1)$个点上的序列值则是补充的零值。

从上面的论述可以得到如下结论：

若$L\geqslant N_1+N_2-1$，则L点圆周卷积能代表线性卷积。此时可以使用下面步骤的频域方法计算卷积：

（1）计算$x(n)$的L点DFT：$X(k)=DFT[x(n)]$；

（2）计算$h(n)$的L点DFT：$H(k)=DFT[h(n)]$；

（3）计算$X(k)$和$Y(k)$的乘积：$Y_c(k)=X(k)H(k)$；

（4）计算 L 点 IDFT，$y_c(n)=IDFT\left[Y_c(k)\right]$。

2. 用 DFT 计算相关

自相关与互相关在数字信号处理中是十分重要的。利用 DFT 计算相关与计算卷积类似，也要通过补零避免混叠失真。

假设 $x(t)$ 为 L 点，$y(n)$ 为 M 点，则其线性相关为：

$$r_{xy}(n)=\sum_{m=0}^{M-1}x(n+m)y^*(m) \tag{3-59}$$

利用 DFT 求线性相关就是用圆周相关来代替线性相关，选择 $N\geqslant L+M-1$，且 $N=2^{\gamma}\left(\gamma\text{为整数}\right)$，令

$$x(n)=\begin{cases}x(n), & 0\leqslant n\leqslant L-1\\ 0, & L\leqslant n\leqslant N-1\end{cases} \tag{3-60}$$

$$y(n)=\begin{cases}y(n), & 0\leqslant n\leqslant M-1\\ 0, & M\leqslant n\leqslant N-1\end{cases} \tag{3-61}$$

则计算相关的步骤为：

（1）计算 $x(n)$ 的 DFT：$X(k)=DFT\left[x(n)\right]$；

（2）计算 $y(n)$ 的 DFT：$Y(k)=DFT\left[y(n)\right]$；

（3）计算 $X(k)$ 和 $Y^*(k)$ 的乘积：$R_{xy}(k)=X(k)Y^*(k)$；

（4）计算 N 点 IDFT：$r_{xy}(n)=IDFT\left[R_{xy}(k)\right]$。

$$\begin{aligned}r_{xy}(n)&=\frac{1}{N}\sum_{k=0}^{N-1}R_{xy}(k)W_N^{-nk}\\&=\frac{1}{N}\left[\sum_{k=0}^{N-1}R_{xy}^*(k)W_N^{nk}\right]^*\end{aligned} \tag{3-62}$$

3.4.2 用 DFT 对信号进行分析

本节介绍利用 DFT 对信号进行谱分析的基本应用。工程中，经常遇到需要对连续的信号 $x_a(t)$ 进行频谱分析。其基本过程为：首先对一连续时间信号 $x_a(t)$ 进行时域采样，得到离散信号 $x(n)$，然后对 $x(n)$ 进行离散傅里叶变换 DFT，其结果 $X(k)$ 是 $x(n)$ 的傅里叶变换 $X\left(e^{j\omega}\right)$ 在频率区间 $[0,2\pi]$ 上的 N 点等间隔采样。

然而，根据傅里叶变换理论可知，若信号的持续时间有限长，则其频谱为无限宽；若信号的频谱有限宽，则其持续时间必然为无限长。所以理论上，持续时间有限的带限信号是不存在的。

设连续信号 $x_a(t)$ 持续时间为 T_p，最高频率为 f_c。$x_a(t)$ 的傅里叶变换为 $X_a\left(e^{j\Omega}\right)$，对 $x_a(t)$ 进行时域采样得到 $x(n)$，$x(n)$ 的傅里叶变换为 $X\left(e^{j\omega}\right)$，由假设条件可知 $x(n)$ 的长度为

$$N=\frac{T_p}{T}=T_pF_s$$

上式中，T 为采样间隔，$F_s=1/T$ 为采样频率。用 $X(k)$ 表示的 N 点 DFT，下面推导出 $X(k)$ 与 $X_a(j\Omega)$ 的关系，最后由此关系归纳出 $X(k)$ 用 $X_a(j\Omega)$ 表示的方法，即用 DFT 对连续信号进行谱分析的方法。

$x(n)$ 的傅里叶变换与 $x(t)$ 的傅里叶变换满足如下关系：

$$X\left(e^{j\omega}\right)=\frac{1}{T}\sum_{m=-\infty}^{+\infty}X_a\left[j\left(\frac{\omega}{T}-\frac{2\pi}{T}m\right)\right] \tag{3-63}$$

将 $\omega=\Omega T$ 带入式（3-63），得到：

$$X\left(e^{j\Omega T}\right)=\frac{1}{T}\sum_{m=-\infty}^{+\infty}X_a\left[j\left(\Omega-\frac{2\pi}{T}m\right)\right]\xlongequal{\text{def}}\frac{1}{T}\tilde{X}_a(j\Omega) \tag{3-64}$$

式中：

$$\tilde{X}_a(j\Omega)=\sum_{m=-\infty}^{+\infty}X_a\left[j\left(\Omega-\frac{2\pi}{T}m\right)\right] \tag{3-65}$$

表示模拟信号频谱的周期延拓函数。由 $x(n)$ 的 N 点 DFT 的定义有：

$$X(k)=DFT[X(N)]_n=X\left(e^{j\omega}\right)\Big|_{\omega=\frac{2\pi}{N}k}，\quad 0\leqslant k\leqslant N-1 \tag{3-66}$$

可得：

$$X(k)=X\left(e^{j\frac{2\pi}{N}k}\right)=\frac{1}{T}\tilde{X}_a\left(j\frac{2\pi}{NT}k\right)=\frac{1}{T}\tilde{X}_a\left(j\frac{2\pi}{T_p}k\right),\quad 0\leqslant k\leqslant N-1 \tag{3-67}$$

式（3-67）说明了 $X(k)$ 与 $X_a(j\Omega)$ 的关系。将 $\Omega=2\pi f$ 代入式（3-67），则变为

$$X(k)=\frac{1}{T}\tilde{X}'_a(f)\Big|_{f=\frac{k}{NT}=\frac{k}{T_p}}\xlongequal{\text{def}}\frac{1}{T}\tilde{X}'_a(kf),\quad k=0,1,2,\cdots,N-1 \tag{3-68}$$

由此可得：

$$\tilde{X}'_a(kf)=TX(k)=T\cdot DFT\left[x(n)\right]_N,\quad k=0,1,2,\cdots,N-1 \tag{3-69}$$

在对连续信号进行谱分析时，主要关心两个问题：谱分析范围和频率分辨率。谱分析范围为 $\left[0,F_s/2\right]$，直接受到采样频率 F_s 的限制。为了不产生混叠失真，通常要求信号的最高频率 $f_h<F_s/2$。在式（3-70）中，F 表示对模拟信号频谱的采样间隔，代表着能够分析的两个频率分量的最小间隔，所以称之为频率分辨率，$T_p=NT$ 为截断时间长度。

$$F=\frac{1}{T_p}=\frac{1}{NT}=\frac{F_s}{N} \tag{3-70}$$

若信号的最高频率为 f_h，按照抽样定理，抽样频率应满足：

$$F_s>2f_h \tag{3-71}$$

也就是抽样的时间间隔应该小于 $1/2f_h$。如果不能满足，则会出现混叠失真。如果保持采样点数 N 不变，要提高频率分辨率，就必须降低采样频率，而采样频率的降低会导致混叠失真。如果维持不变，为提高频率分辨率可以增加采样点数 N，因为 $T_p=NT$，只有增加对信号的观察时间 T_p 才能增加 N。

在实际应用中，N 和 T_p 通常可以按照下面的原则确定：

$$N > \frac{2f_c}{F}$$

$$T_p \geqslant \frac{1}{F}$$

3.5 本章内容的 Matlab 实现

3.5.1 DFT 和 IDFT

```
xn=[1,1,1,1,1,1,1,1,0,0,0,0,0,0,0,0];% input signal
N=length(xn);
n=0:N-1;
figure;stem(n,xn);title('xn');% display input signal: xn
% calculate DFT
X = zeros(1,N); % initialize vector X for DFT
x_idft = zeros(1,N); % initialize vector x_idft for IDFT
Wn = exp(-1i*2*pi/N);
for k = 0:N-1
    X(k+1) = sum( (xn.* (Wn.^(n*k))),2 );
end
figure;stem(n,abs(X));title('|DFT[xn]|');% display the magnitude of DFT[xn]
% calculate IDFT
k=0:N-1;
for n = 0:N-1
    x_idft(n+1) = 1/N * sum( (X.* (Wn.^(-n*k))),2 );
end
n=0:N-1;
figure;stem(n,abs(x_idft));title('|IDFT[X]|')% display the magnitude of IDFT[X]
```

3.5.2 利用 DFT 和 IDFT 计算卷积

假设$x(n)$的长度为 32，$h(n)$的长度为 8，利用 DFT 和 IDFT 计算$y(n)=x(n)*h(n)$。

```
N1 = 32;
N2 = 8;
L = N1 + N2 - 1;
n = 0:N1-1;
x = 1 + cos(2*pi*n/12); % initialize x
x_pad = [x,zeros(1,L-N1)]; % zero-padding for x
h = ones(1,8); % initialize h
```

```
h_pad = [ones(1,N2),zeros(1,L-N2)]; % zero-padding for h
X = fft(x_pad); % calculate DFT of x_pad using fft function
H = fft(h_pad);
y = ifft(X.*H); % calculate y using IDFT of (X*H)
n = 0:L-1;
figure;stem(n,h_pad);title('h(n) after zero-padding');
figure;stem(n,x_pad);title('x(n) after zero-padding');
figure;stem(n,y); title('y(n) calculated in frequency domain');
y_conv = conv(x,h); % calculate convolution in time domain using conv function
figure;stem(n,y_conv);title('y(n) calculated in time domain');
```

本章小结

离散傅里叶变换是数字信号处理中非常重要的一种数学变换，本章讨论了 DFT 的定义、物理意义、基本性质以及频域采样定理等内容。最后还给出了本章内容的 Matlab 实现。

习　题

1. 计算下列序列的 N 点 DFT，变换区间为 $0 \leqslant n \leqslant N-1$。

（1）$x(n)=1$；

（2）$x(n)=\delta(n-n_0)$；

（3）$x(n)=R_m(n)$，$0<m<N$；

（4）$x(n)=\mathrm{e}^{\mathrm{j}\frac{2\pi}{N}mn}$，$0<m<N$；

（5）$x(n)=\mathrm{e}^{\mathrm{j}\omega_0 n}R_N(n)$；

（6）$x(n)=\cos(\omega_0 n)\cdot R_N(n)$；

（7）$x(n)=n^2 R_N(n)$。

2. 假设 $X(k)=DFT[x(n)]$，证明 $DFT[X(n)]=Nx(N-k)$。

3. 假设 $X(k)=DFT[x(n)]$，证明 $x(0)=\frac{1}{N}\sum_{k=0}^{N-1}X(k)$。

4. 证明帕斯瓦尔定理，若 $X(k)=DFT[x(n)]$，则

$$\sum_{n=0}^{N-1}|x(n)|^2=\frac{1}{N}\sum_{k=0}^{N-1}|X(k)|^2$$

5. 对一最高频率为 1 kHz 的离散时间序列进行谱分析时，假设要求频率分辨率 $\leqslant 50$ Hz，请确定下面各参数：

（1）最大取样间隔 $T_{\max}$；

（2）最少采样点数 $N_{\min}$。

第4章 快速傅里叶变换

4.0 引　　言

DFT 是数字信号分析与处理中的一种重要变换。但直接计算 DFT 的计算量与变换区间的长度 N 的平方成正比，当 N 较大时，计算量太大。所以在快速傅里叶变换 FFT（Fast Fourier Transform）出现以前，用 DFT 进行信号的分析处理是非常耗时的。

20 世纪 60 年代，库利（T. W. Cooley）和图基（J. W. Tuky）在总结前人对这个问题研究的基础上，开发了一种有效的快速算法。1965 年，他们在《计算数学》（Math. Computation，Vol.19，1965）杂志上发表了著名的论文——《机器计算傅里叶级数的一种算法》。FFT 可以用比 DFT 少得多的数学运算来完成傅里叶变换，其计算量仅为 $N\log_2 N$。然而 FFT 算法的一个缺陷是它要求输入序列的长度为 2 的某整数次幂，而在实际情况中，序列的长度可以是任意的。

在此之后，许多研究人员致力于改进原始的 FFT 算法，桑德（G. Sand）－图基等快速算法相继出现，这些改进的快速算法为数字信号处理技术应用于各种信号的实时处理创造了条件，大大推动了数字信号处理技术的发展。本章主要讨论基 2–FFT 算法及其编程思想。

4.1 基 2－FFT 算法

4.1.1 DFT 的特点和计算量

若 $x(n)$ 为 N 点的有限长序列，则其 DFT 为：

$$X(k)=\sum_{n=0}^{N-1}x(n)W_N^{kn} \tag{4-1}$$

IDFT 为：

$$x(n)=\frac{1}{N}\sum_{k=0}^{N-1}X(k)W_N^{-kn} \tag{4-2}$$

对于公式（4−1），每计算一个 $X(k)$ 的值，需要进行 N 次复数乘法运算和 $N-1$ 次复数加法运算［通常 $x(n)$ 和 W_N^{kn} 都是复数］。由于 k 的点数为 N，因此完成一次 DFT 运算共需 N^2 次复数乘法和 $N(N-1)$ 次复数加法运算。在计算机中，复数的运算是通过分别计算实部和虚部实现的。一次复数乘法需要进行四次实数乘法和两次实数加法运算，一次复数加法需要两次实数加法运算。因此整个 DFT 运算共需 $4N^2$ 次实数乘和 $2N(N-1)$ 次实数加运算。式（4−2）形式与式（4−1）完全一样，不同之处仅在于求和符号前多乘以了一个 $1/N$ 的系数。

为减少 DFT 的计算量，我们需要利用到系数 W_N^{kn} 的以下一些性质：

（1）对称性：

$$(W_N^{kn})^* = W_N^{-kn}$$

（2）周期性：

$$W_N^{kn} = W_N^{(n+N)k} = W_N^{n(k+N)}$$

因此，可以利用上述性质并结合将一个长序列的 DFT 分解成几个短序列的方式来加速 DFT 的计算。FFT 主要可以分为时域抽取法（Decimation-In-Time FFT，简称 DIT-FFT）和频域抽取法 FFT（Decimation-In-Frequency FFT，简称 DIF−FFT）。下面将对这两种方法分别进行介绍。

4.1.2 DIT−FFT

本节介绍基 2−DIT−FFT 算法。设序列 $x(n)$ 的长度为 N，$N=2^M$，M 为自然数，当 $N \neq 2^M$ 时，可通过补零使其长度等于 2^M，$x(n)$ 的 N 点 DFT 可表示为：

$$X(k) = \sum_{n=0}^{N-1} x(n) W_N^{kn} \tag{4-3}$$

按 n 的奇偶不同可以将 $x(n)$ 分解成两个 $N/2$ 点的子序列，即

$$\begin{cases} x_1(r) = x(2r), & r = 0,1,\cdots,\dfrac{N}{2}-1 \\ x_2(r) = x(2r+1), & r = 0,1,\cdots,\dfrac{N}{2}-1 \end{cases} \tag{4-4}$$

将式（4−4）代入式（4−3）中，可得：

$$\begin{aligned} X(k) &= \sum_{n=0}^{N-1} x(n) W_N^{kn} \\ &= \sum_{n=\text{偶数}} x(n) W_N^{kn} + \sum_{n=\text{奇数}} x(n) W_N^{kn} \\ &= \sum_{r=0}^{\frac{N}{2}-1} x(2r) W_N^{2kr} + \sum_{r=0}^{\frac{N}{2}-1} x(2r+1) W_N^{k(2r+1)} \\ &= \sum_{r=0}^{\frac{N}{2}-1} x_1(r) W_N^{2kr} + W_N^k \sum_{r=0}^{\frac{N}{2}-1} x_2(r) W_N^{2kr} \end{aligned} \tag{4-5}$$

由于系数W_N^{2kr}具有如下性质：

$$W_N^{2kr}=\mathrm{e}^{-\frac{\mathrm{j}2\pi}{N}\cdot 2kr}=\mathrm{e}^{-\frac{\mathrm{j}2\pi}{N/2}\cdot kr}=W_{N/2}^{kr} \tag{4-6}$$

所以式（4-5）又可以改写成：

$$\begin{aligned}X(k)&=\sum_{r=0}^{\frac{N}{2}-1}x_1(r)W_{\frac{N}{2}}^{kr}+W_N^k\sum_{r=0}^{\frac{N}{2}-1}x_2(r)W_{\frac{N}{2}}^{kr}\\&=X_1(k)+W_N^kX_2(k),\ k=0,1,\ldots,N-1\end{aligned} \tag{4-7}$$

式（4-7）中，$X_1(k)$和$X_2(k)$分别是$x_1(r)$和$x_2(r)$的$N/2$点DFT，因此$X_1(k)$和$X_2(k)$都是周期为$N/2$的周期函数，即$X_1(k+N/2)=X_1(k)$，$X_2(k+N/2)=X_2(k)$。又由于：

$$W_N^{k+N/2}=-W_N^k \tag{4-8}$$

因此，$X(k)$又可表示成：

$k=0,1,\cdots,N/2-1$时，$X(k)$的前半部分为

$$X(k)=X_1(k)+W_N^kX_2(k) \tag{4-9}$$

$k=N/2,\cdots,N-1$时，$X(k)$的后半部分为

$$X(k)=X_1(k+N/2)+W_N^{k+N/2}X_2(k+N/2) \tag{4-10}$$

即：

$$X(k)=X_1(k)-W_N^kX_2(k),\ k=N/2,\ldots,N-1 \tag{4-11}$$

这样，N点DFT可以分解成两个$N/2$点DFT实现，式（4-9）和式（4-11）可用信号流图表示，如图4-1所示，我们称之为蝶形图。在该图中，$X_1(k)$和$X_2(k)$是输入信号，W_N^k是增益系数，$X_1(k)+W_N^kX_2(k)$和$X_1(k)-W_N^kX_2(k)$是输出信号，箭头表示信号的输入输出流向。

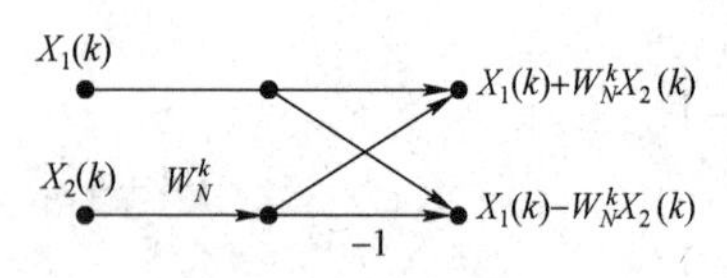

图4-1　蝶形运算图

由图4-1可知，要完成一个蝶形运算，需要做一次复数乘法（$W_N^kX_2(k)$）和两次复数加法（$X_1(k)+W_N^kX_2(k)$和$X_1(k)-W_N^kX_2(k)$），因此，要计算一个N点DFT，我们先将$x(n)$分解成奇偶两部分：$x_1(r)$和$x_2(r)$，然后对它们分别进行$N/2$点DFT，得到$X_1(k)$和$X_2(k)$，最后用蝶形运算可计算得到$X(k)$。在整个过程中，需要计算两个$N/2$点DFT和$N/2$个蝶形运算，而计算一个$N/2$点DFT需要$(N/2)^2$次复数乘法和$(N/2)(N/2-1)$次复数加法，计算一个蝶形运算需要一次复数乘法和两次复数加法，所以总的复数乘法和加法次数分别为$2(N/2)^2+N/2=N(N+1)/2|_{N\gg1}\approx(N/2)^2$和$2N/2(N/2-1)+2N/2=N^2/2$。

由此可见，经过一次分解，运算量就减少了一半，如果$N/2$仍然是偶数，可以进一步把$N/2$点子序列按奇偶分解成两个$N/4$点子序列。

与第一次分解类似，将$x_1(r)$和$x_2(r)$按奇偶分别分解成$x_3(l)$、$x_4(l)$和$x_5(l)$、$x_6(l)$，即：

$$\begin{aligned}x_3(l)&=x_1(2l),\quad l=0,1,\cdots,N/4-1\\x_4(l)&=x_1(2l+1),\quad l=0,1,\cdots,N/4-1\\x_5(l)&=x_2(2l),\quad l=0,1,\cdots,N/4-1\\x_6(l)&=x_2(2l+1),\quad l=0,1,\cdots,N/4-1\end{aligned} \tag{4-12}$$

$X_1(k)$可表示成：

$$
\begin{aligned}
X_1(k) &= \sum_{l=0}^{N/4-1} x_1(2l)W_{N/2}^{2kl} + \sum_{l=0}^{N/4-1} x_1(2l+1)W_{N/2}^{k(2l+1)} \\
&= \sum_{l=0}^{N/4-1} x_3(l)W_{N/4}^{kl} + W_{N/4}^{k}\sum_{l=0}^{N/4-1} x_4(l)W_{N/4}^{kl} \\
&= X_3(k) + W_{N/2}^{k}X_4(k), \quad k=0,1,\cdots,N/2-1
\end{aligned}
\tag{4-13}
$$

当$k=0,1,\cdots,N/4-1$时，利用$W_{N/2}^{k}$的对称性（$W_{N/2}^{k+N/4}=-W_{N/2}^{k}$），式（4－13）可以分解成：

$$X_1(k)=X_3(k)+W_{N/2}^{k}X_4(k), \quad k=0,1,\cdots,N/4-1 \tag{4-14}$$

$$X_1(k+N/4)=X_3(k)-W_{N/2}^{k}X_4(k), \quad k=0,1,\cdots,N/4-1 \tag{4-15}$$

同理，可得：

$$X_2(k)=X_5(k)+W_{N/2}^{k}X_6(k), \quad k=0,1,\cdots,N/4-1 \tag{4-16}$$

$$X_2(k+N/4)=X_5(k)-W_{N/2}^{k}X_6(k), \quad k=0,1,\cdots,N/4-1 \tag{4-17}$$

图 4－2 是$N=8$时，$x(n)$经过一次和两次分解的运算流图。

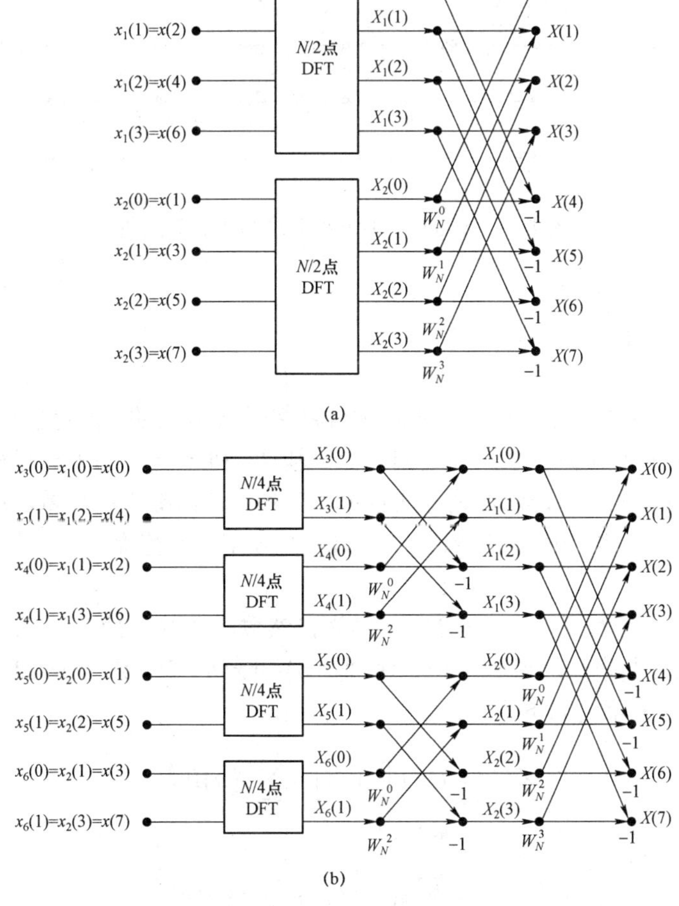

图 4－2　N=8 时序列经过一次和两次分解的运算流图

（a）$N=8$ 时一次分解的运算流图；（b）$N=8$ 时两次分解的运算流图

以 $X_3(k)$ 为例，因为

$$X_3(k)=\sum_{l=0}^{1}x_3(l)W_2^{kl}, k=0,1 \tag{4-18}$$

所以

$$X_3(0)=x(0)+W_2^0x_3(1)=x(0)+W_2^0x(4) \tag{4-19}$$

$$\begin{aligned}X_3(1)&=x(0)+W_2^1x_3(1)=x(0)+W_2^1x(4)\\&=x(0)-W_2^0x(4)\end{aligned} \tag{4-20}$$

因此，图 4－2（b）可重新绘制成如图 4－3 所示的完整形式。

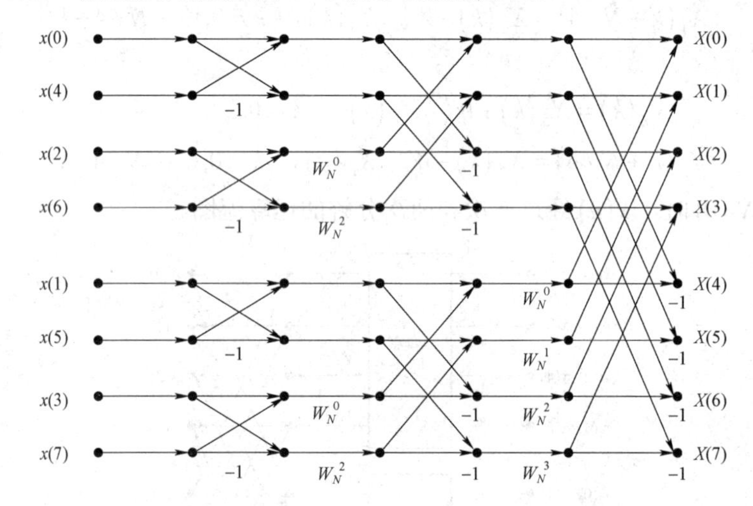

图 4－3　N=8 时按时间抽取法 FFT 运算流图

4.1.3　DIF－FFT

前面提到 DIT－FFT 算法的思想是在时域内将序列 $x(n)$ 按照 n 的奇偶把较大的 N 点 DFT 转换成较小点数 DFT 的快速算法。与之相对应，基 2－FFT 还有另外一类算法，其基本思想是在频域中将 $X(k)$ 按照 k 的奇偶性划分成较短子序列，从而减少计算量。这种方法称为按频域抽取的 FFT 算法，简称 DIF－FFT。这一算法是 1966 年由桑德提出的，因此又称为桑德－图基算法。

设序列 $x(n)$ 的长度为 N，令 $N=2^M$，M 为自然数，当 $N\neq 2^M$ 时，可通过补零使其等于 2^M，将 $x(n)$ 前后对半分开，得到两个子序列 $x(n)$ 和 $x(n+N/2)$，$n=0,1,2,\cdots,N/2-1$。则 $x(n)$ 的 N 点 DFT 可表示为如下形式：

$$\begin{aligned}X(k)&=DFT\left[x(n)\right]=\sum_{n=0}^{N-1}x(n)W_N^{kn}\\&=\sum_{n=0}^{\frac{N}{2}-1}x(n)W_N^{kn}+\sum_{n=\frac{N}{2}}^{N-1}x(n)W_N^{kn}\end{aligned}$$

$$=\sum_{n=0}^{\frac{N}{2}-1}x(n)W_N^{kn}+\sum_{n=0}^{\frac{N}{2}-1}x\left(n+\frac{N}{2}\right)W_N^{k\left(n+\frac{N}{2}\right)}$$

$$=\sum_{n=0}^{\frac{N}{2}-1}\left[x(n)+W_N^{kN/2}x\left(n+\frac{N}{2}\right)\right]W_N^{kn} \tag{4-21}$$

其中

$$W_N^{kN/2}=(-1)^k=\begin{cases}1, & k=\text{偶数}\\ -1, & k=\text{奇数}\end{cases} \tag{4-22}$$

将 $X(k)$ 按自变量 k 分解成偶数组 $X(2r)$ 和奇数组 $X(2r+1)$，其中 $r=0,1,2,\cdots,(N-1)/2$，则 $X(2r)$ 和 $X(2r+1)$ 分别为：

$$X(2r)=\sum_{n=0}^{\frac{N}{2}-1}[x(n)+x(n+N/2)]W_N^{2rn}$$

$$=\sum_{n=0}^{\frac{N}{2}-1}[x(n)+x(n+N/2)]W_{N/2}^{rn} \tag{4-23a}$$

$$X(2r+1)=\sum_{n=0}^{\frac{N}{2}-1}[x(n)-x(n+N/2)]W_N^{n(2r+1)}$$

$$=\sum_{n=0}^{\frac{N}{2}-1}\{[x(n)-x(n+N/2)]W_N^{n}\}W_{N/2}^{rn} \tag{4-23b}$$

令

$$\begin{cases}x_1(n)=x(n)+x\left(n+\frac{N}{2}\right), & n-0,1,\ldots,N/2-1\\ x_2(n)=\left[x(n)-x\left(n+\frac{N}{2}\right)\right]W_N^{n}, & n=0,1,\ldots,N/2-1\end{cases} \tag{4-24}$$

显然 $x_1(n)$ 和 $x_2(n)$ 均为 $N/2$ 点序列，将式（4 24）代入式（4–23），得：

$$\begin{cases}X(2r)=\sum_{n=0}^{\frac{N}{2}-1}x_1(n)W_{N/2}^{rn}=DFT[x_1(n)]_{N/2}\\ X(2r+1)=\sum_{n=0}^{\frac{N}{2}-1}x_2(n)W_{N/2}^{rn}=DFT[x_2(n)]_{N/2}\end{cases} \tag{4-25}$$

$$r=0,1,\ldots,N/2-1$$

式（4–25）表明，$X(k)$ 按 k 值的奇偶分为两组，其偶数组是 $x_1(n)$ 的 $N/2$ 点的 DFT，奇数组则是 $x_2(n)$ 的 $N/2$ 点的 DFT。$x_1(n)$、$x_2(n)$ 和 $x(n)$ 之间的关系也可用如图 4–4 所示

的蝶形运算流图符号表示，该蝶形运算与按时间抽选的 FFT 算法中的蝶形运算基本相同，只是符号略有不同。

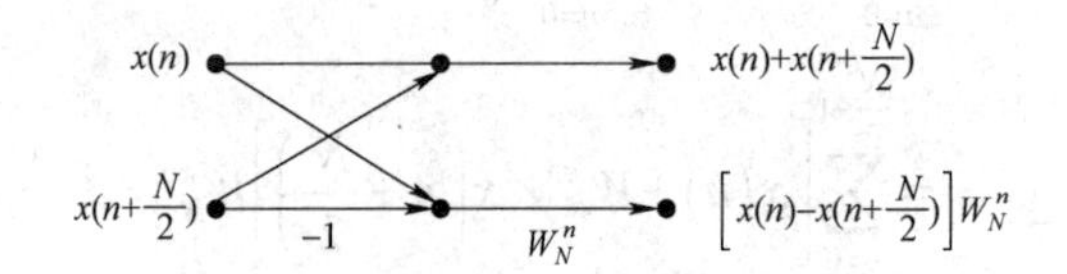

图 4－4　另一种形式的蝶形运算符号

至此我们就把 N 点的 DFT 分解成两个 $N/2$ 点的 DFT 运算，图 4－5 以 $N=8$ 为例描述了第一步的分解过程。与时间抽取法（DIT－FFT）的推导过程一样，由于 $N=2^M$，所以 $N/2$ 仍然是 2 的整数次幂，因而可以将每个 $N/2$ 点 DFT 的输出再分解为偶数组与奇数组，这样就可以将 $N/2$ 点 DFT 进一步分解为两个 $N/4$ 点的 DFT，从而实现了对 DFT 的第二次分解。

若 $N=8$，则经过第二次分解后所对应的蝶形运算流程图如图 4－6 所示。

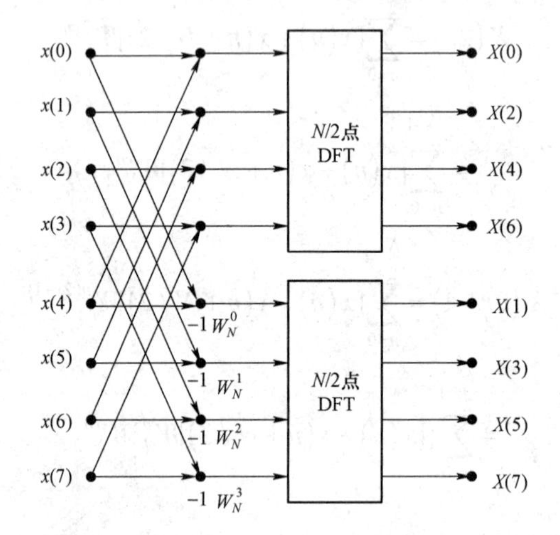

图 4－5　按频率抽取法将 N 点 DFT 分解为两个 $N/2$ 点 DFT

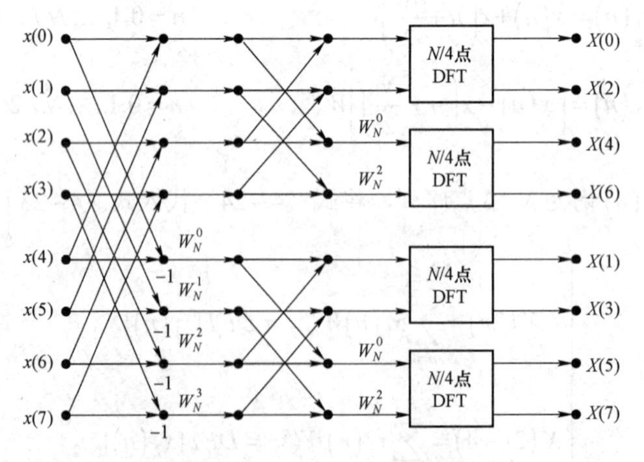

图 4－6　按频率抽取法将 N 点 DFT 分解为 4 个 $N/4$ 点 DFT

因为 $N=8$，所以 $N/4$ 点 DFT（即 2 点 DFT）也就是一个蝶形运算。将每个 $N/4$ 点 DFT 表示为蝶形运算符号后，便得到如图 4－7 所表示的按频域抽取 FFT 算法完整分解流程图。

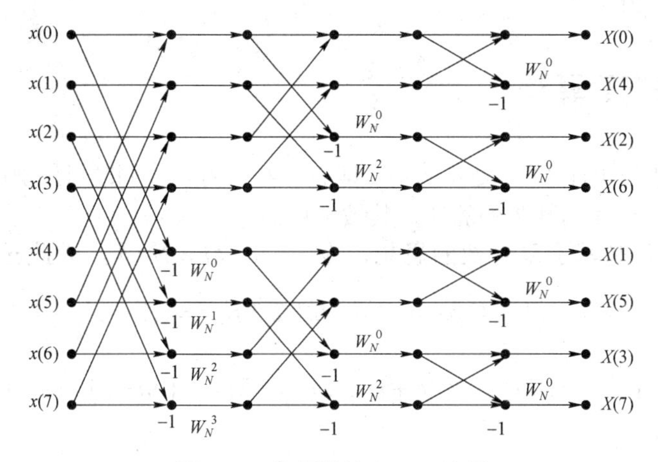

图 4－7　按频域抽取 FFT 流图

4.1.4　傅里叶反变换的快速方法

上述 FFT 算法流图也可以用于计算傅里叶反变换 IDFT。比较 DFT 和 IDFT 的运算公式：

$$\begin{cases} X(k)=DFT\left[x(n)\right]=\sum_{n=0}^{N-1}x(n)W_N^{kn} \\ x(n)=IDFT\left[X(k)\right]=\frac{1}{N}\sum_{k=0}^{N-1}x(k)W_N^{-kn} \end{cases} \tag{4-26}$$

从上式可以看出，只要将 DFT 运算式中的系数 W_N^{kn} 改变为 W_N^{-kn}，再乘以系数 $1/N$，就得到了 IDFT 的计算公式。因此只要将上述的 DIT－FFT 与 DIF－FFT 算法中的旋转因子由 W_N^p 改为 W_N^{-p}，最后再乘以 $1/N$ 就可以实现 IDFT 的计算。IDFT 的计算流图和图 4－3 和图 4－7 相似，只是此时计算流图的输入是 $X(k)$，输出是 $x(n)$。

如果希望直接调用 FFT 子程序计算 IFFT，则可用下面的方法：

由于

$$x(n)=\frac{1}{N}\left[\sum_{k=0}^{N-1}X^*(k)W_N^{kn}\right]^*=\frac{1}{N}\left\{DFT\left[X^*(k)\right]\right\}^* \tag{4-27}$$

式（4－27）表明，可以先将 $X(k)$ 取复共轭，然后直接调用 FFT 子程序，或者送入 FFT 专用硬件计算设备进行 DFT 运算，最后取复共轭并乘以系数 $1/N$ 得到时域序列 $x(n)$。这种方法虽然增加了两次取共轭运算，但可以与 FFT 共用同一子程序或同一计算硬件设备。

4.2　其他快速算法

快速傅里叶算法在信号处理领域具有非常重要的研究价值，从 1965 年提出基 2－FFT 算法以来，各种算法相继出现，且还在不断的探索中。本节将介绍几种常用的快速算法，包括基 4－FFT 算法、分裂基 FFT 算法以及 Goertzel 算法和调频 z 变换算法。

4.2.1 基 4 – FFT 算法

当 DFT 中数据序列的长度 N 是 4 的幂（即 $N=4^{\nu}$）时，我们既可用前面介绍的基 2 – FFT 算法计算，也可以用以 4 为基数的算法，其效率更高。

基 4 算法的原理是基于复合数的思想，令 $L=4$，$M=N/4$，因此 $n=4m+l$，$m=0,1,\cdots,\frac{N}{4}-1$，$l=0,1,2,3$，$k=(N/4)p+q$，$p=0,1,2,3$，$q=0,1,\cdots,\frac{N}{4}-1$，我们将 N 点输入序列按时间抽取成 4 个子序列 $x(4n)$、$x(4n+1)$、$x(4n+2)$、$x(4n+3)$，$n=0,1,\cdots,\frac{N}{4}-1$。所以

$$X(p,q)=\sum_{l=0}^{3}\left[W_N^{lq}F(l,q)\right]W_4^{lp},\quad p=0,1,2,3 \tag{4–28}$$

式（4–28）中

$$F(l,q)=\sum_{m=0}^{\frac{N}{4}-1}x(l,m)W_{\frac{N}{4}}^{mq}$$

$$l=0,1,2,3;\ q=0,1,\cdots,\frac{N}{4}-1 \tag{4–29}$$

所以，$x(n)$ 的 N 点 FFT 可分解成 4 个 $N/4$ 点 DFT，用矩阵形式可表示为：

$$\begin{bmatrix}X(0,q)\\X(1,q)\\X(2,q)\\X(3,q)\end{bmatrix}=\begin{bmatrix}1&1&1&1\\1&-\mathrm{j}&-1&\mathrm{j}\\1&-1&1&-1\\1&\mathrm{j}&-1&-\mathrm{j}\end{bmatrix}\begin{bmatrix}W_N^0F(0,q)\\W_N^qF(1,q)\\W_N^{2q}F(2,q)\\W_N^{3q}F(3,q)\end{bmatrix} \tag{4–30}$$

这种按时间抽取的方法递归重复执行 ν 次，每次包括 $N/4$ 个蝶形运算，因此，总运算量包括 $3\nu N/4=(3N/8)\log_2^N$ 次复数乘法和 $(3N/2)\log_2^N$ 次复数加法。

上面介绍的是按时间抽取的基 4 快速算法，也可按频域抽取，这里就不做详细介绍了。

4.2.2 分裂基 FFT 算法

观察基 2 按频域抽取的算法，偶数点的 DFT 计算和奇数点的 DFT 计算是无关的，因此，可采用不同的计算方法来达到减少计算次数的目的，在一次 FFT 运算中，混合使用基 2 分解和基 4 分解，这就是分裂基 FFT 算法。

在基 2 按频域抽取的算法中，奇数点 $X(2k+1)$ 的 DFT 运算要求先乘以旋转因子 W_N^n，对于这些样本，可使用基 4 分解来提高效率，即

$$X(4k+1)=\sum_{n=0}^{\frac{N}{4}-1}\left\{\left[x(n)-x\left(n+\frac{N}{2}\right)\right]-\mathrm{j}\left[x\left(n+\frac{N}{4}\right)-x\left(n+\frac{3N}{4}\right)\right]\right\}W_N^nW_{N/4}^{kn} \tag{4–31}$$

$$X(4k+3)=\sum_{n=0}^{\frac{N}{4}-1}\left\{\left[x(n)-x\left(n+\frac{N}{2}\right)\right]+\mathrm{j}\left[x\left(n+\frac{N}{4}\right)-x\left(n+\frac{3N}{4}\right)\right]\right\}W_N^{3n}W_{N/4}^{kn} \quad (4-32)$$

所以，序列 $x(n)$ 的 N 点 DFT 分解成一个 $N/2$ 点 DFT 和两个带旋转因子的 $N/4$ 点 DFT，反复使用此分解方法直到不能再分解，最终可得到 N 点 DFT。

4.2.3 Goertzel 算法和调频 z 变换算法

在实际应用中，有时只需要计算 DFT 中选定的若干点而不需要计算整个 DFT，这种情况下，FFT 算法不比直接计算更有效。Goertzel 算法就是在这种情况下提出的，它表示对输入数据进行线性滤波。

利用旋转因子 W_N^k 的周期性，即 $W_N^{-kN}=1$，可以得到

$$X(k)=W_N^{-kn}\sum_{m=0}^{N-1}x(m)W_N^{km}=\sum_{m=0}^{N-1}x(m)W_N^{-k(n-m)} \quad (4-33)$$

将卷积定义为如下形式：

$$y_k(n)=\sum_{m=0}^{N-1}x(m)W_N^{-k(n-m)} \quad (4-34)$$

即 $y_k(n)$ 是由有限长序列 $x(n)$ 与单位脉冲响应 $h_k(n)$ 的卷积得到的，$x(n)$ 的长度为 N，$h_k(n)$ 的表达式为

$$h_k(n)=W_N^{-kN}u(n) \quad (4-35)$$

则

$$X(k)=y_k(n)|_{n=N} \quad (4-36)$$

式（4－36）表示滤波器在 $n=N$ 点的输出是在频率 $\omega_k=2\pi k/N$ 处 DFT 后的频率分量。

在一些应用中，需要计算有限长序列在任意点上的 z 变换，而不是在单位圆上，如果所求的点集都在 z 平面上以一定的规律排列，那么也可以表示为线性滤波操作，根据这一联系，引入另一种计算方法，称为调频算法，它可以计算 z 平面上不同等高线的 z 变换。

在前面我们讲过，N 点数据序列 $x(n)$ 的 DFT 可视为单位圆上均匀分布的 N 点 z 变换，现在我们考虑的不是单位圆，而是在 z 平面上包括单位圆在内的等高线的求值问题。

假设要求 $x(n)$ 在点集 $\{z_k\}$ 上的 z 变换，那么

$$X(z_k)=\sum_{n=0}^{N-1}x(n)z_k^{-n},\quad k=0,1,\cdots,N-1 \quad (4-37)$$

如果等高线是一个以 r 为半径的圆，且 z_k 是 N 个等间隔的点，则

$$z_k=r\,\mathrm{e}^{\mathrm{j}2\pi kn/N},\quad k=0,1,\cdots,N-1 \quad (4-38)$$

$$X(z_k)=\sum_{n=0}^{N-1}\left[x(n)r^{-n}\right]\mathrm{e}^{-\frac{\mathrm{j}2\pi kn}{N}},\quad k=0,1,\cdots,N-1 \quad (4-39)$$

在这种情况下，FFT 算法可应用于修改过的序列 $x(n)r^{-n}$，其具体的计算过程这里不做详细介绍。

4.3 本章内容的 Matlab 实现

FFT 是 DFT 的快速算法，凡是可以利用离散傅里叶变换（DFT）来进行分析计算的场合，都可以利用 FFT 算法及数字信号处理技术加以实现。本章主要介绍了按时间抽取的基 2－FFT（DIT－FFT）和按频域抽取的基 2－FFT（DIF－FFT），下面我们用 Matlab 仿真一下这两种算法的运行。

4.3.1 DIT－FFT

```
clear,clc,
clear all;
xn=[0,1,2,3,4,5,6,7];
N=length(xn);
A=xn;
%DIT-FFT
NI=N/2;
for I=1:N-1
if I<NI
t=A(I+1);
A(I+1)=A(NI+1);
A(NI+1)=t;
end
T=N/2;
while NI>=T;
NI=NI-T;
T=T/2;
end
NI=NI+T;
end
disp('逆序 x[n]:'),disp(A);
%butterfly
WN=exp(-i*2*pi/N);
v=floor(log2(N));
for m=1:v
for k=0:2^m:N-1
for K=0:2^(m-1)-1
p=k+K;
```

```
q=p+2^(m-1);
r=2^(v-m)*mod(p,2^m);
B(p+1)=A(p+1)+A(q+1)*WN^r;
B(q+1)=A(p+1)-A(q+1)*WN^r;
end
end
A=B;
end
disp('FFT_X[k]:'),disp(A);
```

4.3.2 DIF-FFT

```
clear,clc,
clear all;
xn=[0,1,2,3,4,5,6,7];
N=length(xn);
A=xn;
%DIF-FFT
v=floor(log2(N));
WN=exp(-i*2*pi/N);
for m=1:v
for k=0:2^(v-m+1):N-1
for K=0:2^(v-m)-1
p=k+K;
q=p+2^(v-m);
r=2^(m-1)*mod(p,2^(v-m+1));%基于 DIT_FFT 的修改
B(p+1)=A(p+1)+A(q+1);
B(q+1)=(A(p+1)-A(q+1))*WN^r;
end
end
A=B;
disp(A);
end
NI=N/2;
for I=1:N-1
if I<NI
t=A(I+1);
A(I+1)=A(NI+1);
A(NI+1)=t;
end
```

```
T=N/2;
while NI>=T;
NI=NI−T;
T=T/2;
end
NI=NI+T;
end
disp('X[k]:'),disp(A);
```

经过运行，我们发现最终 $X(k)$的结果是相同的。

DIT−FFT 运行结果：

```
逆序 x[n]:
0    4    2    6    1    5    3    7
FFT_X[k]:
1 至 7 列
28.0000+0.0000i   −4.0000+9.6569i   −4.0000+4.0000i   −4.0000+1.6569i   −4.0000+0.0000i
−4.0000−1.6569i   −4.0000−4.0000i
8 列
−4.0000−9.6569i
```

DIF−FFT 运行结果：

```
1 至 7 列
4.0000+0.0000i   6.0000+0.0000i   8.0000+0.0000i   10.0000+0.0000i   −4.0000+0.0000i
−2.8284+2.8284i   −0.0000+4.0000i
8 列
2.8284+2.8284i
1 至 7 列
12.0000+0.0000i   16.0000+0.0000i   −4.0000+0.0000i   −0.0000+4.0000i   −4.0000+4.0000i
−0.0000+5.6569i   −4.0000−4.0000i
8 列
−0.0000  +5.6569i
1 至 7 列
28.0000+0.0000i   −4.0000+0.0000i   −4.0000+4.0000i   −4.0000−4.0000i   −4.0000+9.6569i
−4.0000−1.6569i   −4.0000+1.6569i
8 列
−4.0000−9.6569i
x[k]:
1 至 7 列
28.0000+0.0000i   −4.0000+9.6569i   −4.0000+4.0000i   −4.0000+1.6569i   −4.0000+0.0000i
−4.0000−1.6569i   −4.0000−4.0000i
8 列
−4.0000−9.6569i
```

本章小结

本章主要介绍了基 2－DIT－FFT 以及 DIF－FFT 等快速傅里叶变换算法，并介绍了基 4－FFT、分裂基 FFT 等其他快速算法。最后还给出了 FFT 算法的 Matlab 实现。

习　题

1. 若通用单片计算机的速度为平均每次复数乘法需要 4 μs，每次复数加法需要 1 μs，计算 2 048 点 DFT 需要多少时间？若使用 FFT 算法，需要多少时间？

2. 若使用数字信号处理专用单片机 TMS320 系列，计算复数乘和复数加各需要 10 ns，请重新计算上题。

3. 已知 $X(k)$ 和 $Y(k)$ 是两个 N 点实序列 $x(n)$ 和 $y(n)$ 的 DFT，希望从 $X(k)$ 和 $Y(k)$ 求 $x(n)$ 和 $y(n)$，为提高运算效率，试设计用一次 N 点 IFFT 来完成的算法。

4. 分别画出 16 点基 2－DIT－FFT 和 DIF－FFT 运算流图，并计算其复数乘次数，如果考虑 3 类蝶形的乘法计算，试计算复乘次数。

第5章 数字滤波器的分类及网络结构

5.0 引　　言

在前几章中我们研究了时域及频域中离散系统的有关理论，本章中将这些理论用于数字信号处理。在数字信号处理系统中，滤波器是非常重要的数字信号处理系统，运用非常广泛。本章介绍了数字滤波器的定义、分类和设计指标及其系统表达式。

另外，为了用计算机或专用硬件实现滤波器功能，需要将滤波器系统的差分方程或系统函数变换成一种算法，按照这种算法对输入信号进行运算或搭建硬件系统，不同的算法直接影响系统运算误差、运算速度以及系统的复杂程度和成本等。本章重点介绍了滤波器的网格结构表示法，直观地表达滤波器的运算结构，为滤波器的实现和优化提供帮助。

5.1 数字滤波器概述

数字滤波器是由差分方程描述的一类特殊的离散时间系统，它通过一定的运算关系改变输入信号中频率成分的相对比例，增强所需信号部分，抑制不要部分的系统。它是去除信号中噪声的基本手段，在实际信号处理中起到很重要的作用。数字滤波器可以由计算机软件实现，也可以由专门的数字硬件、专用的数字信号处理器或采用通用的信号处理器实现。

设一个 LTI 系统的输入是 $x(n)$，输出是 $y(n)$，它们的傅里叶变换分别是 $X(\mathrm{e}^{\mathrm{j}\omega})$ 和 $Y(\mathrm{e}^{\mathrm{j}\omega})$，系统框图如图 5－1 所示。

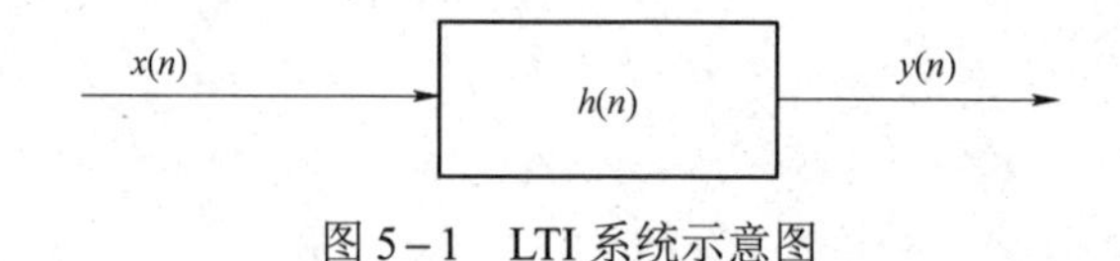

图 5－1　LTI 系统示意图

则 LTI 系统的输出为：

$$y(n)=\sum_{m=-\infty}^{+\infty}h(n-m)x(m)=F^{-1}\left[X\left(e^{j\omega}\right)H\left(e^{j\omega}\right)\right] \tag{5-1}$$

$$Y\left(e^{j\omega}\right)=X\left(e^{j\omega}\right)H\left(e^{j\omega}\right)$$

$$|Y\left(e^{j\omega}\right)|=|X\left(e^{j\omega}\right)||H\left(e^{j\omega}\right)|$$

$$\angle Y\left(e^{j\omega}\right)=\angle X\left(e^{j\omega}\right)+\angle H\left(e^{j\omega}\right)$$

从式（5-1）中可见，输入信号的频谱 $X\left(e^{j\omega}\right)$ 经滤波器处理后，变为 $X\left(e^{j\omega}\right)H\left(e^{j\omega}\right)$，只要选取合适的 $H\left(e^{j\omega}\right)$，就可以让 $X\left(e^{j\omega}\right)H\left(e^{j\omega}\right)$ 符合我们的要求，这就是滤波器的工作原理。

如图 5-2 所示，原始信号 $x(t)=\sin 2\pi t$ 被高频噪声 $p(t)=\sin 180\pi t$ “污染”后，其时域波形和频域波形分别如图 5-2（a）、（b）所示，由图可见，信号和干扰噪声的频带互不重叠，可用系统函数幅频特性如图 5-2（c）所示滤波器滤除高频干扰信号可以将信号恢复出来，如图 5-2（d）所示。

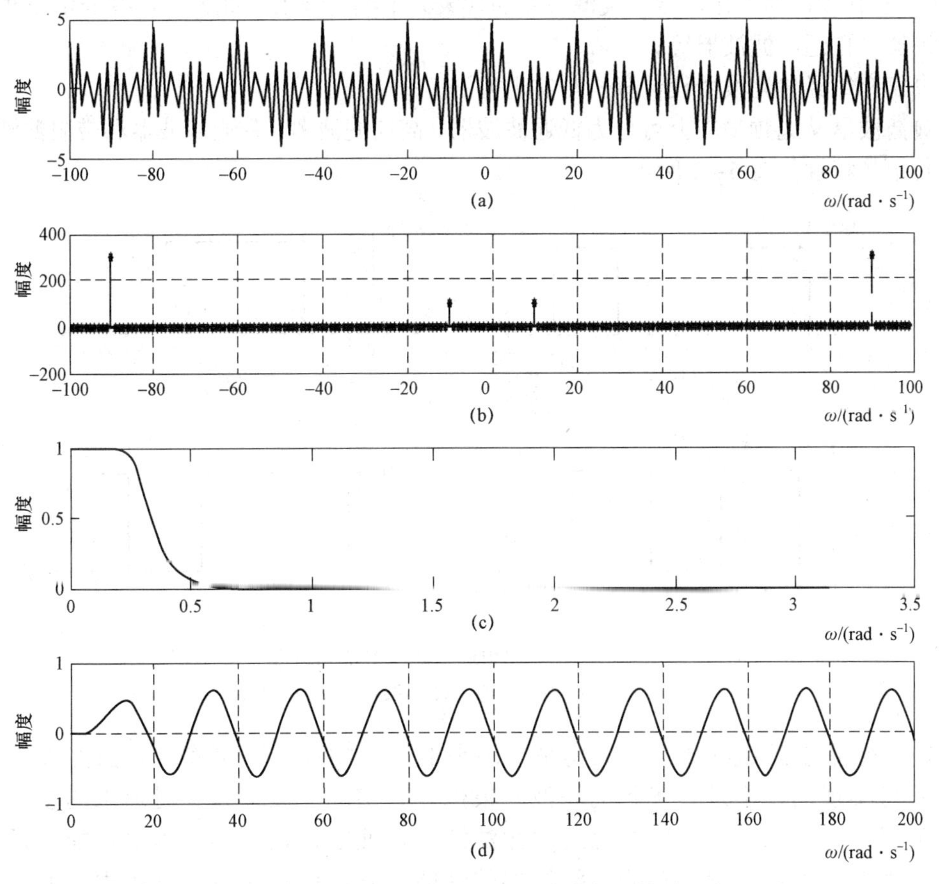

图 5-2　用经典滤波器从噪声中提取信号

（a）原始信号；（b）原始信号的频谱；（c）巴特沃斯低通滤波器幅度响应；（d）经过低通滤波器滤波后的信号

5.1.1 数字滤波器的分类

滤波器的种类很多，分类方法也不同。从功能上分为低通、带通、高通、带阻滤波器。从网络结构上分为无限长单位脉冲响应（Infinite Impulse Response，IIR）滤波器和有限长单位脉冲响应（Finite Impulse Response，FIR）滤波器。从设计方法上可分为Chebyshev（切比雪夫）滤波器，Butterworth（巴特沃斯）滤波器、矩形滤波器等。从信号处理发展情况来分，可分为经典滤波器和现代滤波器等。

若输入信号$x(n)$中的有效信息分量的频谱和噪声成分，在信号的频谱$X\left(e^{j\omega}\right)$中占有不同的频带范围，只需要设计合适的系统函数$H\left(e^{j\omega}\right)$，当$x(n)$经过该线性系统（即滤波器）后即可将干扰噪声有效地去除，这种滤波器就属于经典滤波器。本书中涉及的滤波器均属于经典滤波器。但如果信号和噪声的频谱相互重叠，经典滤波器难以奏效，就涉及现代滤波器的研究范畴。

现代滤波器把信号和噪声都视为随机信号，利用它们的统计特征（如自相关函数、功率谱等）导出一套最佳估值算法，然后用硬件或软件予以实现。现代滤波器理论源于维纳在20世纪40年代及其以后的工作，这一类滤波器的代表为维纳滤波器。此外，还有卡尔曼滤波器、线性预测器、自适应滤波器等。

本书仅介绍经典滤波器设计分析与实现方法。

经典滤波器从选频功能上可分为低通滤波器、高通滤波器、带通滤波器和带阻滤波器。它们的理想幅频特性如图5－3所示。

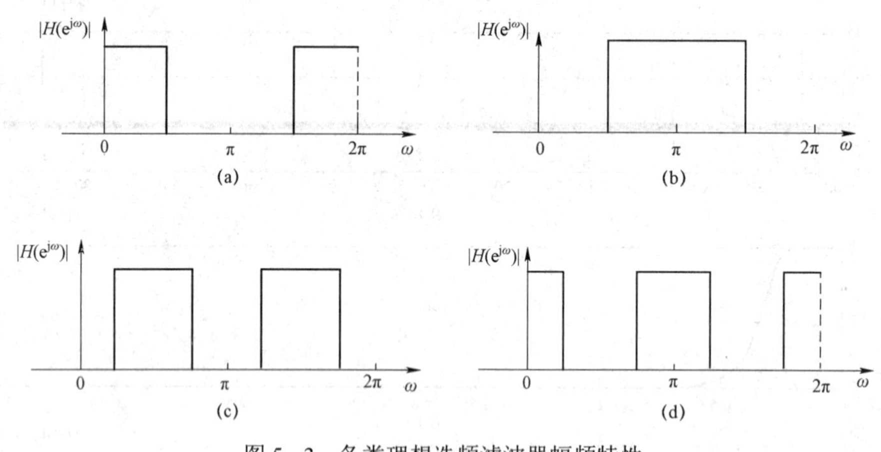

图5－3　各类理想选频滤波器幅频特性

（a）低通；（b）高通；（c）带通；（d）带阻

这些理想滤波器单位脉冲响应均是非因果的，在物理上不可实现。虽然理想滤波器是物理不可实现的，不过其优越的滤波效果可作为实际滤波器设计时追求的参考目标。实际滤波器设计按照某些准则去逼近理想滤波器，使之在误差容限内尽可能逼近理想滤波器，对理想特性逼近得越精确，滤波器的性能越好，但是实现难度越大，系统的复杂程度也越高。

5.1.2 滤波器的频率响应与性能指标

经典滤波器的性能可由系统的频率响应函数来体现，假设数字滤波器的频率响应$H\left(e^{j\omega}\right)$用下式表示：

$$H\left(e^{j\omega}\right)=\left|H\left(e^{j\omega}\right)\right|e^{j\theta(\omega)} \tag{5-2}$$

式中，$\left|H\left(e^{j\omega}\right)\right|$为幅频特性函数；$\theta(\omega)$为相频特性函数。幅频特性表示信号通过该滤波器后各频率成分振幅衰减情况，而相频特性反映各频率成分通过滤波器后在时间上的延时情况。因此，即使两个滤波器幅频特性相同，而相频特性不同，对相同的输入，滤波器输出的信号波形也是不一样的。

从前面章节的学习，我们知道数字滤波器的频率响应函数$H\left(e^{j\omega}\right)$都是以$2\pi$为周期的周期函数，通常在数字频率的主值区$[-\pi,\pi]$描述数字滤波器的频率响应特性。低通滤波器的通频带中心位于0处，高通滤波器的通频带中心位于π处，这一点和模拟滤波器是有区别的。

从式（5-1）中可见，输入信号$x(t)$经滤波器处理后输出变为$y(t)$，从频谱变化中可以看到只需要$H\left(e^{j\omega}\right)$在适当的频率上取合适的值，经过相乘和相加效应后，可以使$y(t)$的频谱函数呈现我们需要的结果。这些关键的频率点和其幅值决定了滤波器的功能，是我们设计滤波器时需要考虑的技术指标。

$$Y\left(e^{j\omega}\right)=X\left(e^{j\omega}\right)H\left(e^{j\omega}\right)$$

$$\left|Y\left(e^{j\omega}\right)\right|=\left|X\left(e^{j\omega}\right)\right|\left|H\left(e^{j\omega}\right)\right|$$

$$\angle Y\left(e^{j\omega}\right)=\angle X\left(e^{j\omega}\right)+\angle H\left(e^{j\omega}\right)$$

设计滤波器时最主要的是要考察滤波器系统的频率响应函数$H\left(e^{j\omega}\right)$。在选频滤波器的设计中很多典型的滤波器（如巴特沃斯滤波器）相频特性是确定的，所以在设计过程中，主要考虑设计滤波器的幅频函数，对相频特性一般不做要求。但如果对输出波形有要求，则需要考虑相频特性。例如波形传输、图像信号处理等。下面以低通滤波器设计为例，考察实际运用中滤波器设计的技术指标。

输入信号在阻带的衰减量称为阻带衰减。滤波器的技术指标可分为频率指标和性能指标。允许信号通过的频带为通带，完全不允许通过的频带为阻带，通带与阻带之间为过渡带，频率指标即在频率域上，将滤波器频率域分割为通带、阻带及过渡带区域的频率点，性能指标表征各区域内滤波器波形与同一频率点理想滤波器的差距。

通带： $|\omega|\leqslant\omega_p$，$1-\delta_1\leqslant\left|H\left(e^{j\omega}\right)\right|\leqslant1$

阻带： $\omega_s\leqslant|\omega|\leqslant\pi$，$\left|H\left(e^{j\omega}\right)\right|\leqslant\delta_2$

过渡带： $\omega_p<|\omega|<\omega_s$

非理想滤波器的频率特性以容限方式给出。如图5-4表示低通滤波器的幅频特性，ω_p和ω_s分别称为通带边界频率和阻带截止频率，偏离单位增益的误差δ_1称为通带起伏（或波纹），δ_2称为阻带起伏（或波纹）。从ω_p到ω_s称为过渡带，过渡带上的频率响应一般是单调下降的。通常，通带内和阻带内允许的衰减一般用分贝（dB）数表示，通带内允许的最大衰减用α_p表示，阻带内允许的最小衰减用α_s表示。

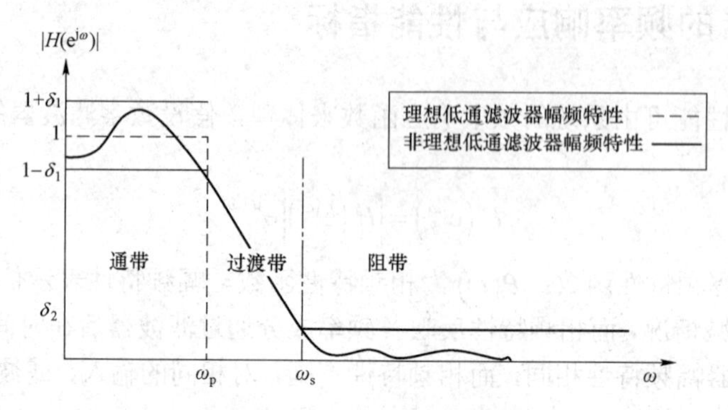

图 5-4　理想和非理想低通滤波器的幅频特性示意图

对低通滤波器，α_p和α_s分别定义为：

$$\alpha_p = 20\lg\frac{\left|H\left(e^{j0}\right)\right|}{\left|H\left(e^{j\omega_p}\right)\right|}\,\text{dB},\ 0 \leqslant |\omega| \leqslant \omega_p \qquad (5-3)$$

$$\alpha_s = 20\lg\frac{\left|H\left(e^{j0}\right)\right|}{\left|H\left(e^{j\omega_s}\right)\right|}\,\text{dB},\ \omega_s \leqslant |\omega| \leqslant \pi \qquad (5-4)$$

显然，α_p越小，通带波纹越小，通带逼近误差就越小，通带越平坦；α_s越大，阻带波纹越小，阻带逼近误差就越小；ω_p与ω_s间距越小，过渡带就越窄。所以低通滤波器的性能指标完全由通带边界频率ω_p、通带最大衰减α_p、阻带边界频率ω_s和阻带衰减α_s确定。

如果将$H\left(e^{j0}\right)$归一化为1，式（5-3）和式（5-4）则表示为：

$$\alpha_p = -20\lg\left|H\left(e^{j\omega_p}\right)\right|\text{dB} = -20\lg\left(1-\delta_1\right)\ \text{dB} \qquad (5-5)$$

$$\alpha_s = -20\lg\left|H\left(e^{j\omega_s}\right)\right|\text{dB} = -20\lg\delta_2\ \text{dB} \qquad (5-6)$$

当幅度下降到$\sqrt{2}/2$时，标记$\omega=\omega_c$，此时$\alpha = -20\lg\left|H\left(e^{j\omega_c}\right)\right| = 3\ \text{dB}$，称$\omega_c$为3 dB的通带截止频率。$\omega_p$、$\omega_s$和$\omega_c$统称为边界频率，它们是滤波器设计中所涉及的很重要的参数。对其他类型的滤波器，式（5-3）和式（5-4）中的$H\left(e^{j0}\right)$应改成$H\left(e^{j\omega_0}\right)$，$\omega_0$为滤波器通带中心频率。

5.2　数字滤波器网络结构

5.2.1　数字滤波器网络结构的意义

线性时不变系统可以用差分方程、单位脉冲响应以及系统函数进行描述。如果系统输入、输出服从N阶差分方程：

$$y(n)=\sum_{k=1}^{N}a_k y(n-k)+\sum_{k=0}^{M}b_k x(n-k) \tag{5-7}$$

则其系统函数$H(z)$为

$$H(z)=\frac{Y(z)}{X(z)}=\frac{\sum_{k=0}^{M}b_k z^{-k}}{1-\sum_{k=1}^{N}a_k z^{-k}} \tag{5-8}$$

a_k和b_k是系统差分方程的系数，如果$M \leqslant N$，这类系统称为N阶系统；$M > N$时，$H(z)$可以看成一个N阶的IIR子系统与一个$M-N$的FIR子系统的级联。本书的讨论都假定$M \leqslant N$。

为了用计算机或专用硬件实现滤波器功能，需要将滤波器系统的差分方程或系统函数变换成一种算法，按照这种算法对输入信号进行运算或搭建硬件系统，不同的算法直接影响系统运算误差、运算速度以及系统的复杂程度和成本等。图形具有直观、形象等优点，是非常重要的算法表示方式。将系统的差分方程或系统函数的运算步骤用框图或信号流图来表示的方法叫作网络结构表示法，网络结构实质就是系统实现时的运算结构。

5.2.2 数字滤波器结构表示方法

从差分方程式（5－7）可见，实现一个数字滤波器需要几种基本的运算单元：加法器、单位延迟和常数乘法器。这些基本的单元可以有两种表示方法：方框图法和信号流图法。因此一个数字滤波器也可有两种表示方法：方框图法和信号流图法。数字信号处理中有3种基本运算，即单位延迟、乘法和加法。3种基本运算框图及其流图如图5－5所示。

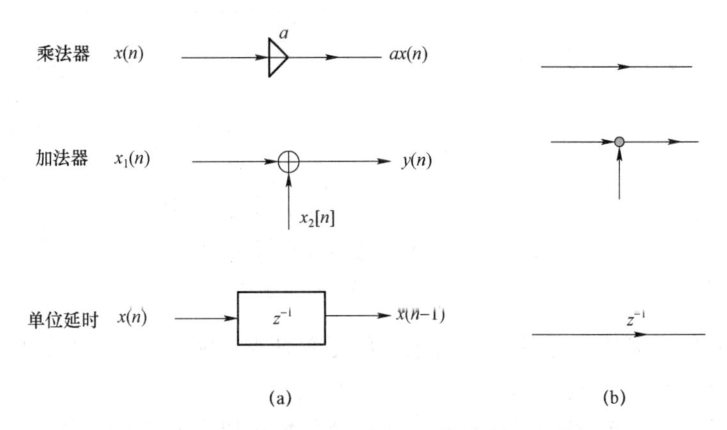

图5－5　3种基本运算的框图和流图表示运算框图

（a）框图（Block Diagram）；（b）流图（Flow chart）

例5－1： 二阶数字滤波器$y(n)=a_1 y(n-1)+a_1 y(n-2)+b_0 x(n)$。

$x(n)$处称为输入节点或源节点，$y(n)$处称为输出节点或阱节点，其余节点称为网络节点。节点之间用有向支路连接，每个节点可以有几条输入支路和几条输出支路，节点值等于它所有输入支路的信号之和，而每条支路的信号值等于这一支路起点处的节点信号值乘以支路上的传输系数。延迟算子z^{-1}表示单位延迟。

对这些名称进一步解释如下：

（1）节点：节点是支路的汇合点，节点上的物理量称为节点变量。节点变量等于该节点所有输入支路之和，节点变量表示为 $w_i(n)$；

（2）支路：起始于某个节点 j 而终止于另一个节点 k 的一条有向通路，称为支路 jk；

（3）基本支路：支路的增益是常数或 z^{-1} 的支路；

（4）输入节点（源节点）：表示输入信号的节点，表示注入流图的外部输入或信号源，是只有输出无输入的节点；

（5）输出节点（阱节点）：输出信号的节点，是只有输入无输出的节点，也称为吸收节点。

源节点没有输入支路，阱节点没有输出支路。如果某节点有一个输入，一个或多个输出，该节点称为分支节点。如果某节点有两个或两个以上的输入，该节点称为相加器。

如图 5–6 所示，各节点值为：

$$w_2(n)=y(n)$$
$$w_3(n)=w_2(n-1)=y(n-1)$$
$$w_4(n)=w_3(n-1)=y(n-2)$$
$$w_5(n)=a_1w_3(n)+a_2w_4(n)=a_1y(n-1)+a_2y(n-2)$$

对分支节点 w_2 有：$y(n)=w_2(n)=w_1(n)$，故

$$y(n)=b_0x(n)+a_1y(n-1)+a_2y(n-2)$$

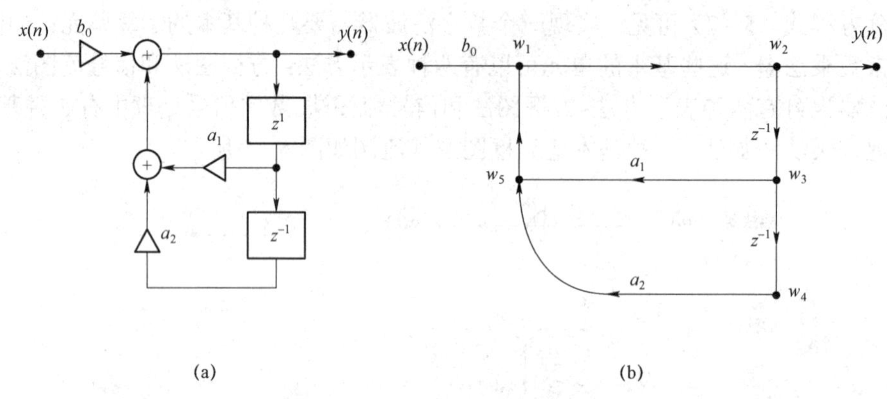

图 5–6　例 5–1 方框图和信号流图

（a）方框图；（b）信号流图

从该例中，我们看到用信号流图表示系统的运算情况（网络结构）是比较简明的，以下我们均用信号流图表示网络结构。

数字滤波器系统可以有多种网络结构。同一个系统可以有不同的网络结构，不同网络结构在系统实现的成本、运算速度、稳定性等方面不相同。数字滤波器从实现的网络结构，可以分为无限长单位脉冲响应（IIR）滤波器和有限长单位脉冲响应（FIR）滤波器。

5.3　IIR 数字滤波器的网络结构

IIR 数字滤波器可用差分方程来描述：

$$y(n)=\sum_{k=1}^{N}a_k y(n-k)+\sum_{k=0}^{M}b_k x(n-k) \tag{5-9}$$

也可以用系统函数来表示：

$$H(z)=\frac{Y(z)}{X(z)}=\frac{\sum_{k=0}^{M}b_k z^{-k}}{1-\sum_{k=1}^{N}a_k z^{-k}}=\left[\sum_{k=0}^{M}b_k z^{-k}\right]\left[\frac{1}{1-\sum_{k=1}^{N}a_k z^{-k}}\right]=H_1(z)H_2(z) \tag{5-10}$$

其中

$$H_1(z)=\sum_{k=0}^{M}b_k z^{-k},\ H_2(z)=\frac{1}{1-\sum_{k=1}^{N}a_k z^{-k}}$$

IIR 滤波器具有以下几个特点：

（1）系统的单位冲激响应 $h(n)$ 是无限长的；

（2）系统函数 $H(z)$ 在有限 z 平面（$0<|z|<\infty$）上有极点存在；

（3）存在着输出到输入的反馈，也就是结构上是递归型的。

同一种系统函数 $H(z)$ 可以有多种不同的结构，它的基本网络结构有直接型、级联型和并联型。

5.3.1 直接型

IIR 滤波器的差分方程就代表了一种最直接的计算公式，将差分方程直接用流图表示的结构即为直接 I 型结构。

从方程看出 $y(n)$ 由两部分组成：第一部分 $\sum_{k=0}^{M}b_k x(n-k)$ 是一个对输入 $x(n)$ 的 M 节延时结构。即每个延时抽头后加权相加，即是一个横向网络。第二部分 $\sum_{k=1}^{N}a_k y(n-k)$ 是一个 N 节延时结构网络。不过它是对 $y(n)$ 延时，因而是个反馈网络。

IIR 的系统函数可以表示成两个系统级联，第一部分系统函数用 $H_1(z)$ 表示，这部分网络实现零点，第二部分用 $H_2(z)$ 表示，实现极点。

$$H(z)=H_1(z)\cdot H_2(z)$$

根据交换律也可以写成 $H(z)=H_2(z)\cdot H_1(z)$，按照该式，相当于将图 5－7（a）中两部分流图交换位置，如图 5－8（a）所示，其表示的结构也是直接 I 型。从图中可见直接 I 型需要 $M+N$ 级延时单元。

直接 I 型结构的特点为：

（1）两个网络级联。第一个横向结构 M 节延时网络实现零点，第二个有反馈的 N 节延时网络实现极点。

（2）共需 $N+M$ 级延时单元。

（3）系数 a_i、b_i 不能直接决定单个零极点，因而不能很好地进行滤波器性能控制。

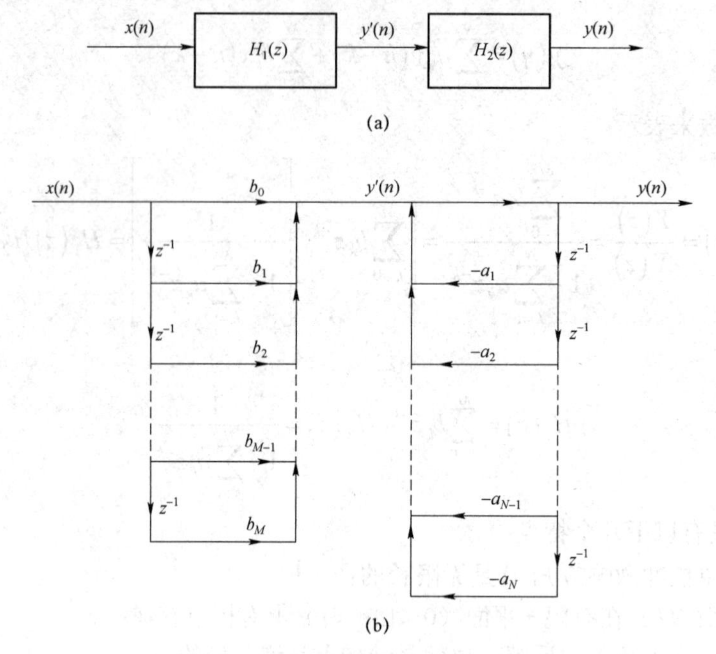

图 5-7　IIR 直接Ⅰ型系统与流图

（a）系统级联；（b）IIR 直接Ⅰ型流图

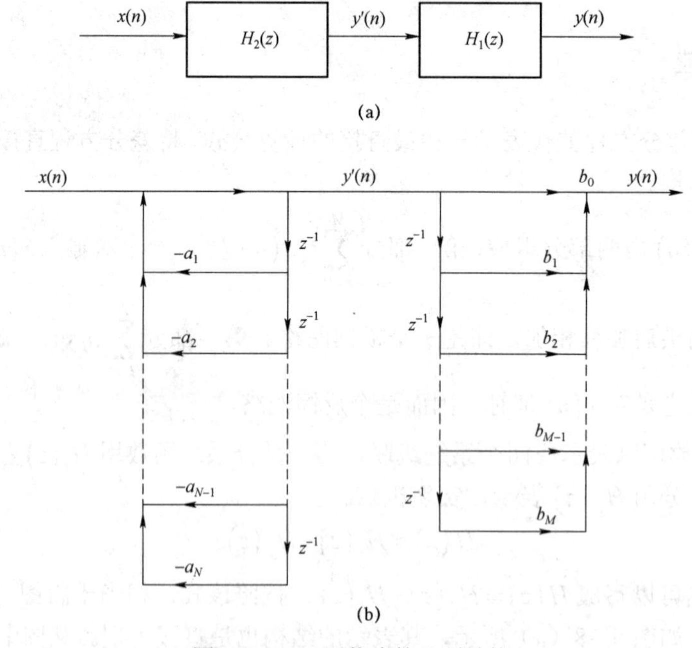

图 5-8　IIR 网络直接Ⅰ型结构

（a）交换系统级联顺序；（b）IIR 网络直接Ⅰ型结构流图

（4）极点对系数的变化过于灵敏，从而使系统频率响应对系统变化过于灵敏，也就是对有限精度（有限字长）运算过于灵敏，系统容易不稳定或产生较大误差。

IIR 系统的直接型结构的两部分可看成两个独立的网络（即两个子系统），交换两个级联网络的次序［从图 5-8（b）中可以看出，两行延时支路的输入均是 $y'(n)$］，合并两个具有相同输入的延时支路，可得到另一种结构即直接Ⅱ型，如图5－9所示。

直接Ⅱ型结构也由两个网络级联。第一个有反馈的N节延时网络实现极点；第二个横向结构M节延时网络实现零点。实现N阶滤波器（一般$N \geqslant M$）只需N级延时单元，所需延时单元最少，故称典范型。它比直接Ⅰ型更节省存储单元（软件实现），或者节省寄存器（硬件实现）。但是，它们都是直接型的实现方法，其共同的缺点是系数a_k、b_k对滤波器的性能控制作用不明显，这是因为它们与系统函数零、极点关系不明显，因而调整困难。此外，这种结构极点对系统的变化过于灵敏，从而使系统频率响应对系统的变化过于灵敏，也就是对有限精度（有限字长）运算过于灵敏，容易出现不稳定或产生较大误差。

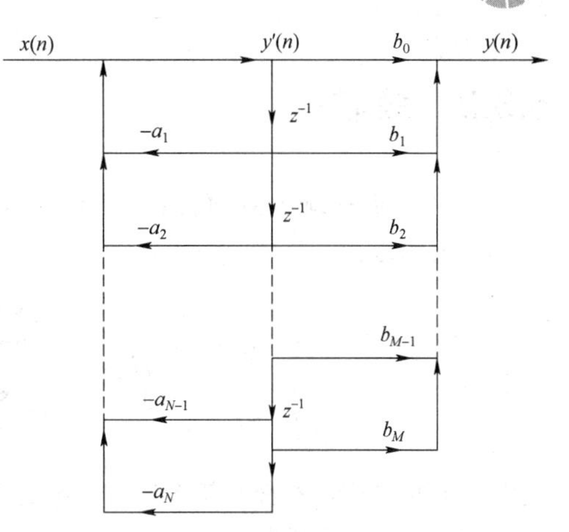

图5－9 IIR网络直接Ⅱ型结构

例5－2：设IIR数字滤波器的系统函数$H(z)$为

$$H(z)=\frac{8z^3-4z^2+11z-2}{\left(z-\frac{1}{4}\right)\left(z^2-z+\frac{1}{2}\right)}$$

画出该滤波器的直接型结构。

解：为了得到直接Ⅰ、Ⅱ型结构，必须将$H(z)$化为z^{-1}的有理式

$$H(z)=\frac{8z^3-4z^2+11z-2}{\left(z-\frac{1}{4}\right)\left(z^2-z+\frac{1}{2}\right)}=\frac{8z^3-4z^2+11z-2}{z^3-\frac{5}{4}z^2+\frac{3}{4}z-\frac{1}{8}}$$

由$H(z)$写出差分方程如下：

$$y(n)=\frac{5}{4}y(n-1)-\frac{3}{4}y(n-2)+\frac{1}{8}y(n-3)+8x(n)-4x(n-1)+11x(n-2)-2x(n-3)$$

按照差分方程画出如图5－10所示的直接型网络结构。

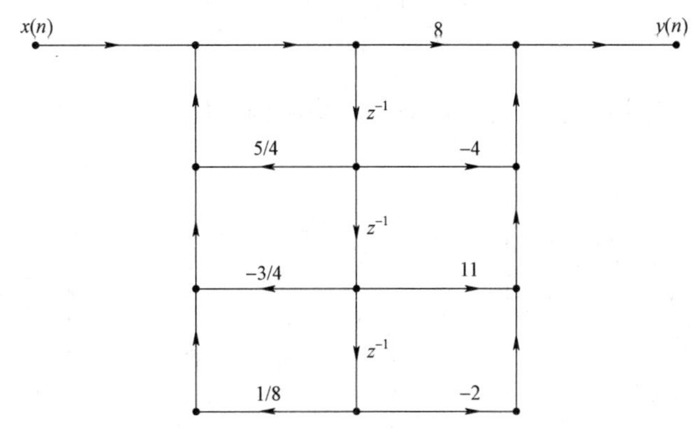

图5－10 例5－2 IIR网络直接Ⅱ型结构

5.3.2 级联型

一个N阶系统函数$H(z)$可用它的零、极点来表示，即可将系统函数的分子、分母进行因式分解表示成：

$$H(z)=\frac{\sum_{i=0}^{M}b_i z^{-i}}{1-\sum_{i=1}^{N}a_i z^{-i}}=A\frac{\prod_{i=1}^{M}\left(1-c_i z^{-1}\right)}{\prod_{i=1}^{N}\left(1-d_i z^{-1}\right)} \tag{5-11}$$

式中，A是常数，$H(z)$的系数a_i、b_i是实数，那么零、极点c_i和d_i只能是实根或是共轭复根，于是$H(z)$可以展开为：

$$H(z)=A\frac{\prod_{i=1}^{M}\left(1-c_i z^{-1}\right)}{\prod_{i=1}^{N}\left(1-d_i z^{-1}\right)}=A\frac{\prod_{i=1}^{M_1}\left(1-g_i z^{-1}\right)\prod_{i=1}^{M_2}\left(1-h_i z^{-1}\right)\left(1-h_i^* z^{-1}\right)}{\prod_{i=1}^{N_1}\left(1-p_i z^{-1}\right)\prod_{i=1}^{N_2}\left(1-q_i z^{-1}\right)\left(1-q_i^* z^{-1}\right)} \tag{5-12}$$

其中，$M=M_1+2M_2$，$N=N_1+2N_2$，g_i、p_i是实根，h_i、q_i为复根，将每一对共轭因子合并起来构成一个实系数的二阶因子，即有

$$H(z)=A\frac{\prod_{i=1}^{M_1}\left(1-g_i z^{-1}\right)\prod_{i=1}^{M_2}\left(1+\beta_{1i}z^{-1}+\beta_{2i}z^{-2}\right)}{\prod_{i=1}^{N_1}\left(1-p_i z^{-1}\right)\prod_{i=1}^{N_2}\left(1+\alpha_{1i}z^{-1}+\alpha_{2i}z^{-2}\right)} \tag{5-13}$$

如果将一阶因子看作二阶因子中二次项系数a_{2i}和β_{2i}为零时的特例，则系统函数$H(z)$可以分解成实系数二阶因子的形式：

$$H(z)=A\prod_{i=1}^{M}\frac{\left(1+\beta_{1i}z^{-1}+\beta_{2i}z^{-2}\right)}{\left(1+\alpha_{1i}z^{-1}+\alpha_{2i}z^{-2}\right)}=A\prod_{i=1}^{M}H_i(z) \tag{5-14}$$

这样 IIR 系统可以由为若干个二阶基本节级联而成（即滤波器的二阶节）。一个基本二阶节的系统函数形式为：

$$H_i(z)=\frac{1+\beta_{1i}z^{-1}+\beta_{2i}z^{-2}}{1+\alpha_{1i}z^{-1}+\alpha_{2i}z^{-2}} \tag{5-15}$$

每个$H_i(z)$的网络结构一般采用直接型Ⅱ网络结构，如图 5-11 所示，$H(z)$则由k个子系统级联构成。

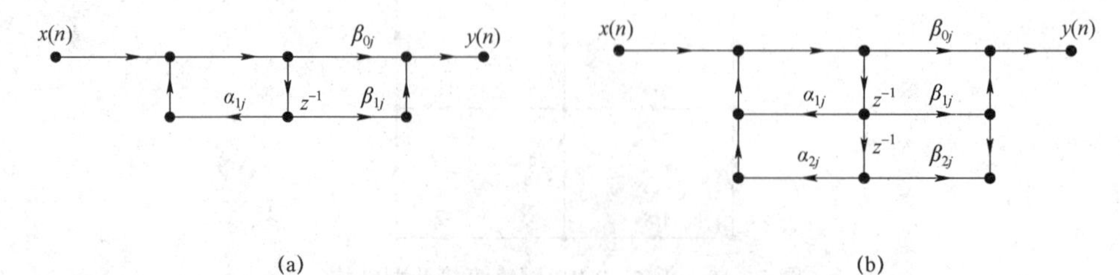

图 5-11　一阶和二阶直接型网络结构

（a）直接型一阶网络结构；（b）直接型二阶网络结构

例 5－3：设系统函数 $H(z)$ 如下式：

$$H(z)=\frac{8-4z^{-1}+11z^{-2}-2z^{-3}}{1-1.25z^{-1}+0.75z^{-2}-0.125z^{-3}}$$

试画出其级联网络结构。

解：将 $H(z)$ 的分子、分母进行因式分解，得到

$$H(z)=\frac{\left(2-0.379z^{-1}\right)\left(4-1.24z^{-1}+5.264z^{-2}\right)}{\left(1-1.25z^{-1}\right)\left(1-z^{-1}+0.5z^{-2}\right)}$$

为减少单位延迟的数目，将一阶的分子、分母多项式组成一个一阶的网络结构，二阶的分子、分母多项式组成一个二阶网络结构，画出级联结构如图 5－12 所示。

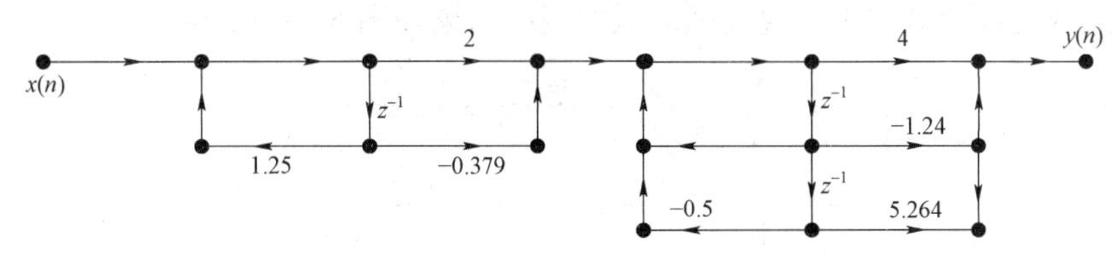

图 5－12 例 5－3 网络结构

在级联结构中，每个二阶节系数只单独控制一对零点或一对极点，调整基本节因子系数，可以改变一对零、极点的位置。相对直接型结构，级联型结构对系数变化敏感度低，可改变二阶基本节级联顺序，便于优选出受有限字长影响较小的结构，减少运算误差的积累。此外，级联型结构还有个重要的优点是需要的存储单元较少，而且在硬件实现时，这些存储单元可以给二阶节进行分时复用。

5.3.3 并联型

如果将级联形式的 $H(z)$ 展开成部分分式之和形式，则得到 $H(z)$ 的一般部分分式表达式：

$$H(z)=\frac{\sum_{i=0}^{M}b_i z^{-i}}{1\quad\sum_{i=1}^{N}a_i z^{-i}}=A_0+\sum_{i=1}^{N}\frac{A_i}{1-d_i z^{-1}}$$

$$=A_0+\frac{A_1}{1-d_1 z^{-1}}+\frac{A_2}{1-d_2 z^{-1}}+\cdots+\frac{A_N}{1-d_N z^{-1}} \tag{5-16}$$

（当 $M<N$ 时，$A_0=0$）

“相加”在电路中表现为并联，因此这种结构称为并联型。如果遇到某一系数为复数，那么一定有另一个为共轭复数，将它们合并为二阶实数的部分分式：

$$H(z)=A_0+\sum_{i=1}^{N_1}\frac{A_i}{1-\alpha_i z^{-1}}+\sum_{k=1}^{N_2}\frac{\beta_{0k}+\beta_{1k}z^{-1}}{1-\alpha_{1k}z^{-1}-\alpha_{2k}z^{-2}} \tag{5-17}$$

为了结构上的一致性，将一节系统仍采用二阶基本节来表示，则 $H(z)$ 可表示为：

$$H(z)=A_0+\sum_{i=1}^{\frac{N+1}{2}}\frac{\beta_{0i}+\beta_{1i}z^{-1}}{1-\alpha_{1i}z^{-1}-\alpha_{2i}z^{-2}}=A_0+\sum_{i=1}^{\frac{N+1}{2}}H_i(z) \tag{5-18}$$

并联型的基本二阶节的形式为：

$$H(z)=\frac{\beta_0+\beta_1 z^{-1}}{1-\alpha_1 z^{-1}-\alpha_2 z^{-2}} \tag{5-19}$$

例 5-4：画出例 5-2 中 $H(z)$ 的并联型结构。

解：将例 5-2 中 $H(z)$ 展成部分分式形式为

$$H(z)=16+\frac{8}{1-0.25z^{-1}}+\frac{-16+20z^{-1}}{1-z^{-1}+0.5z^{-2}}$$

将每一部分用直接型结构实现，其并联型网络结果如图 5-13 所示。

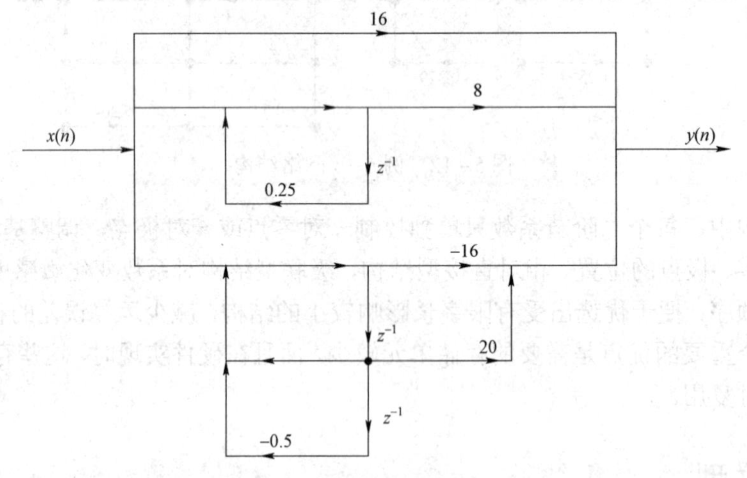

图 5-13　例 5-4 并联型网络图

在并联型结构中，每一个一阶网络决定一个实数极点，每一个二阶网络决定一对共轭极点，可以单独调整极点位置，但不能直接调整零点位置，因为子系统的零点不是整个系统的零点，若要准确传输零点时应采用级联型。另外，各个基本网络是并联关系，可对输入信号进行并行运算，运算速度快，各基本节之间没有运算误差传递，因此，并联形式运算比级联型误差小。

例 5-5：用典范型（Ⅱ型）和一阶级联型、并联型实现方程

$$y(n)=x(n)+\frac{1}{3}x(n-1)+\frac{3}{4}y(n-1)-\frac{1}{8}y(n-2)$$

解：直接型、一阶级联和并联的系统函数表示为

$$H(z)=\frac{1+\frac{1}{3}z^{-1}}{1-\frac{3}{4}z^{-1}+\frac{1}{8}z^{-2}}=\left(\frac{1}{1-\frac{1}{2}z^{-1}}\right)\left(\frac{1+\frac{1}{3}z^{-1}}{1-\frac{1}{4}z^{-1}}\right)$$

$$=\frac{-7/3}{1-\frac{1}{4}z^{-1}}+\frac{10/3}{1-\frac{1}{2}z^{-1}}$$

例 5－5 所得各网络图如图 5－14 所示。

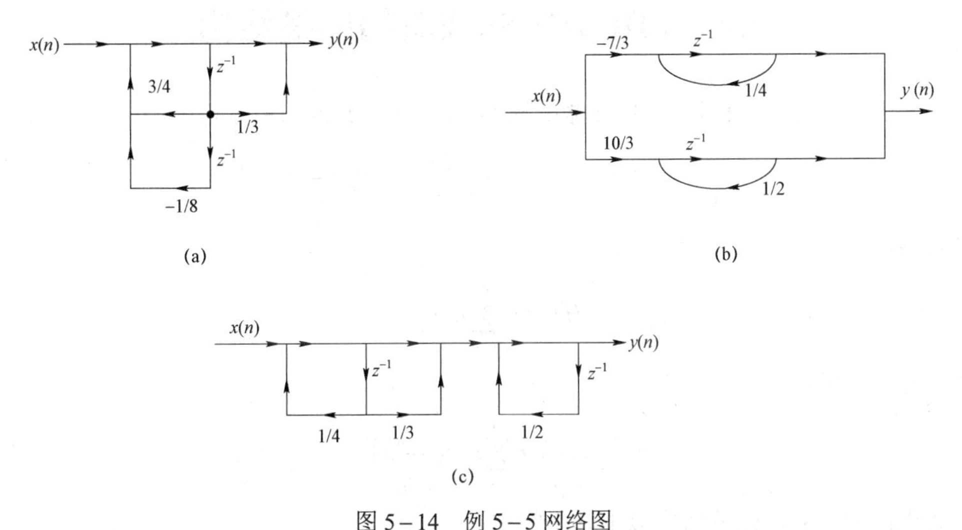

图 5－14 例 5－5 网络图

（a）典范型网络图；（b）并联型网络图；（c）级联型网络图

除了以上三种基本结构外，还可以根据其他运算处理方法构造等效结构，如果两个滤波器具有相同的传输函数，则称两者是等效的，其传输函数具有等效结构。理论上一个传输函数有无限多的等效结构，每个等效结构的性能都相同，但在实现的过程中，不同结构间的性能可能存在非常大的差别：

（1）所需的存储单元及乘法次数不同，前者影响复杂性，后者影响运算速度。

（2）有限精度（有限字长）实现情况下，不同运算结构的误差及稳定性不同。

（3）好的滤波器结构应该易于控制滤波器性能，适合于模块化实现，便于时分复用。

在构造等效结构时，需要各种流图都保持输入到输出的传输关系不变，即保证 $H(z)$ 不变，常用的一种方法叫转置，用到了转置定理：对于一个信号流图，如果将原网络中所有支路方向加以倒转，且将输入 $x(n)$ 和输出 $y(n)$ 相互交换，则其系统函数 $H(z)$ 仍不改变。

因此，根据转置定理可以对信号流图进行转置，其如图 5－15 所示，步骤为：

（1）将所有路径中信号流动方向反转；

（2）将所有网络节点变成加法器，加法器变成网络节点；

（3）将输入和输出端对调。

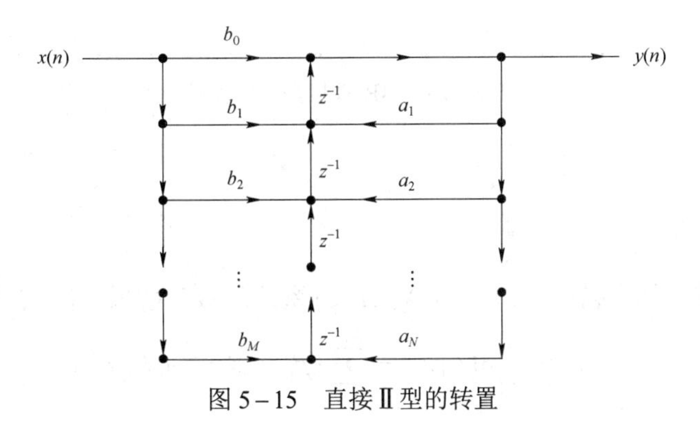

图 5－15 直接Ⅱ型的转置

5.4 FIR 数字滤波器的网络结构

设一个 M 阶 FIR 滤波器的单位冲激响应 $h(n)$，则滤波器的系统输出为：

$$y(n)=x(n)*h(n)=\sum_{k=0}^{M}h(k)x(n-k) \tag{5-20}$$

系统函数为：

$$H(z)=\sum_{n=0}^{M}h(n)z^{-n} \tag{5-21}$$

对应的差分方程是：

$$y(n)=\sum_{k=0}^{M}b_k x(n-k) \tag{5-22}$$

有限单位冲激响应滤波器有以下几个特点：

（1）系统的单位冲激响应 $h(n)$ 在有限个 n 值处不为零。

（2）系统函数 $H(z)$ 在 $|z|>0$ 处收敛，在 $|z|>0$ 处只有一个零点，有限 z 平面只有一个零点，而全部极点都在 $z=0$ 处（因果系统）。

（3）结构上主要是非递归结构，没有输出到输入的反馈，但有些结构中（例如频率抽样结构）也包含有反馈的递归部分。

FIR 滤波器基本网络结构有直接型、级联型、线性相位型和频率采样型。

5.4.1 直接型

按 FIR 滤波器系统函数 $H(z)$、差分方程或按卷积公式描述的输出信号表达式等画出的结构图称为直接型结构，如图 5－16 所示。这种结构需要 $M+1$ 个乘法器，M 个延时器和 M 个加法器，不便于调解零点。由于这种结构的输入和输出之间存在卷积关系，因此也称为卷积型结构。

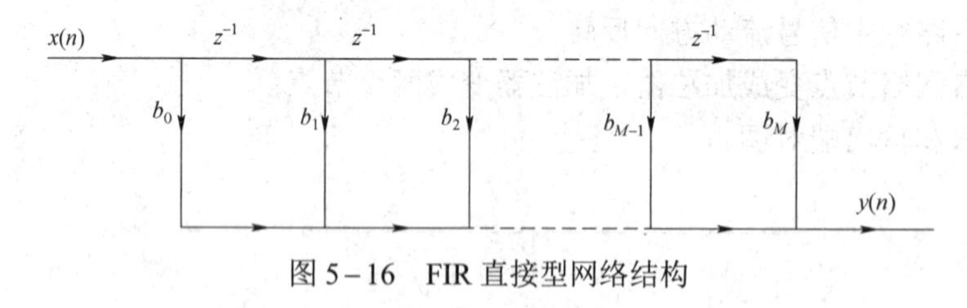

图 5－16 FIR 直接型网络结构

5.4.2 级联型

当需要控制滤波器的传输零点时，可将 $H(z)$ 系统函数分解成二阶实系数因子的形成：

$$H(z)=\sum_{n=0}^{N-1}h(n)z^{-n}=\sum_{i=1}^{[N/2]}\left(\beta_{0i}+\beta_{1i}z^{-1}+\beta_{2i}z^{-2}\right) \tag{5-23}$$

FIR 滤波器级联型网络结构如图 5－17 所示。

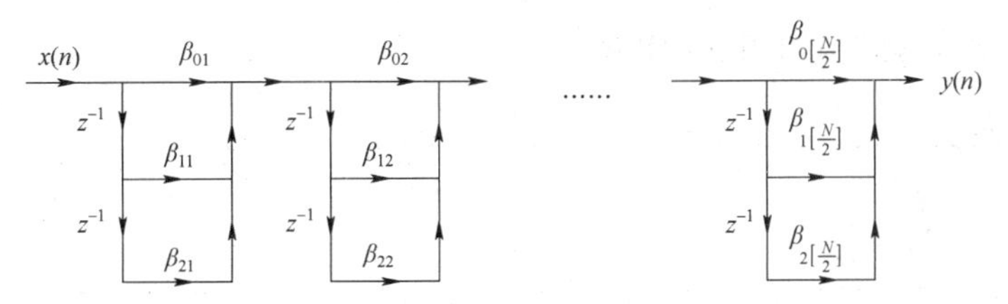

图 5－17 FIR 级联型网络结构

[N/2]表示取 N/2 的整数部分，N 为偶数时，N－1 为奇数，系数 β_{2i} 中有一个为零，这时有奇数个根。其中复根成共轭对，必有奇数个实根。这种结构每个二阶因子控制一对零点，便于控制滤波器的传输零点，在需要控制传输零点时可以采用这种结构。但是这种结构所需的系数比直接型多，所需乘法运算也比直接型多。

5.4.3 线性相位型

线性相位 FIR 系统是非常重要的一类数字滤波器，在通信、电子领域有广泛的应用，本节只阐述其系统结构。线性相位结构是 FIR 系统直接型结构的简化网络结构，特点是网络具有线性相位特性，比直接型结构节约了近一半的乘法器。系统具有线性相位的条件是，它的单位脉冲响 $h(n)$ 为实序列，$0 \leqslant n \leqslant N-1$，且应满足下面的公式：

$$\begin{cases} h(n)=h(N-n-1) & \text{（偶对称）} \\ h(n)=-h(N-n-1) & \text{（奇对称）} \end{cases} \tag{5-24}$$

即对称中心在 $(N-1)/2$ 处，则这种 FIR 滤波器具有严格线性相位。

考虑 N 可以取偶数或奇数，滤波器的系统函数表达不同，下面结合式（5－24）的对称条件，分 4 种情况来讨论。

1. 第一类滤波器

$$h(n)=h(N-1-n)\text{，且 } N \text{ 为奇数}$$

以$(N-1)/2$ 为中心，将 $h(n)$ 分为前后两部分，则系统函数

$$\begin{aligned} H(z) &= \sum_{n=0}^{N-1} h(n) z^{-n} \\ &= \sum_{n=0}^{(N-3)/2} h(n) z^{-n} + \sum_{n=(N+1)/2}^{N-1} h(n) z^{-n} + h\left(\frac{N-1}{2}\right) z^{-(N-1)/2} \\ &= \sum_{n=0}^{(N-3)/2} h(n) z^{-n} + \sum_{m=0}^{(N-3)/2} h(N-1-m) z^{-(N-1-m)} + h\left(\frac{N-1}{2}\right) z^{-(N-1)/2} \qquad (5-25) \\ &= \sum_{n=0}^{(N-3)/2} h(n) z^{-n} + \sum_{m=0}^{(N-3)/2} h(m) z^{-(N-1-m)} + h\left(\frac{N-1}{2}\right) z^{-(N-1)/2} \\ &= h(0)\left[1+z^{-(N-1)}\right] + h(1)\left[z^{-1}+z^{-(N-2)}\right] + \cdots + h\left(\frac{N-1}{2}\right) z^{-(N-1)/2} \end{aligned}$$

因此，第一类滤波器的结构为：

$$H(z)=h(0)\left[1+z^{-(N-1)}\right]+h(1)\left[z^{-1}+z^{-(N-2)}\right]+\cdots+h\left(\frac{N-1}{2}\right)z^{-(N-1)/2} \tag{5-26}$$

第一类 FIR 滤波器结构如图 5-18 所示。

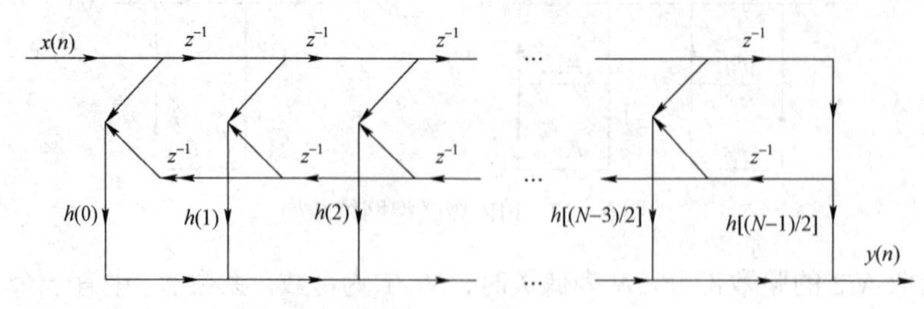

图 5-18　第一类 FIR 滤波器结构

2. 第二类滤波器

$$h(n)=h(N-1-n)\text{，且 }N\text{ 为偶数}$$

$$H(z)=h(0)\left[1+z^{-(N-1)}\right]+h(1)\left[z^{-1}+z^{-(N-2)}\right]+\cdots \tag{5-27}$$

第二类 FIR 滤波器结构如图 5-19 所示。

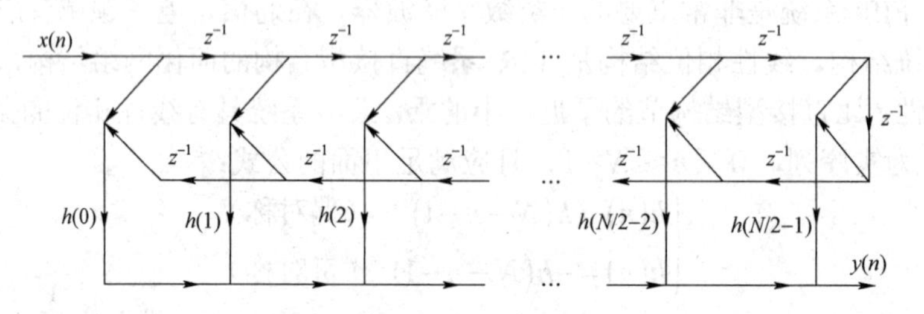

图 5-19　第二类 FIR 滤波器结构

3. 第三类滤波器

$$h(n)=-h(N-1-n)\text{，且 }N\text{ 为奇数}$$

$$H(z)=h(0)\left[1-z^{-(N-1)}\right]+h(1)\left[z^{-1}-z^{-(N-2)}\right]+\cdots \tag{5-28}$$

第三类 FIR 滤波器结构如图 5-20 所示。

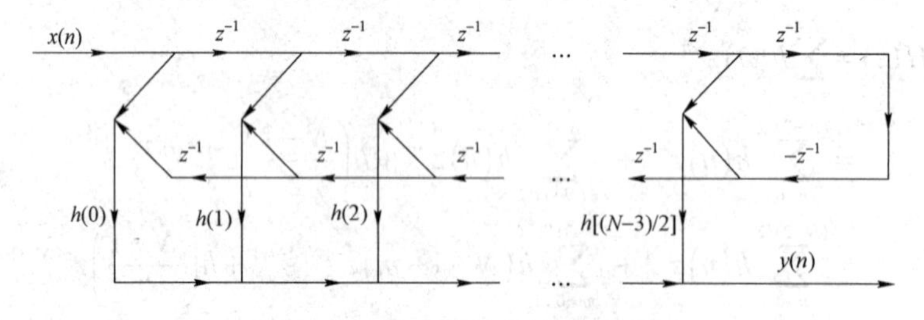

图 5-20　第三类 FIR 滤波器结构

4. 第四类滤波器

$$h(n)=-h(N-1-n)\text{，且 }N\text{ 为偶数}$$

$$H(z)=h(0)\left[1-z^{-(N-1)}\right]+h(1)\left[z^{-1}-z^{-(N-2)}\right]+\cdots \tag{5-29}$$

第四类 FIR 滤波器结构如图 5-21 所示。

以上 4 种线性相位结构图中可见，如果 N 取偶数，直接型需要 N 个乘法器，而线性相位结构减

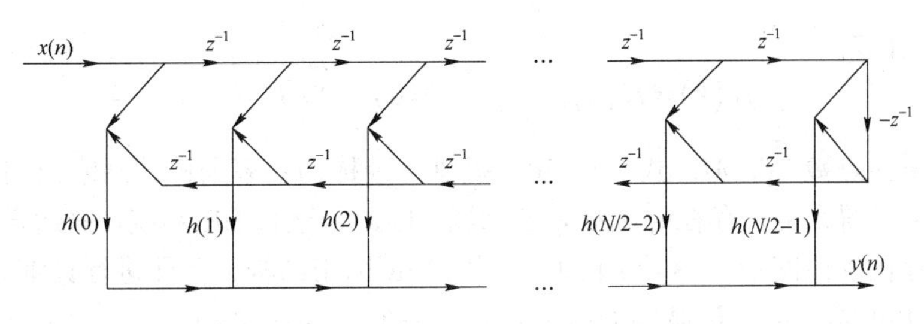

图 5－21　第四类 FIR 滤波器结构

少到 $N/2$ 个乘法器，节约了一半的乘法器，如果 N 取奇数，则乘法器减少到 $(N+1)/2$ 个，也近似节约了近一半的乘法器。所以，利用具有线性相位的 $h(n)$ 对称性可比直接型减少一半的乘法器。

例 5－6：设某 FIR 数字滤波器的系统函数为

$$H(z)=\frac{1}{5}\left(1+3z^{-1}+5z^{-2}+3z^{-3}+z^{-4}\right)$$

试画出此滤波器的线性相位结构。

解：由题中所给的条件可知

$$h(n)=\frac{1}{5}\delta(n)+\frac{3}{5}\delta(n-1)+\delta(n-2)+\frac{3}{5}\delta(n-3)+\frac{1}{5}\delta(n-4)$$

则

$$h(0)=h(4)=\frac{1}{5}=0.2$$

$$h(1)=h(3)=\frac{3}{5}=0.6$$

$$h(2)=1$$

即 $h(n)$ 是偶对称，对称中心在 $n=\frac{N-1}{2}=2$ 处，N 为奇数（N=5）。

其线性相位结构如图 5－22 所示。

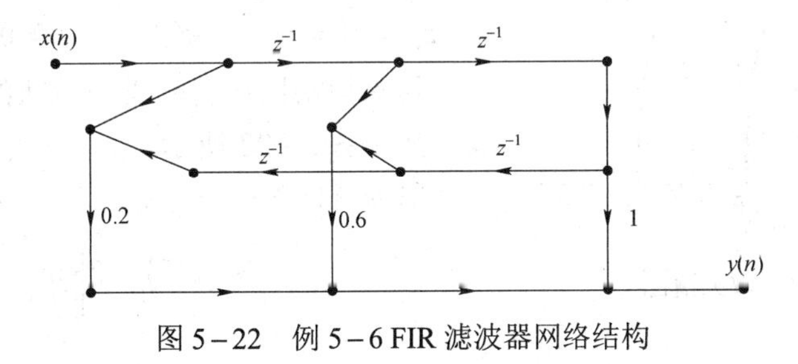

图 5－22　例 5－6 FIR 滤波器网络结构

5.4.4　频率采样型

我们已经知道，若频域等间隔采样，相应的时域信号会以采样点数为周期进行周期性延拓。如果在频域采样点数 N 大于等于序列的长度 M，则不会引起信号失真，此时原序列的 z 变换 $H(z)$ 与频率采样值 $H(k)$ 满足下面关系式：

$$H(z)=\left(1-z^{-N}\right)\frac{1}{N}\sum_{k=0}^{N-1}\frac{H(k)}{1-W_N^{-k}z^{-1}} \tag{5-30}$$

设 FIR 滤波器单位脉冲响应 $h(n)$ 长度为 M，系统函数 $H(z)=Z\left[h(n)\right]$，则式（5－30）

中 $H(k)$ 用下式计算：

$$H(k)=H(z)\big|_{z=e^{j\frac{2\pi}{N}k}},\quad k=0,1,2,\cdots,N-1$$

要求频域采样点数 $N\geqslant M$，式（5－30）提供一种称为频率采样的网络结构。由于这种结构是通过频率采样得来的，存在时域混叠的问题，因此不适合 IIR 系统，只适合 FIR 系统，但这种结构中又存在反馈网络，不同于前面介绍的 FIR 网络结构，下面进行详细分析。

给定一个 FIR 系统的单位脉冲响应为 $h(n)$，n=0, 1, …, $N-1$,

$$H(z)=\sum_{n=0}^{N-1}h(n)z^{-n}$$

$$H(k)=\sum_{n=0}^{N-1}h(n)W_N^{nk}$$

显然，$H(k)$ 实际上是 $H(z)$ 在单位圆上的 N 个值，即 $H(k)$ 是 $H\left(e^{j\omega}\right)$ 在频域的抽样。因此，我们可以用 $H(k)$ 来表示 $H(z)$，即：

$$\begin{aligned}H(z)&=\sum_{n=0}^{N-1}\left[\frac{1}{N}\sum_{k=0}^{N-1}H(k)W_N^{-nk}\right]z^{-n}=\frac{1}{N}\sum_{k=0}^{N-1}H(k)\sum_{k=0}^{N-1}\left(W_N^{-k}z^{-1}\right)^n\\&=\frac{1}{N}\sum_{k=0}^{N-1}H(k)\frac{1-z^{-n}}{1-W_N^{-k}z^{-1}}=\frac{1}{N}\left[1-z^{-n}\right]\left[\sum_{k=0}^{N-1}\frac{H(k)}{1-W_N^{-k}z^{-1}}\right]\\&=\frac{1}{N}H_c(z)H_2(z)\end{aligned}\qquad(5-31)$$

$H(z)$ 可看作是两个子系统级联，一个是 FIR 子系统 $H_c(z)$，一个是 IIR 子系统 $H_2(z)$。

FIR 子系统是由 N 个延时单元组成的梳状滤波器，系统函数为 $H_c(z)$，该系统在单位圆上有 N 个等分的零点。

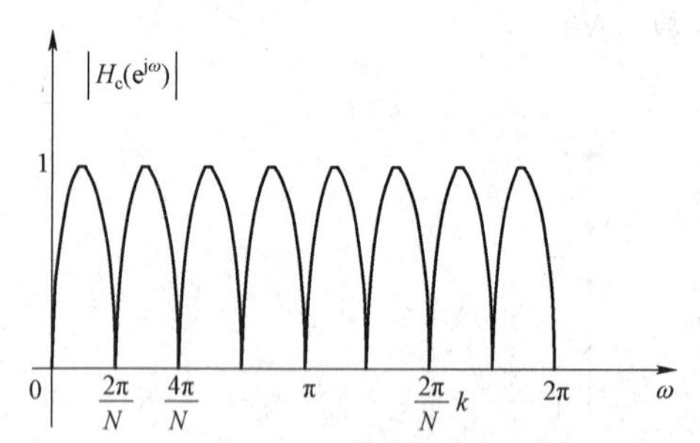

图 5－23　梳状函数频谱图

频率响应：

$$H_c(z)=1-z^{-n}$$

$$z_k=\sqrt[k]{1}=e^{j\frac{2\pi}{N}k}=W_N^{-k},\qquad k=0,1,2,\cdots,N-1$$

其幅频特性 $\left|H_c\left(e^{j\omega}\right)\right|$ 是梳状的，故而称为梳状函数，其如图 5－23 所示。

幅频特性为：

$$\left|H_c\left(e^{j\omega}\right)\right|=2\left|\sin\left(\frac{\omega N}{2}\right)\right|$$

相频特性为：

$$\arg\left[H_c\left(e^{j\omega}\right)\right]=\frac{\pi}{2}-\frac{\omega N}{2}+m\pi$$

IIR 子系统由 N 个一阶系统并联组成，系统函数为：

$$H_2(z)=\sum_{k=0}^{N-1}\frac{H(k)}{1-W_N^{-k}z^{-1}}\qquad(5-32)$$

该系统在单位圆上有 N 个极点：

$$p_k=W_N^{-k},\qquad k=0,1,2,\cdots,N-1$$

IIR 系统与 FIR 系统级联后，N 个 IIR 系统在单位圆上的极点正好和 FIR 系统在单位圆上的零点相互抵消，所以整个系统是 FIR 系统，称为 FIR 系统的频率采样型结构，其如图 5－24

所示。

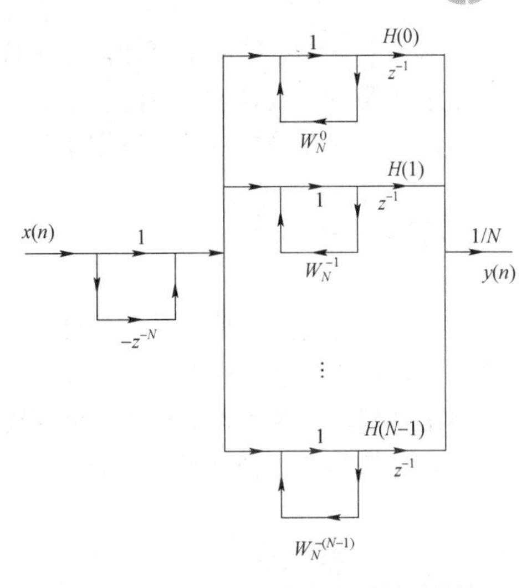

图 5－24 FIR 系统的频率采样型结构

1. 频率采样型结构的优点

（1）在频率采样点 ω_k 处，$H\left(e^{j\omega_k}\right)=H(k)$，只要调整 $H(k)$（即一阶网络 $H_k(z)$ 中乘法器的系数 $H(k)$，就可以有效地调整频率响应特性，使实践中调整方便，可以实现任意形状的频率响应曲线。

（2）只要 $h(n)$ 的长度 N 相同，不论频率响应如何，梳状滤波器以及 N 个一阶网络的结构相同，便于标准化和模块化。

2. 频率采样型结构的缺点

（1）系统稳定是靠位于单位圆上的 N 个零极点相互对消保证的。实际上，因为寄存器字长都是有限的，对网络中支路增益 W_N^{-k} 量化时产生量化误差，可能使零极点不能完全对消，从而影响系统稳定性。

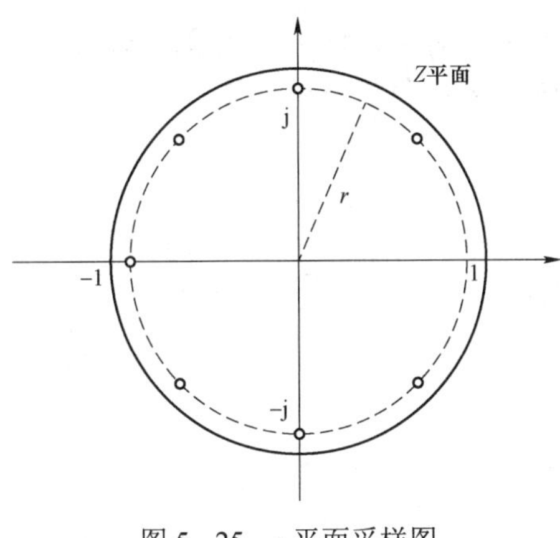

图 5－25 z 平面采样图

（2）结构中，$H(k)$ 和 W_N^{-k} 一般为复数，要求乘法器完成复数乘法运算，这对硬件实现是不方便的。

在实际使用中，为了解决量化误差引入的不稳定，对频率采样结构做以下修正。

首先修正采样点，将零极点移至半径为 r 的圆上（r 略小于 1），如图 5－25 所示。此时 $H(z)$ 为

$$H(z)\big|_{z=rW_N^{-k}}=H_r(k)\approx H(k) \tag{5-33}$$

然后修正内插公式，式（5－33）中，$H_r(k)$ 是在 r 圆上对 $H(z)$ 的 N 点等间隔采样值。这样，零极点均为 $re^{j\frac{2\pi}{N}k}$，$k=0,1,2,\cdots,N-1$，如果由于实际量化误差，零极点不能抵消时，极点位置仍处在单位圆内，保持系统稳定。此时系统函数 $H(z)$ 为：

$$H(z)=\left(1-r^N z^{-N}\right)\frac{1}{N}\sum_{k=0}^{N-1}\frac{H_r(k)}{1-rW_N^{-k}z^{-1}} \tag{5-34}$$

由于 $r\approx1$，因此可近似取 $H_r(k)\approx H(k)$，所以修正的频率采样取样系统函数 $H(z)$ 可写为：

$$\begin{aligned}H(z)&=\left(1-r^N z^{-N}\right)\frac{1}{N}\left[\sum_{k=0}^{N-1}\frac{H_r(k)}{1-rW_N^{-k}z^{-1}}\right]\\&\approx\left(1-r^N z^{-N}\right)\frac{1}{N}\sum_{k=0}^{N-1}\frac{H(k)}{1-rW_N^{-k}z^{-1}}\end{aligned} \tag{5-35}$$

修正后的结构图如图 5－26 所示。

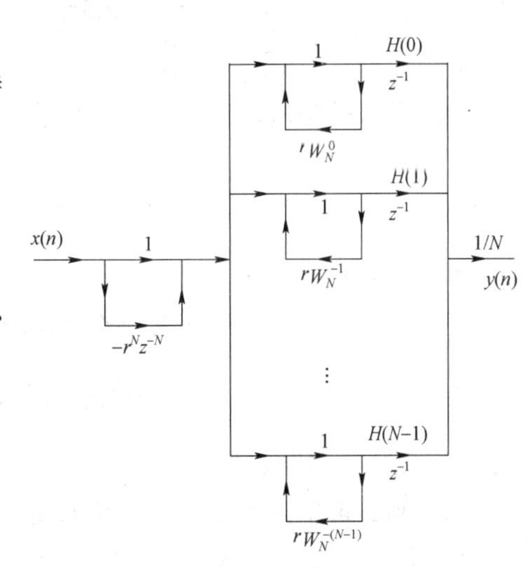

图 5－26 FIR 系统的频率采样型修正结构

从频率采样型结构中可知，当采样点数 N 很大时，其结果显然很复杂，需要的乘法器和延时单元很多。但对于窄带滤波器，大部分频率采样值 $H(k)$ 为零，从而使二阶网络个数大大减少，所以频率采样型结构适用于窄带滤波器。

本章小结

数字信号滤波器系统是信号处理学科中极其重要的一类系统，本章介绍了滤波器的分类、滤波器设计的性能指标及滤波器系统的网络结构。网络结构实质是滤波器实现的算法结构，不同网络结构在系统实现的成本、运算速度、稳定性等方面不相同。本章重点介绍了 IIR 滤波器和 FIR 滤波器的几种常见网络结构。

习　题

1. 滤波器系统怎么进行分类？滤波器设计的指标有哪些？

2. 设某 FIR 数字滤波器的冲激响应为：$h(0)=h(7)=1$，$h(1)=h(6)=3$，$h(2)=h(5)=5$，$h(3)=h(4)=6$，其他 n 值时 $h(n)=0$。试求 $H(e^{j\omega})$ 的幅频响应和相频响应的表示式，并画出该滤波器流图的线性相位结构形式。

3. 有人设计了一只数字滤波器，得到其系统函数为：

$$H(z)=\frac{0.2871-0.4466z^{-1}}{1-1.2971z^{-1}+0.6949z^{-2}}+\frac{-2.1428+1.1455z^{-1}}{1-1.0691z^{-1}+0.3699z^{-2}}+\frac{1.8557-0.6303z^{-1}}{1-0.9972z^{-1}+0.2570z^{-2}}$$

请采用并联型结构实现该系统。

4. 用直接Ⅰ型及典范型结构实现以下系统函数：

$$H(z)=\frac{3-4.2z^{-1}+0.8z^{-2}}{2+0.6z^{-1}-0.4z^{-2}}$$

5. 用级联型结构和并联型结构实现下列传递函数：

（1）$H(z)=\dfrac{3z^3-3.5z^2+2.5z}{(z^2-z-1)(z-0.5)}$；　　（2）$H(z)=\dfrac{4z^3-2.8284z^2+z}{(z^2-1.4142z+1)(z+0.7071)}$。

6. 用级联型结构实现以下系统函数：

$$H(z)=\frac{4(z^2-1.4z+1)(z+1)}{(z^2+0.9z+0.8)(z-0.5)}$$

试问一共能构成几种级联型网络？

7. 设某 FIR 数字滤波器的系统函数为：

$$H(z)=\frac{1}{5}\left(1+3z^{-1}+5z^{-2}+3z^{-3}+z^{-4}\right)$$

试画出此滤波器的线性相位结构。

8. 画出由下列差分方程定义的因果线性离散时间系统的直接Ⅰ型、直接Ⅱ型、级联型和并联型结构的信号流程图，级联型和并联型只用一阶节。

$$y(n)-\frac{3}{4}y(n-1)+\frac{1}{8}y(n-2)=x(n)+\frac{1}{3}x(n-1)$$

9. 用级联型及并联型结构实现以下系统函数：

$$H(z)=\frac{2z^3+3z^2-2z}{(z^2-z+1)(z-1)}$$

10. 已知FIR滤波器的单位冲击响应为：

$$h(n)=\delta(n)+0.3\delta(n-1)+0.72\delta(n-2)+0.11\delta(n-3)+0.12\delta(n-4)$$

试画出其级联型结构。

11. 用卷积型和级联型网络实现以下系统函数：

$$H(z)=(1-1.4z^{-1}+3z^{-2})(1+2z^{-1})$$

12. 用频率采样型结构实现以下系统函数：

$$H(z)=\frac{-3z^{-6}-2z^{-3}+5}{1-z^{-1}}$$

抽样点数 N=6，修正半径 r=0.9。

13. 写出图5-27的系统函数及差分方程。

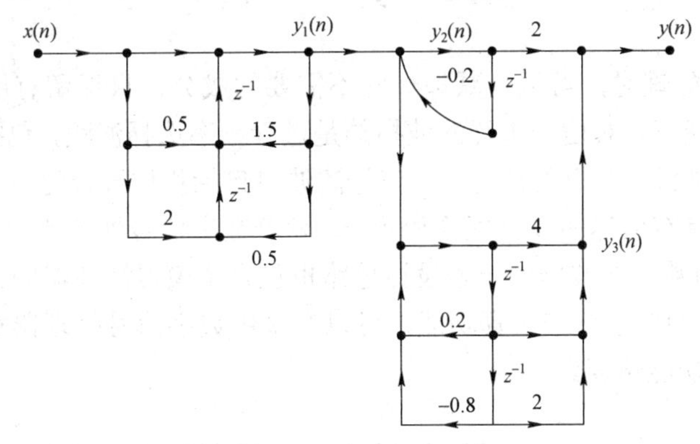

图5-27 系统结构

第6章 IIR无限长脉冲响应数字滤波器的设计

6.0 引　言

对一个信号进行处理时，可以衰减掉一些不需要的成分，只保留有用的成分，这个过程称为滤波。大多数情况下，对信号进行滤波指的是进行频率选择滤波，包括低通滤波、高通滤波、带通滤波和带阻滤波。在有的情况下，信号滤波也包括相位选择滤波。模拟滤波器可以对模拟信号进行滤波，具有成熟的设计理论和例子。随着数字信号处理器的发展，数字滤波器的设计理论得以实现，而数字滤波器的一般设计思路也包含了模拟滤波器的设计过程。与此同时，Matlab 软件具有强大的数学模型仿真功能，可以在采用数字信号处理器实现之前，对数字滤波器的数学模型进行功能仿真。

6.1 IIR数字滤波器的设计思想

线性时不变系统的输入序列 $x(n)$ 与该系统的单位脉冲响应 $h(n)$ 的卷积得到输出序列 $y(n)=x(n)*h(n)$，该关系在频域可表示为：

$$Y\left(\mathrm{e}^{\mathrm{j}\Omega}\right)=X\left(\mathrm{e}^{\mathrm{j}\Omega}\right)H\left(\mathrm{e}^{\mathrm{j}\Omega}\right)$$

式中，$Y\left(\mathrm{e}^{\mathrm{j}\Omega}\right)=\sum\limits_{n=-\infty}^{+\infty}y(n)\mathrm{e}^{-\mathrm{j}\Omega n}$；$H\left(\mathrm{e}^{\mathrm{j}\Omega}\right)=\sum\limits_{n=-\infty}^{+\infty}h(n)\mathrm{e}^{-\mathrm{j}\Omega n}$ 为系统的频率响应。

可以看出，$H\left(\mathrm{e}^{\mathrm{j}\Omega}\right)$ 对输入序列频谱起到一个滤波的作用。当 $h(n)$ 为无限长序列时，称为 IIR 数字滤波器；当 $h(n)$ 为有限长序列时，称为 FIR 数字滤波器。

设计数字滤波器一般是指设计能够满足滤波器指标的单位脉冲响应 $h(n)$ 或系统函数 $H(z)$。因为模拟滤波器的设计技术非常完善，在保证滤波器稳定的前提下，根据模拟滤波器和数字滤波器的映射关系，可以对两种滤波器进行转换，所以设计 IIR 数字滤波器的过程主要有如下步骤：

（1）把数字滤波器的设计指标转化成模拟滤波器的设计指标。

（2）按照传统模拟滤波器的设计方法来设计对应的模拟滤波器。

（3）利用脉冲响应不变法或双线性变换法把模拟滤波器转化成对应的数字滤波器。

单纯从实现频率响应的幅度谱滤波功能来考虑，均可采用 IIR 数字滤波器和 FIR 数字滤波器来实现某种滤波器（如低通滤波器）。而 FIR 数字滤波器主要是实现滤波器线性相位，即滤波器频率响应的相位谱是线性的，该部分内容放在第 7 章进行讨论。

6.2 模拟滤波器的原型设计

模拟滤波器面向的信号是连续信号 $x(t)$，系统的输出 $y(t)$ 是输入 $x(t)$ 与单位冲激响应 $h(t)$ 的卷积积分 $y(t)=x(t)*h(t)$，单位冲激响应 $h(t)$ 的拉普拉斯变换为：

$$H(s)=\int_{-\infty}^{+\infty}h(t)\mathrm{e}^{-st}\mathrm{d}t$$

$H(s)$ 是系统函数，设计模拟滤波器一般是指设计该滤波器的系统函数。而系统函数在 $s=\mathrm{j}\omega$ 的特例是系统频率响应 $H(\mathrm{j}\omega)$，一般低通滤波器的归一化幅度响应如图 6－1 所示。

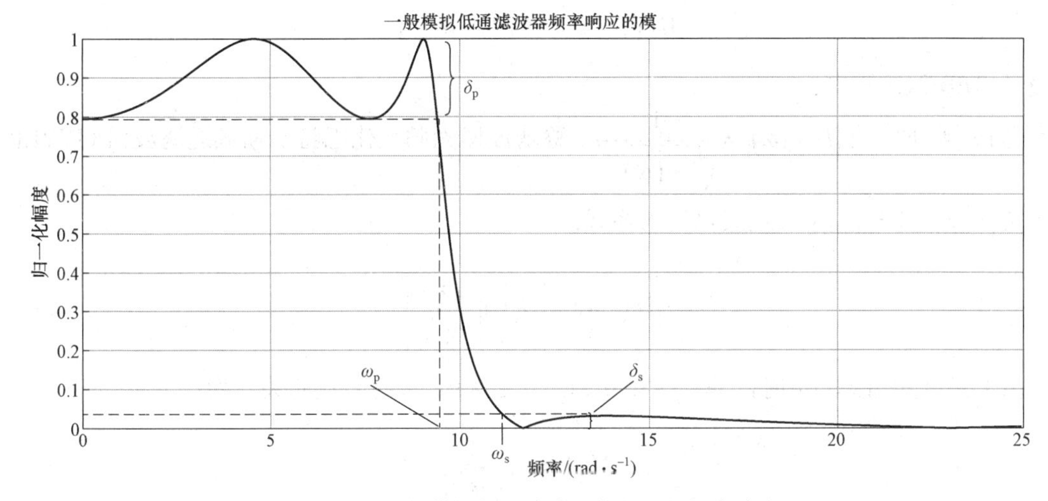

图 6－1　一般模拟低通滤波器的归一化幅度响应

涉及的滤波器指标有：ω_{p}、ω_{s}、α_{p}、α_{s}。其中 ω_{p} 是通带截止频率，ω_{s} 是阻带截止频率，α_{p} 为通带最大衰减，假设在 $0\leqslant\omega\leqslant\omega_{\mathrm{p}}$ 的频率范围内，$|H(\mathrm{j}\omega)|$ 波动的最大幅度为 δ_{p}，即 $|H(\mathrm{j}\omega_{\mathrm{p}})|=1-\delta_{\mathrm{p}}$，$\alpha_{\mathrm{p}}$ 可以定义为：

$$\alpha_{\mathrm{p}}=-20\lg|H(\mathrm{j}\omega_{\mathrm{p}})|=-20\lg(1-\delta_{\mathrm{p}}) \tag{6-1}$$

α_{s} 为阻带最小衰减，假设在 $\omega\geqslant\omega_{\mathrm{s}}$ 的频率范围内，$|H(\mathrm{j}\omega)|$ 波动的最大幅度为 δ_{s}，即 $|H(\mathrm{j}\omega_{\mathrm{s}})|=\delta_{\mathrm{s}}$，$\alpha_{\mathrm{s}}$ 可以定义为：

$$\alpha_{\mathrm{s}}=-20\lg|H(\mathrm{j}\omega_{\mathrm{s}})|=-20\lg\delta_{\mathrm{s}} \tag{6-2}$$

理想模拟滤波器幅度响应在通带和阻带内是平稳的，没有波动，而过渡带是垂直的。在滤波器设计时，希望滤波器所有频段的幅度响应越接近理想滤波器就越好，但是在实际情况中，总是通过降低滤波器某一频段性能来提高另一频段性能。

常见的模拟滤波器有巴特沃斯、切比雪夫 I 型、切比雪夫 II 型、椭圆函数、贝塞尔这 5 种类型的低通滤波器，本章重点讨论巴特沃斯低通滤波器的设计方法，对其他类型的低通滤波器进行简要介绍及比较。

6.2.1 巴特沃斯低通滤波器的设计方法

巴特沃斯模拟低通滤波器（BWLP）频率响应的模为：

$$\left|H(\mathrm{j}\omega)\right|=\frac{1}{\sqrt{1+\left(\dfrac{\omega}{\omega_{\mathrm{c}}}\right)^{2N}}} \tag{6-3}$$

式中，N 是滤波器阶数；ω_{c} 是滤波器参数。

由 $\left|H(\mathrm{j}\omega)\right|$ 表达式可知 $\dfrac{\mathrm{d}\left|H(\mathrm{j}\omega)\right|}{\mathrm{d}\omega}<0$，所以 $\left|H(\mathrm{j}\omega)\right|$ 是单调下降的；而且 $\omega=0$ 时，$\left|H(\mathrm{j}\omega)\right|$ 的 1 到 $2N-1$ 阶导数为 0，所以滤波器在 $\omega=0$ 时具有最大平坦性；滤波器参数 ω_{c} 是指 $\omega=\omega_{\mathrm{c}}$ 时，$-20\lg\left|H(\mathrm{j}\omega_{\mathrm{c}})\right|=3\ \mathrm{dB}$，有

$$\left|H(\mathrm{j}\omega_{\mathrm{c}})\right|=\sqrt{2}/2\approx 0.707$$

称 ω_{c} 为 3 dB 截止频率。

当 $\omega_{\mathrm{c}}=1$ 时，有 $\left|H_1(\mathrm{j}\omega)\right|=\dfrac{1}{\sqrt{1+(\omega)^{2N}}}$，称滤波器为归一化巴特沃斯低通滤波器（BWLP）。对比 $\left|H_1(\mathrm{j}\omega)\right|$ 和 $\left|H(\mathrm{j}\omega)\right|$ 表达式可得关系式：

$$\left|H(\mathrm{j}\omega)\right|=\left|H_1\left(\mathrm{j}\left(\frac{\omega}{\omega_{\mathrm{c}}}\right)\right)\right| \tag{6-4}$$

由上式可知当 $s=\mathrm{j}\omega$ 时，非归一化和归一化 BWLP 系统函数的关系为：

$$H(s)=H_1\left(\frac{s}{\omega_{\mathrm{c}}}\right) \tag{6-5}$$

由滤波器的稳定性要求可知，模拟滤波器系统函数 $H(s)$ 的极点必须位于 s 平面的左半平面。因此设计模拟滤波器的思路为：把关系式 $\omega=-\mathrm{j}s$ 代入滤波器频率响应的归一化幅频特性 $\left|H_1(\mathrm{j}\omega)\right|$，求出所有极点，进而利用左半平面的极点构造滤波器归一化系统函数 $H_1(s)$，代入非归一化和归一化系统函数的关系式得到非归一化 BWLP 系统函数 $H(s)$，由 $s=\mathrm{j}\omega$ 得到非归一化 BWLP 的频率响应 $\left|H(\mathrm{j}\omega)\right|$，最后由傅里叶反变换或者拉普拉斯反变换可以得到滤波器的单位冲激响应 $h(t)$。BWLP 频率响应幅度平方函数如图 6-2 所示。

构造 BWLP 的归一化系统函数具体过程如下：

（1）由傅里叶变换对称性质可知，当 $h(t)$ 为实函数时，有关系式：

$$H(\mathrm{j}\omega)=H^*(-\mathrm{j}\omega) \tag{6-6}$$

（2）BWLP 滤波器归一化频率响应幅度平方函数可表达为：

$$\left|H(\mathrm{j}\omega)\right|^2=H(\mathrm{j}\omega)H^*(\mathrm{j}\omega)=H(\mathrm{j}\omega)H(-\mathrm{j}\omega)=\frac{1}{1+(\omega/\omega_{\mathrm{c}})^{2N}}$$

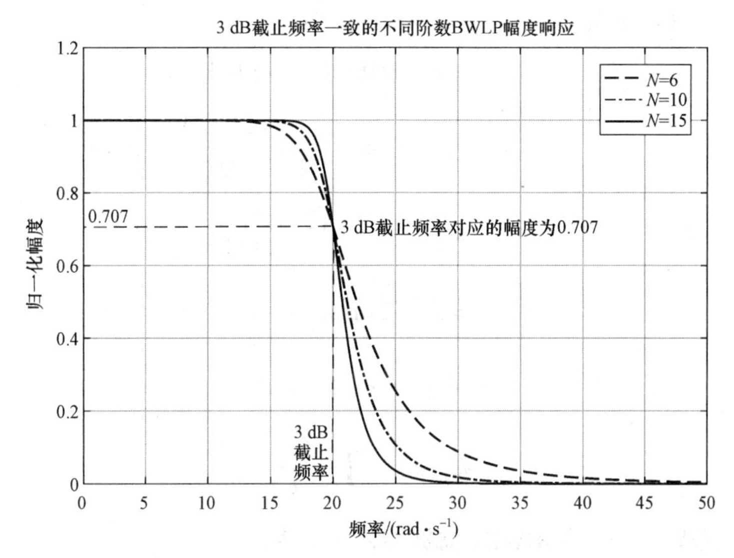

图 6-2　BWLP 频率响应幅度平方函数

代入$\omega=-\mathrm{j}s$关系式，则有

$$H(s)H(-s)=\frac{1}{1+\left[(-\mathrm{j}s)/\omega_{\mathrm{c}}\right]^{2N}} \tag{6-7}$$

（3）当$\omega_{\mathrm{c}}=1$时，则有

$$H_1(s)H_1(-s)=\frac{1}{1+(-\mathrm{j}s)^{2N}} \tag{6-8}$$

求得上式的极点为：

$$s_k=\mathrm{j}\cdot(-1)^{1/(2N)}=\mathrm{e}^{\mathrm{j}\frac{\pi}{2}}\cdot\mathrm{e}^{\mathrm{j}\frac{(2k+1)\pi}{2N}}=\mathrm{e}^{\mathrm{j}\left[\frac{1}{2}+\frac{(2k+1)}{2N}\right]\pi} \tag{6-9}$$

$$k=0,\pm1,\pm2,\pm3,\cdots$$

（4）模拟滤波器因果稳定的充要条件是系统函数极点位于s平面的左半平面，因此选取步骤（3）中位于左半平面的极点来构造系统函数，而位于左半平面的极点相位满足条件式：

$$\frac{1}{2}\pi\leqslant\left[\frac{1}{2}+\frac{(2k+1)}{2N}\right]\pi\leqslant\frac{3}{2}\pi \tag{6-10}$$

即$-\frac{1}{2}\leqslant k\leqslant N-\frac{1}{2}$，$k$取整数得到：$0\leqslant k\leqslant N-1$。

（5）由（4）得知模拟滤波器因果稳定的k值范围是：$0\leqslant k\leqslant N-1$。

由（3）得知$H_1(s)$前半部分极点和后半部分极点的关系为：

$$s_{N-1-k}=\mathrm{e}^{\mathrm{j}\left[\frac{1}{2}+\frac{(2(N-1-k)+1)}{2N}\right]\pi}=\mathrm{e}^{\mathrm{j}\left[\frac{3}{2}+\frac{(-2k-1)}{2N}\right]\pi}=\mathrm{e}^{-\mathrm{j}\left[\frac{1}{2}+\frac{2k+1}{2N}\right]\pi}=s_k^*$$

所以

$$
\begin{aligned}
(s-s_k)(s-s_{N-1-k}) &= (s-s_k)(s-s^*{}_k) \\
&= s^2-2\mathrm{Re}(s_k)\cdot s+|s_k|^2 \\
&= s^2-2\cos\left[\left(\frac{1}{2}+\frac{(2k+1)}{2N}\right)\pi\right]\cdot s+1 \\
&= s^2+2\sin\left[\frac{(2k+1)}{2N}\pi\right]\cdot s+1 \\
&= s^2+2\sin\theta_k\cdot s+1
\end{aligned}
$$

其中$\theta_k=\dfrac{(2k+1)}{2N}\pi$，而$H_1(s)$可以表达成以下形式：

$$H_1(s)=\prod_{k=0}^{N-1}\frac{1}{s-s_k} \tag{6-11}$$

① 当N为偶数时，归一化 BWLP 滤波器表达式为：

$$H_1(s)=\prod_{k=0}^{\frac{N}{2}-1}\frac{1}{s^2+2\sin\theta_k\cdot s+1} \tag{6-12}$$

② 当N为奇数时，归一化 BWLP 滤波器表达式为：

$$H_1(s)=\frac{1}{s-s_{(N-1)/2}}\prod_{k=0}^{\frac{N-1}{2}-1}\frac{1}{s^2+2\sin\theta_k\cdot s+1} \tag{6-13}$$

综上所述，模拟 BWLP 的一般设计步骤为：

（1）由滤波器的设计指标确定滤波器阶数N。

（2）由滤波器的设计指标确定 3 dB 截止频率ω_c。

（3）把阶数N代入式（6－12）或者式（6－13），得到归一化系统函数$H_1(s)$，进而利用式子$H(s)=H_1(s/\omega_c)$确定滤波器的非归一化系统函数$H(s)$。

例 6－1：已知通带截止频率$\omega_p=8\ \text{rad/s}$，通带最大衰减$\alpha_p=1\ \text{dB}$，阻带截止频率$\omega_s=20\ \text{rad/s}$，阻带最小衰减$\alpha_s=35\ \text{dB}$，按照以上技术指标设计巴特沃斯低通滤波器。

解：（1）已知滤波器通带最大衰减为$\alpha_p=-20\lg|H(j\omega_p)|$，阻带最小衰减为$\alpha_s=-20\lg|H(j\omega_s)|$。

（2）由（1）及式（6－3）推导可得

$$N\geqslant\frac{\lg\left(\dfrac{10^{0.1\alpha_p}-1}{10^{0.1\alpha_s}-1}\right)}{2\lg\left(\dfrac{\omega_p}{\omega_s}\right)}$$

而 3 dB 截止频率ω_c可表达为

$$\frac{\omega_p}{\left(10^{0.1\alpha_p}-1\right)^{1/(2N)}}\leqslant\omega_c\leqslant\frac{\omega_s}{\left(10^{0.1\alpha_s}-1\right)^{1/(2N)}}$$

（3）把题中已知条件代入（2），得到 N 和 ω_c 的取值范围：

$$N \geqslant 6 , \quad 8.9535 \leqslant \omega_c \leqslant 10.2182$$

因此，取 $N=6$ ，$\omega_c = 9\ \text{rad/s}$ 。

（4）利用式（6－12）求出归一化 BWLP 的系统函数：

$$H_1(s)=\prod_{k=0}^{2}\frac{1}{s^2+2\sin\theta_k \cdot s+1}, \quad \theta_k=\frac{(2k+1)}{12}\pi$$

$$(0 \leqslant k \leqslant 5)$$

（5）将 $\omega_c = 9\ \text{rad/s}$ 代入式（6－5）得到满足题中条件的非归一化 BWLP 系统函数：

$$H(s)=\prod_{k=0}^{2}\frac{1}{(s/\omega_c)^2+2\sin\theta_k \cdot (s/\omega_c)+1}=\prod_{k=0}^{2}\frac{1}{(s/9)^2+2\sin\theta_k \cdot (s/9)+1}, \quad \theta_k=\frac{(2k+1)}{12}\pi ,$$

$$(0 \leqslant k \leqslant 5)$$

（6）图 6－3 是例 6－1 所设计的 BWLP 频率响应的增益，可以看出在通带和阻带内均能满足通带最大衰减 1 dB 及阻带最小衰减 35 dB 的指标要求。

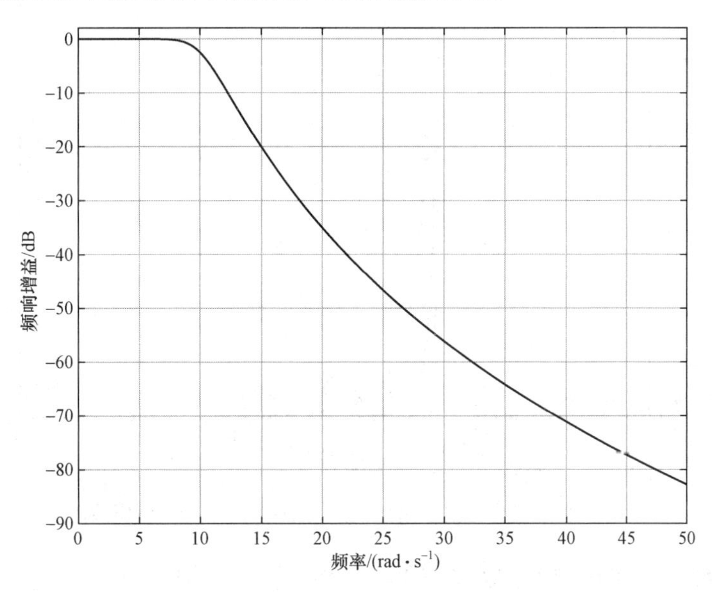

图 6－3 例 6－1 BWLP 频率响应的增益

6.2.2 其他 4 种类型模拟滤波器的简介及比较

1. Chebyshev Ⅰ 型低通滤波器

（1）Chebyshev 多项式。

N 阶 Chebyshev 多项式定义为：

$$C_N(x)=\begin{cases}\cos[N\arccos x], & |x| \leqslant 1\\ \cosh[N\operatorname{arccosh} x], & |x| > 1\end{cases} \tag{6-14}$$

当$|x|\leqslant 1$时，由$C_N(x)$的定义式可得出递推公式：

$$C_{N+1}(x)=2xC_N(x)-C_{N-1}(x) \tag{6-15}$$

其中，$C_0(x)=1$，$C_1(x)=x$。（由$C_N(x)$定义式得知）

当$|x|>1$时，上述递推公式亦成立。

（2）Chebyshev Ⅰ型低通滤波器频率响应的模为：

$$|H(\mathrm{j}\omega)|=\frac{1}{\sqrt{1+\varepsilon^2 C_N^2\left(\frac{\omega}{\omega_\mathrm{c}}\right)}} \tag{6-16}$$

$C_N(x)$是N阶 Chebyshev 多项式，ε和ω_c是滤波器参数。一般 Chebyshev Ⅰ型低通滤波器频率响应的模如图 6–4 所示。

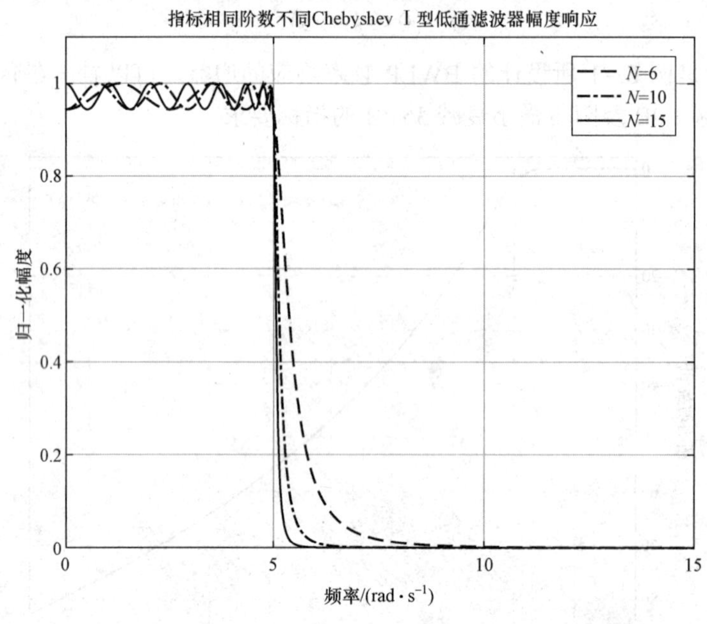

图 6–4　一般 Chebyshev Ⅰ型低通滤波器频率响应的模

需要注意的是，在图 6–4 中使用到 Chebyshev 多项式的性质：

N为偶数时，$|C_N(0)|=1$；N为奇数时，$|C_N(0)|=0$及$|C_N(\pm 1)|=1$。

（3）由式（6–16）可以推导出归一化 Chebyshev Ⅰ型低通滤波器（$\omega_\mathrm{c}=\omega_\mathrm{p}$）。

当N为偶数时，系统函数为：

$$H_1(s)=\prod_{k=0}^{\frac{N}{2}-1}\frac{a_k^2+b_k^2}{s^2-2a_k\cdot s+\left(a_k^2+b_k^2\right)} \tag{6-17}$$

当N为奇数时，系统函数为：

$$H_1(s)=\frac{\sinh(\lambda)}{s+\sinh(\lambda)}\prod_{k=0}^{\frac{N-1}{2}-1}\frac{a_k^2+b_k^2}{s^2-2a_k\cdot s+\left(a_k^2+b_k^2\right)} \tag{6-18}$$

式中

$$a_k=-\sinh(\lambda)\sin\frac{(2k-1)\pi}{2N},\quad b_k=-\cosh(\lambda)\cos\frac{(2k-1)\pi}{2N}$$

$$\lambda=\frac{\operatorname{arcsinh}(1/\varepsilon)}{N},\quad 0\leqslant k\leqslant N-1$$

（4）和 BWLP 设计过程类似，将式（6–17）或式（6–18）代入式（6–5），可以得到非归一化 Chebyshev Ⅰ型低通滤波器系统函数。

例 6–2：设计 Chebyshev Ⅰ型低通滤波器，要求通带截止频率 $\omega_{\mathrm{p}}=5\ \mathrm{rad/s}$，通带最大衰减 $\alpha_{\mathrm{p}}=0.5\ \mathrm{dB}$，阻带截止频率 $\omega_{\mathrm{s}}=12\ \mathrm{rad/s}$，阻带最小衰减 $\alpha_{\mathrm{s}}=40\ \mathrm{dB}$。

解：（1）Chebyshev Ⅰ型低通滤波器频率响应的模在通带范围内存在波动，在阻带范围内是单调下降的，因此滤波器参数 ω_{c} 可取值为 $\omega_{\mathrm{c}}=\omega_{\mathrm{p}}$。

（2）滤波器参数 ε 由通带最大衰减 α_{p} 确定。由式（6–16）可知：

$$\alpha_{\mathrm{p}}=-20\lg\left|H(\mathrm{j}\omega_{\mathrm{p}})\right|=10\lg\frac{1}{\left|H(\mathrm{j}\omega_{\mathrm{p}})\right|^2}=10\lg\left[1+\varepsilon^2C_N^2(\omega_{\mathrm{p}}/\omega_{\mathrm{p}})\right]$$

$$=10\lg\left[1+\varepsilon^2C_N^2(1)\right]=10\lg(1+\varepsilon^2)$$

其中 $C_N(1)=1$。所以 $\varepsilon=\sqrt{10^{0.1\alpha_{\mathrm{p}}}-1}$，代入 $\alpha_{\mathrm{p}}=0.5\ \mathrm{dB}$，求得 $\varepsilon=0.3493$。

（3）滤波器阶数 N 由阻带最小衰减 α_{s} 确定。由式（6–16）可知：

$$-20\lg\left|H(\mathrm{j}\omega_{\mathrm{s}})\right|=10\lg\frac{1}{\left|H(\mathrm{j}\omega_{\mathrm{s}})\right|^2}=10\lg\left[1+\varepsilon^2C_N^2(\omega_{\mathrm{s}}/\omega_{\mathrm{p}})\right]\geqslant\alpha_{\mathrm{s}}$$

由于 $\omega_{\mathrm{s}}/\omega_{\mathrm{p}}>1$，由式（6–14）可知：

$$C_N(\omega_{\mathrm{s}}/\omega_{\mathrm{p}})=\cosh\left[N\operatorname{arccosh}(\omega_{\mathrm{s}}/\omega_{\mathrm{p}})\right]$$

$$10\lg\left\{1+\varepsilon^2\cosh^2\left[N\operatorname{arccosh}(\omega_{\mathrm{s}}/\omega_{\mathrm{p}})\right]\right\}\geqslant\alpha_{\mathrm{s}}$$

所以

$$N\geqslant\frac{\operatorname{arccosh}\left(\frac{1}{\varepsilon}\sqrt{10^{0.1\alpha_{\mathrm{s}}}-1}\right)}{\operatorname{arccosh}(\omega_{\mathrm{s}}/\omega_{\mathrm{p}})}$$

代入 α_{s}、ω_{s}、ω_{p}、ε，求得 N 取值范围为 $N\geqslant5$。

（4）取 $N=5$，代入式（6–18）和式（6–5）得到 Chebyshev Ⅰ型低通滤波器系统函数

$$H_1(s)=\frac{\sinh(\lambda)}{s+\sinh(\lambda)}\prod_{k=0}^{1}\frac{a_k^2+b_k^2}{s^2-2a_k\cdot s+(a_k^2+b_k^2)}$$

$$H(s)=H_1\left(\frac{s}{\omega_{\mathrm{c}}}\right)=\frac{559.1358}{s^5+5.8625s^4+48.4342s^3+163.6968s^2+470.3238s+559.1358}$$

（5）图 6–5 是例 6–2 所设计的 Chebyshev Ⅰ型低通滤波器频率响应的增益，可以看出在通带和阻带内均能满足通带最大衰减 0.5 dB 及阻带最小衰减 40 dB 的指标要求。

2. Chebyshev Ⅱ型低通滤波器

（1）Chebyshev Ⅱ型低通滤波器频率响应的模为：

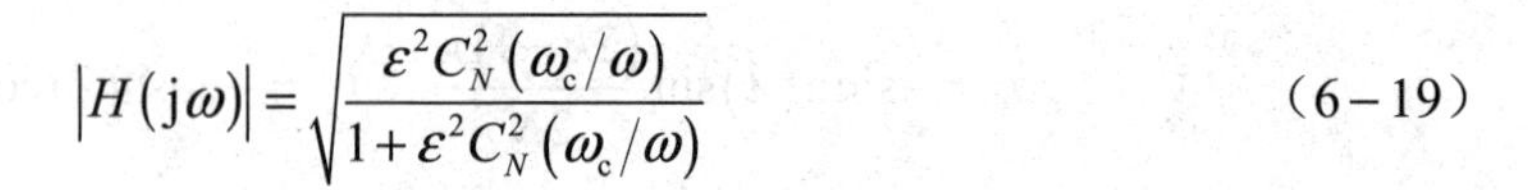

$$\left|H(\mathrm{j}\omega)\right| = \sqrt{\frac{\varepsilon^2 C_N^2(\omega_c/\omega)}{1+\varepsilon^2 C_N^2(\omega_c/\omega)}} \tag{6-19}$$

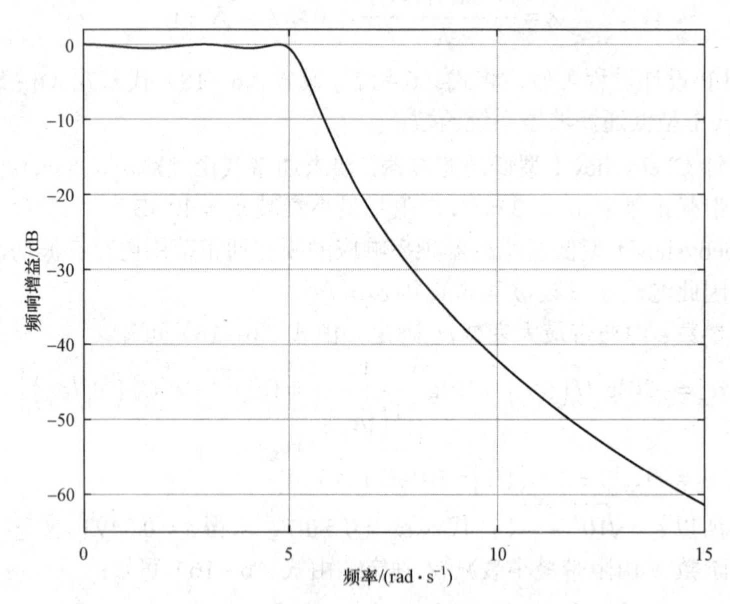

图 6－5　例 6－2 Chebyshev Ⅰ型低通滤波器频率响应的增益

其如图 6－6 所示。$C_N(x)$ 是 N 阶 Chebyshev 多项式，ε 和 ω_c 是滤波器参数。

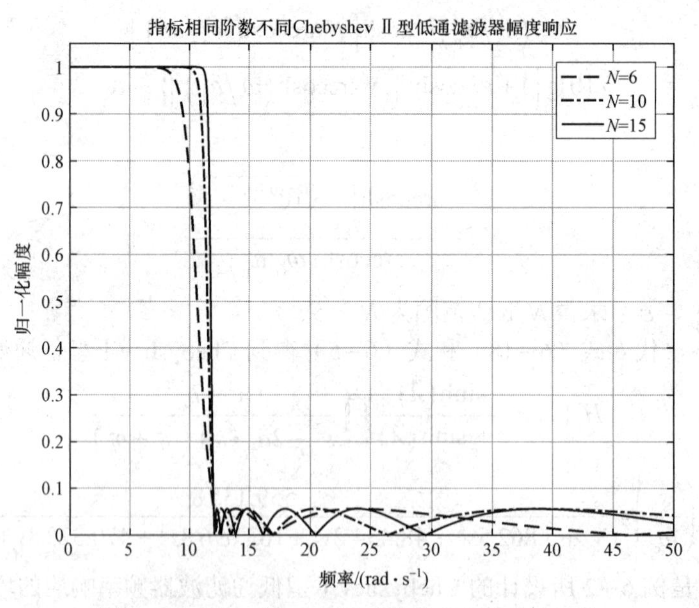

图 6－6　Chebyshev Ⅱ型低通滤波器频率响应的模

（2）由式（6－19）可以推导出归一化 Chebyshev Ⅱ型低通滤波器（$\omega_c = \omega_s$）。当 N 为偶数时，系统函数为：

$$H_1(s)=\prod_{k=0}^{\frac{N}{2}-1}\frac{|c_k|^2/|d_k|^2 s^2+|d_k|^2}{s^2-2\mathrm{Re}(c_k)s+|c_k|^2} \tag{6-20}$$

当 N 为奇数时，系统函数为：

$$H_1(s)=\frac{1/\sinh(\lambda)}{s+1/\sinh(\lambda)}\prod_{k=0}^{\frac{N-1}{2}-1}\frac{|c_k|^2/|d_k|^2 s^2+|d_k|^2}{s^2-2\mathrm{Re}(c_k)s+|c_k|^2} \tag{6-21}$$

式中，$c_k=\dfrac{1}{a_k+\mathrm{j}b_k}$，$d_k=\dfrac{\mathrm{j}}{\cos[(2k-1)\pi/(2N)]}$，$a_k$、$b_k$、$\lambda$ 在归一化 Chebyshev Ⅰ型低通滤波器设计过程中获得，$0\leqslant k\leqslant N-1$。

（3）和 Chebyshev Ⅰ型低通滤波器设计过程类似，将式（6－20）或式（6－21）代入式（6－5），可以得到非归一化 Chebyshev Ⅱ型低通滤波器系统函数。

（4）Chebyshev Ⅱ型低通滤波器设计过程中由阻带截止频率确定 $\omega_\mathrm{c}=\omega_\mathrm{s}$，由阻带最小衰减确定 ε，由通带最大衰减、通带截止频率、阻带截止频率、ε 确定滤波器的阶数 N。

（5）由图 6－4 和图 6－6 可以看出，Chebyshev Ⅰ和 Chebyshev Ⅱ型低通滤波器频率响应的模主要区别在于：Chebyshev Ⅰ型低通滤波器通带存在等波纹振荡，在阻带是单调下降的；Chebyshev Ⅱ型低通滤波器通带是单调下降的，而在阻带等波纹振荡。

例 6－3：设计 Chebyshev Ⅱ型低通滤波器，要求通带截止频率 $\omega_\mathrm{p}=5\ \mathrm{rad/s}$，通带最大衰减 $\alpha_\mathrm{p}=0.5\ \mathrm{dB}$，阻带截止频率 $\omega_\mathrm{s}=12\ \mathrm{rad/s}$，阻带最小衰减 $\alpha_\mathrm{s}=40\ \mathrm{dB}$。

解：（1）Chebyshev Ⅱ型低通滤波器频率响应的模在阻带范围内存在波动，在通带范围内是单调下降的，因此滤波器参数 ω_c 可取值为 $\omega_\mathrm{c}=\omega_\mathrm{s}$。

（2）滤波器参数 ε 由阻带最小衰减 α_s 确定。由式（6－19）可知：

$$\begin{aligned}\alpha_\mathrm{s}&=-20\lg\left|H(\mathrm{j}\omega_\mathrm{s})\right|=10\lg\frac{1}{\left|H(\mathrm{j}\omega_\mathrm{s})\right|^2}=10\lg\frac{1+\varepsilon^2C_N^2(\omega_\mathrm{s}/\omega_\mathrm{s})}{\varepsilon^2C_N^2(\omega_\mathrm{s}/\omega_\mathrm{s})}\\&=10\lg\{[1+\varepsilon^2C_N^2(1)]/[\varepsilon^2C_N^2(1)]\}=10\lg[(1+\varepsilon^2)/\varepsilon^2]\end{aligned}$$

其中 $C_N(1)=1$。所以 $\varepsilon=1\Big/\sqrt{10^{0.1\alpha_\mathrm{s}}-1}$，代入 $\alpha_\mathrm{s}=40\ \mathrm{dB}$，求得 $\varepsilon=0.01$。

（3）滤波器阶数 N 由通带最大衰减 α_p 确定。由式（6－19）可知：

$$-20\lg\left|H(\mathrm{j}\omega_\mathrm{p})\right|=10\lg\frac{1}{\left|H(\mathrm{j}\omega_\mathrm{p})\right|^2}=10\lg\frac{1+\varepsilon^2C_N^2(\omega_\mathrm{s}/\omega_\mathrm{p})}{\varepsilon^2C_N^2(\omega_\mathrm{s}/\omega_\mathrm{p})}\geqslant\alpha_\mathrm{p}$$

由于 $(\omega_\mathrm{s}/\omega_\mathrm{p})>1$，由式（6－14）可知：

$$C_N(\omega_\mathrm{s}/\omega_\mathrm{p})=\cosh[N\operatorname{arccosh}(\omega_\mathrm{s}/\omega_\mathrm{p})]，\quad 10\lg\left(1+\frac{1}{\varepsilon^2\cosh^2[N\operatorname{arccosh}(\omega_\mathrm{s}/\omega_\mathrm{p})]}\right)\geqslant\alpha_\mathrm{p}$$

所以

$$N \geqslant \frac{\operatorname{arccosh}\left(\dfrac{1}{\varepsilon\sqrt{10^{0.1\alpha_p}-1}}\right)}{\operatorname{arccosh}\left(\omega_s/\omega_p\right)}$$

代入 α_p、ω_s、ω_p、ε 求得 N 取值范围为 $N \geqslant 5$。

（4）取 $N=5$，代入式（6－21）和式（6－5）得到 ChebyshevⅡ型低通滤波器系统函数：

$$H_1(s)=\frac{(1/\sinh(\lambda))}{(s+1/\sinh(\lambda))}\prod_{k=0}^{1}\frac{(|c_k|^2/|d_k|^2)(s^2+|d_k|^2)}{s^2-2\operatorname{Re}(c_k)s+|c_k|^2}$$

$$H(s)=H_1\left(\frac{s}{\omega_c}\right)=\frac{0.480\,2s^4+177.194\,0s^2+13\,076}{s^5+20.641\,6s^4+212.921\,9s^3+1\,373.2s^2+5\,592.7s+13\,076}$$

（5）图 6－7 是例 6－3 所设计 ChebyshevⅡ型低通滤波器频率响应增益，可以看出在通带和阻带内均能满足通带最大衰减 0.5 dB 及阻带最小衰减 40 dB 的指标要求。

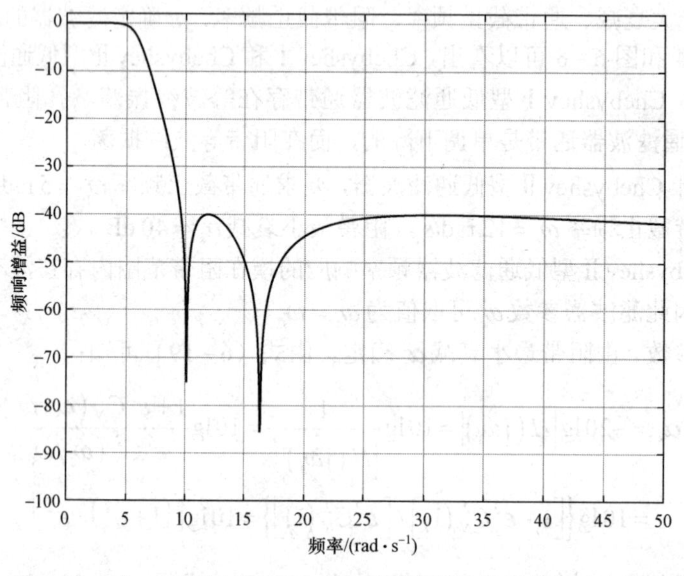

图 6－7　例 6－3 所设计 ChebyshevⅡ型低通滤波器频率响应增益

3. 椭圆低通滤波器

椭圆低通滤波器频率响应的模为：

$$|H(\mathrm{j}\omega)|=\frac{1}{\sqrt{1+\varepsilon^2 E_N^2(\omega/\omega_c)}} \tag{6-22}$$

$E_N(x)$ 是 N 阶雅可比椭圆函数，ε 和 ω_c 是滤波器参数。假设椭圆低通滤波器通带截止频率为 ω_p，通带最大衰减为 α_p，阻带截止频率为 ω_s，阻带最小衰减为 α_s，由雅可比椭圆函数定义式经过推导之后可以得知：

$$\omega_c=\omega_p,\quad \varepsilon=\sqrt{10^{0.1\alpha_p}-1},\quad N=\frac{K(k)K\left(\sqrt{1-k_1^2}\right)}{K(k_1)K\left(\sqrt{1-k^2}\right)}$$

其中

$$k=\omega_{\mathrm{p}}/\omega_{\mathrm{s}}，\quad k_1=\frac{\varepsilon}{\sqrt{10^{0.1\alpha_{\mathrm{s}}}-1}}，\quad K(x)=\int_0^{\frac{\pi}{2}}\frac{1}{\sqrt{1-x^2\sin\phi}}\mathrm{d}\phi$$

$K(x)$为第一类椭圆积分。把ω_{c}、ε、N代入式（6－22），进而求得频率响应和系统函数的具体表达式。

由图 6－8 可以看出椭圆低通滤波器在通带和阻带内均存在等波纹振荡现象，过渡带呈现出较陡的现象。

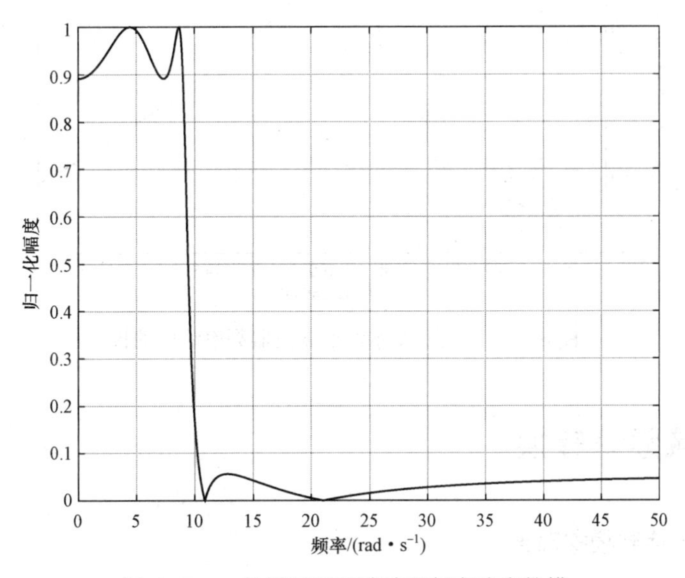

图 6－8　一般椭圆低通滤波器频率响应的模

4. 贝塞尔低通滤波器

贝塞尔低通滤波器频率响应的模为:

$$|H(\mathrm{j}\omega)|=\left|\frac{B_N(0)}{B_N(\mathrm{j}\omega)}\right| \tag{6-23}$$

其中$B_N(x)$是N阶贝塞尔多项式，定义：$B_0(x)=1$，$B_1(x)=x+1$，存在迭代公式：$B_N(x)=(2N-1)B_{N-1}(x)+x^2B_{N-2}(x)$。把贝塞尔多项式$B_N(x)$代入式(6－23)，经过推导之后，贝塞尔低通滤波器频率响应在通频带内可以表达为:

$$H(\mathrm{j}\omega)=K\mathrm{e}^{\mathrm{j}\omega t_0} \tag{6-24}$$

式中，K为正常数，t_0为常数，意味着在通频带内滤波器的相频特性为线性，即群时延恒定，所以位于通频带内的信号经过滤波器滤波后的波形不会失真。在选定阶数和通带截止频率后，就可以确定贝塞尔低通滤波器的系统函数及频率响应，其频率响应的模如图 6－9 所示。

5. 5 种模拟低通滤波器的比较

（1）巴特沃斯滤波器在通带内具有最平坦特性，但是过渡带较宽。

（2）切比雪夫Ⅰ型滤波器过渡带较窄，但是在通带内呈现等波纹振荡。

（3）切比雪夫Ⅱ型滤波器过渡带较窄，但是在阻带内呈现等波纹振荡。

（4）椭圆滤波器过渡带最窄，但是在通带和阻带内均呈现等波纹振荡。

（5）贝塞尔滤波器频率响应的相频特性呈现线性，但是过渡带最宽。

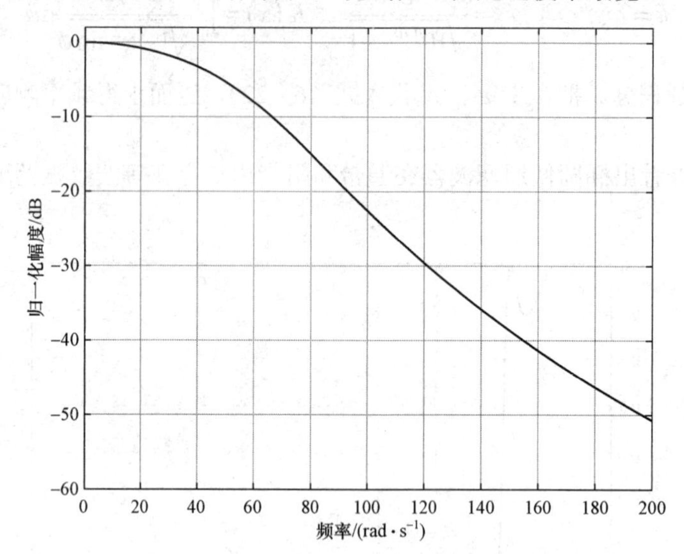

图 6-9　一般贝塞尔低通滤波器频率响应的模

6.2.3　模拟域频率转换

1. 模拟低通转换到模拟高通

假设 $H_{\mathrm{LP}}(s_{\mathrm{L}})$ 为模拟低通滤波器的系统函数，$H_{\mathrm{HP}}(s)$ 为转换得到的模拟高通滤波器系统函数，两者存在如下变换公式：

$$H_{\mathrm{HP}}(s)=H_{\mathrm{LP}}(s_{\mathrm{L}})\Big|_{s_{\mathrm{L}}=\omega_0/s} \tag{6-25}$$

其中，ω_0 是正的参数。

假设 $s=\sigma+\mathrm{j}\omega$ 和 $s_{\mathrm{L}}=\sigma_{\mathrm{L}}+\mathrm{j}\omega_{\mathrm{L}}$，代入 $s_{\mathrm{L}}=\omega_0/s$，得到关系式：

$$s_{\mathrm{L}}=\sigma_{\mathrm{L}}+\mathrm{j}\omega_{\mathrm{L}}=\omega_0/s=\frac{\omega_0(\sigma-\mathrm{j}\omega)}{\sigma^2+\omega^2} \tag{6-26}$$

由上式可以看出 σ 和 σ_{L} 的正负性相同，s 平面的左半平面映射到 s_{L} 平面的左半平面，所以变换前后的滤波器稳定性一致。

把 $s=\mathrm{j}\omega$ 和 $s_{\mathrm{L}}=\mathrm{j}\omega_{\mathrm{L}}$ 代入 $s_{\mathrm{L}}=\omega_0/s$，得到关系式：$\omega_{\mathrm{L}}=-\omega_0/\omega$，假设模拟低通滤波器的通带为 $[0,\ \omega_{\mathrm{p}}]$，则转换得到模拟高通滤波器通带为 $\left(-\infty,\ \dfrac{-\omega_0}{\omega_{\mathrm{p}}}\right]$。

综合上述两方面结论，式（6-25）能够完成模拟低通到模拟高通的频率转换。

例 6-4：已知高通滤波器的技术指标为：通带截止频率 $\omega_{\mathrm{p}}=10\ \mathrm{rad/s}$，阻带截止频率 $\omega_{\mathrm{s}}=5\ \mathrm{rad/s}$，通带最大衰减 $\alpha_{\mathrm{p}}=2\ \mathrm{dB}$，阻带最小衰减 $\alpha_{\mathrm{s}}=30\ \mathrm{dB}$，试用 BWLP 来实现该高通滤波器。

（1）假设式（6-25）中 $\omega_0=1$，则对应的 BWLP 技术指标为：

通带截止频率 $\omega_{\text{Lp}} = \left|-\omega_0 / \omega_{\text{p}}\right| = 0.1\ \text{rad/s}$，阻带截止频率 $\omega_{\text{Ls}} = \left|-\omega_0 / \omega_{\text{s}}\right| = 0.2\ \text{rad/s}$，通带最大衰减 $\alpha_{\text{p}} = 2\ \text{dB}$，阻带最大衰减 $\alpha_{\text{s}} = 30\ \text{dB}$。

（2）由 6.2.1 节内容可知：

BWLP 阶数为 $N = 6$，3 dB 截止频率 $\omega_{\text{c}} = 0.112\,5\ \text{rad/s}$。

得到的系统函数为：

$$H_{\text{LP}}\left(s_{\text{L}}\right) = \frac{2\times10^{-6}}{s_{\text{L}}^6 + 0.434\,6s_{\text{L}}^5 + 0.094\,4s_{\text{L}}^4 + 0.013\,0s_{\text{L}}^3 + 0.001\,2s_{\text{L}}^2 + 0.000\,07s_{\text{L}} + 2\times10^{-6}}$$

（3）代入式（6-25），得到模拟高通滤波器的系统函数：

$$H_{\text{HP}}(s) = H_{\text{LP}}\left(s_{\text{L}}\right)\Big|_{s_{\text{L}}=\omega_0/s} = \frac{s^6}{s^6 + 35s^5 + 600s^4 + 6\,500s^3 + 47\,200s^2 + 217\,300s + 5\times10^5}$$

图 6-10 是例 6-4 所设计的高通滤波器频率响应增益，该滤波器的通带最大衰减和阻带最小衰减均能满足设计要求。

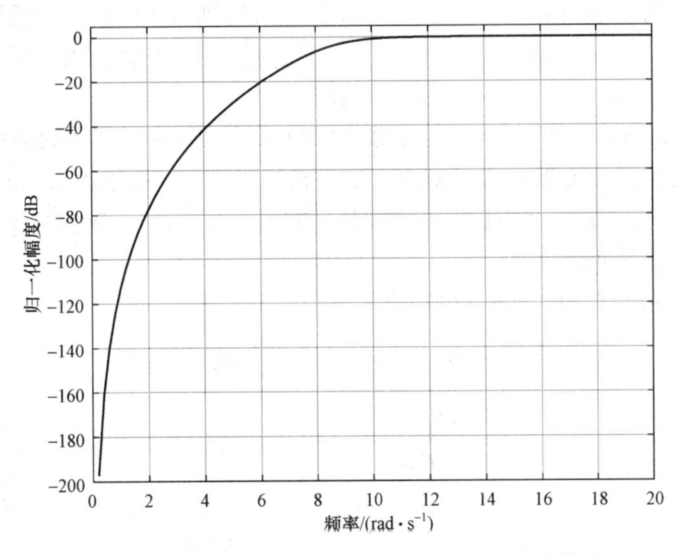

图 6-10　例 6-4 所设计高通滤波器频率响应增益

2. 模拟低通转换到模拟带通

假设 $H_{\text{LP}}\left(s_{\text{L}}\right)$ 为模拟低通滤波器的系统函数，$H_{\text{BP}}(s)$ 为转换得到的模拟带通滤波器系统函数，两者存在如下变换公式：

$$H_{\text{BP}}(s) = H_{\text{LP}}\left(s_{\text{L}}\right)\Big|_{s_{\text{L}}=\left(s^2+\omega_0^2\right)/(Bs)} \tag{6-27}$$

其中，ω_0 和 B 是正的参数。

假设 $s = \sigma + \text{j}\omega$ 和 $s_{\text{L}} = \sigma_{\text{L}} + \text{j}\omega_{\text{L}}$，代入 $s_{\text{L}} = \left(s^2 + \omega_0^2\right)/(Bs)$，得到关系式：

$$\begin{aligned} s_{\text{L}} = \sigma_{\text{L}} + \text{j}\omega_{\text{L}} &= \frac{s^2 + \omega_0^2}{Bs} \\ &= \frac{\sigma}{B}\left(1 + \frac{\omega_0^2}{\sigma^2 + \omega^2}\right) + \text{j}\frac{\omega}{B}\left(1 - \frac{\omega_0^2}{\sigma^2 + \omega^2}\right) \end{aligned} \tag{6-28}$$

由上式可以看出 σ 和 σ_{L} 的正负性相同，s 平面的左半平面映射到 s_{L} 平面的左半平面，所以变换前后的滤波器稳定性一致。

把$s=\mathrm{j}\omega$和$s_{\mathrm{L}}=\mathrm{j}\omega_{\mathrm{L}}$代入$s_{\mathrm{L}}=(s^2+\omega_0^2)/(Bs)$，得到关系式：

$$\omega_{\mathrm{L}}=\frac{\omega^2-\omega_0^2}{B\omega} \tag{6-29}$$

若存在关系式：

$$B=\omega_{\mathrm{p2}}-\omega_{\mathrm{p1}}，\ \omega_0^2=\omega_{\mathrm{p1}}\omega_{\mathrm{p2}} \tag{6-30}$$

则有：

当$\omega=\omega_{\mathrm{p1}}$时，将式（6-30）代入式（6-29）得到$\omega_{\mathrm{Lp1}}=-1$；

同理，$\omega=\omega_{\mathrm{p2}}$时，得到$\omega_{\mathrm{Lp2}}=1$。

换言之，若低通滤波器通带截止频率$\omega_{\mathrm{Lp}}=1$，总是可以通过式（6-29）变换得到带通滤波器，该带通滤波器两个通带截止频率ω_{p1}和ω_{p2}满足式（6-30）。可以假设带通滤波器两个阻带截止频率为ω_{s1}和ω_{s2}，则利用式（6-29）映射到ω_{Ls1}和ω_{Ls2}，低通滤波器的阻带截止频率取值为$\omega_{\mathrm{Ls}}=\min\{|\omega_{\mathrm{Ls1}}|,|\omega_{\mathrm{Ls2}}|\}$，转换后带通滤波器的阻带截止频率更加靠近通带中心频率，所以带通滤波器的阻带最小衰减满足设计指标。

综合上述两方面结论，式（6-27）能够完成模拟低通到模拟带通的频率转换。

例 6-5：已知带通滤波器技术指标为：通带截止频率$\omega_{\mathrm{p1}}=5\ \mathrm{rad/s}$，$\omega_{\mathrm{p2}}=10\ \mathrm{rad/s}$，阻带截止频率$\omega_{\mathrm{s1}}=3\ \mathrm{rad/s}$，$\omega_{\mathrm{s2}}=15\ \mathrm{rad/s}$，通带最大衰减$\alpha_{\mathrm{p}}=2\ \mathrm{dB}$，阻带最小衰减$\alpha_{\mathrm{s}}=30\ \mathrm{dB}$，试用 BWLP 来实现该带通滤波器。

（1）由式（6-30）得知式（6-29）的参数为：

$$B=\omega_{\mathrm{p2}}-\omega_{\mathrm{p1}}=5\ \mathrm{rad/s}，\ \omega_0^2=\omega_{\mathrm{p1}}\omega_{\mathrm{p2}}=50$$

$$\omega_{\mathrm{Ls1}}=\frac{(\omega_{\mathrm{s1}}^2-\omega_0^2)}{B\omega_{\mathrm{s1}}}=-2.733\,3\ (\mathrm{rad/s})$$

$$\omega_{\mathrm{Ls2}}=\frac{(\omega_{\mathrm{s2}}^2-\omega_0^2)}{B\omega_{\mathrm{s2}}}=2.333\,3\ (\mathrm{rad/s})$$

对应 BWLP 阻带截止频率为$\omega_{\mathrm{Ls}}=\min\{|\omega_{\mathrm{Ls1}}|,|\omega_{\mathrm{Ls2}}|\}=2.333\,3\ \mathrm{rad/s}$，通带截止频率$\omega_{\mathrm{Lp}}=1\ \mathrm{rad/s}$，通带最大衰减$\alpha_{\mathrm{p}}=2\ \mathrm{dB}$，阻带最小衰减$\alpha_{\mathrm{s}}=30\ \mathrm{dB}$。

（2）由例 6-1 可知：BWLP 阶数为$N=5$，3 dB 截止频率$\omega_{\mathrm{c}}=1.169\,5\ \mathrm{rad/s}$。

得到的系统函数为：

$$H_{\mathrm{LP}}(s_{\mathrm{L}})=\frac{2.188\,1}{s_{\mathrm{L}}^5+3.784\,7s_{\mathrm{L}}^4+7.162\,0s_{\mathrm{L}}^3+8.376\,2s_{\mathrm{L}}^2+6.054\,4s_{\mathrm{L}}+2.188\,1}$$

（3）代入式（6-27），得到模拟高通滤波器的系统函数：

$$\begin{aligned}H_{\mathrm{BP}}(s)&=H_{\mathrm{LP}}(s_{\mathrm{L}})\big|_{s_{\mathrm{L}}=(s^2+\omega_0^2)/(Bs)}\\&=6\,837.9s^5\times(s^{10}+18.923\,5s^9+425.241\,0s^8+4\,774.1s^7+54\,476s^6+385\,220s^5+\\&\quad 2.682\,3\times10^6s^4+1.157\,4\times10^7s^3+5.076\,3\times10^7s^2+1.112\,3\times10^8s+2.894\,1\times10^8)^{-1}\end{aligned}$$

图 6-11 是例 6-5 所设计的带通滤波器频率响应增益，该滤波器的通带最大衰减和阻带

最小衰减均能满足设计要求。

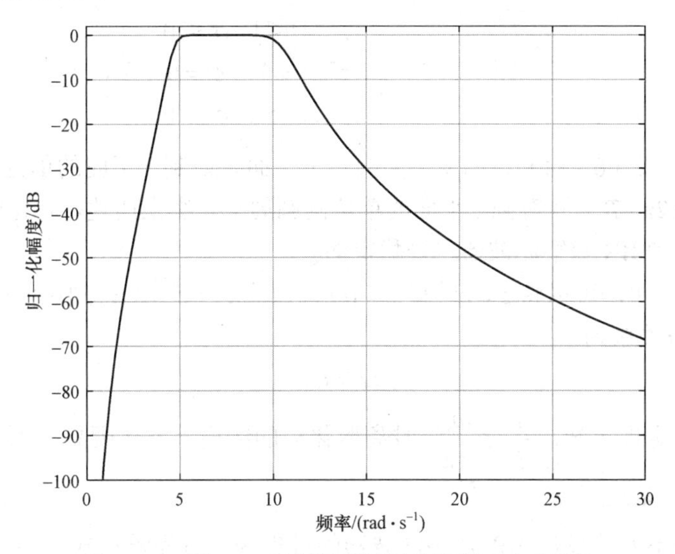

图 6–11　例 6–5 所设计带通滤波器频率响应增益

6.3　脉冲响应不变法设计 IIR 数字低通滤波器

脉冲响应不变法设计 IIR 数字低通滤波器的基本原理是将模拟滤波器单位冲激响应 $h(t)$ 直接通过离散化得到数字滤波器的单位脉冲响应 $h(n)=h(t)\big|_{t=nT}$。而 $h(t)$ 拉普拉斯变换是模拟滤波器的系统函数 $H(s)$，$h(n)$ 的 z 变换则是数字滤波器的系统函数 $H(z)$，因此可以通过对比 $H(s)$ 和 $H(z)$ 的表达式，寻求出从 s 平面到 z 平面的映射关系，同时验证映射关系的合理性。

（1）假设模拟低通滤波器系统函数 $H(s)=\sum\limits_{k=1}^{N}\dfrac{a_k}{s-s_k}$，$s_k$ 为极点，a_k 是常数，N 为极点个数。由拉普拉斯反变换可以得到单位冲激响应：

$$h(t)=\sum_{k=1}^{N}a_k e^{s_k t}u(t) \tag{6-31}$$

对 $h(t)$ 进行直接离散化采样得到单位脉冲响应 $h(n)=h(t)\big|_{t=nT}$，对 $h(n)$ 进行 z 变换得到数字滤波器的系统函数 $H(z)=\sum\limits_{k=1}^{N}\dfrac{a_k}{1-e^{s_k T}z^{-1}}$，得到极点为 $z_k=e^{s_k T}$，T 是采样周期，$H(s)$ 和 $H(z)$ 的映射关系为：

$$\frac{1}{s-s_k}\to\frac{1}{1-e^{s_k T}z^{-1}} \tag{6-32}$$

（2）对比 $H(s)$ 和 $H(z)$ 的表达式，可以得知 s_k 和 z_k 映射关系为 $z_k=e^{s_k T}$，即 s 平面到 z 平面的映射关系为

$$z=e^{sT} \tag{6-33}$$

（3）由式（6–33）来验证映射关系合理性。假设 $s=\sigma+j\omega$，则有关系式：

$$z=e^{(\sigma+j\omega)T}=e^{\sigma T}e^{j\omega T}$$

因此

$$|z|=\left|e^{(\sigma+j\omega)T}\right|=e^{\sigma T}\begin{cases}<1, & \sigma<0\\=1, & \sigma=0\\>1, & \sigma>0\end{cases} \tag{6-34}$$

式（6-33）和式（6-34）说明 s 平面的左半平面映射到 z 平面的单位圆内，而 s 平面的虚轴分段（长度为 $2\pi/T$）映射到 z 平面的单位圆圆周上。综上所述，稳定的模拟滤波器通过脉冲响应不变法得到 IIR 数字滤波器也是稳定的。

（4）由（3）可知，可以将 $z=e^{j\Omega}$ 和 $s=j\omega$ 代入式 $z=e^{sT}$，得到 $e^{j\Omega}=e^{j\omega T}$，确定数字频率 Ω 和模拟频率 ω 关系为：

$$\Omega=\omega T \tag{6-35}$$

另外根据采样定理可知，$\dfrac{1}{T}\geqslant\dfrac{\omega_{\max}}{\pi}$ 时离散化后的频谱不发生混叠，所以可以得到数字频率有效范围是 $|\Omega|\leqslant\pi$。

（5）脉冲响应不变法设计 IIR 数字滤波器的过程为：首先根据式（6-35）将数字滤波器技术指标转化为模拟滤波器技术指标，利用 6.2 节内容设计对应的模拟滤波器。得到模拟滤波器系统函数 $H(s)$ 之后，利用式（6-32）或式（6-33）代入得到 IIR 数字滤波器。

例 6-6：已知模拟低通滤波器系统函数为

$$H(s)=\frac{1}{(s+2)(s+3)}$$

采用脉冲响应不变法将其转换为 IIR 数字滤波器（T=1s）。

解：

（1）原模拟滤波器的系统函数可写为：

$$H(s)=\frac{1}{s+2}-\frac{1}{s+3}$$

（2）利用式（6-32）可得出 IIR 数字滤波器为：

$$\begin{aligned}H(z)&=\frac{1}{1-e^{-2}z^{-1}}-\frac{1}{1-e^{-3}z^{-1}}\\&=\frac{0.0855z^{-1}}{1-0.1851z^{-1}+0.0067z^{-2}}\end{aligned}$$

（3）由图 6-12 可以看出在已知模拟滤波器系统函数的前提下，脉冲响应不变法转换得到的数字滤波器能够实现低通滤波的功能。

例 6-7：已知数字低通滤波器的技术指标为：通带截止频率 $\Omega_p=1\,\text{rad}$，阻带截止频率 $\Omega_s=2.8\,\text{rad}$，通带最大衰减 $\alpha_p=2\,\text{dB}$，阻带最小衰减 $\alpha_p=30\,\text{dB}$。试用脉冲响应不变法设计该滤波器（T=1s）。

解：

（1）选择巴特沃斯低通滤波器作为脉冲响应不变法的模拟滤波器原型。

（2）由式（6-35）得到模拟滤波器的技术指标：

通带截止频率 $\omega_p=1\,\text{rad/s}$，阻带截止频率 $\omega_s=2.8\,\text{rad/s}$，而通带最大衰减和阻带最小衰减两个指标不变：$\alpha_p=2\,\text{dB}$，$\alpha_s=30\,\text{dB}$。

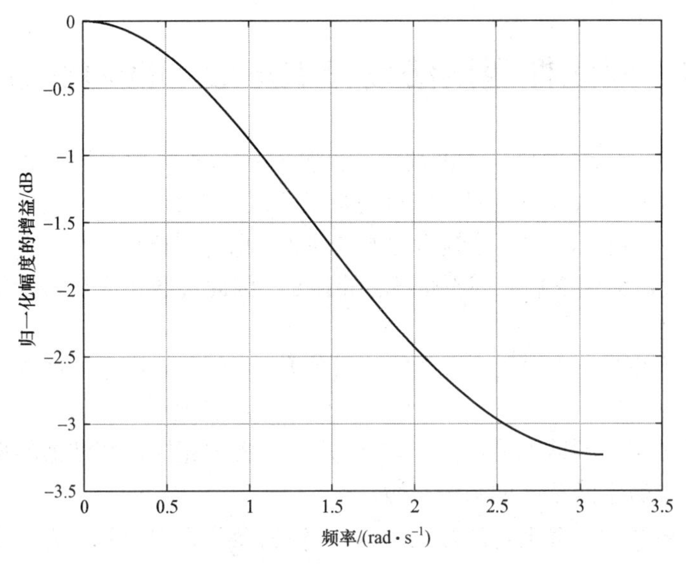

图 6－12　例 6－6 脉冲响应不变法得到数字滤波器的增益

（3）由例 6－1 可知：BWLP 的阶数 $N=4$，3 dB 截止频率 $\omega_c=1.180\,9$（取 ω_p 和 α_p 计算），代入式（6－12）和式（6－5），得到 BWLP 系统函数为：

$$H(s)=\frac{1.944\,7}{s^4+3.085\,8s^3+4.761\,2s^2+4.303\,3s+1.944\,7}$$

（4）对（3）中得到的系统函数进行部分分式展开，利用式（6－32）得到数字滤波器的系统函数：

$$H(z)=\frac{0.140\,4z^{-1}+0.246\,0z^{-2}+0.030\,3z^{-3}}{1-1.191\,8z^{-1}+0.872\,9z^{-2}-0.311\,0z^{-3}+0.045\,7z^{-4}}$$

（5）由图 6－13 可以看出在给出设计指标前提下，脉冲响应不变法转换得到的数字滤波器能够按指标实现低通滤波的功能。

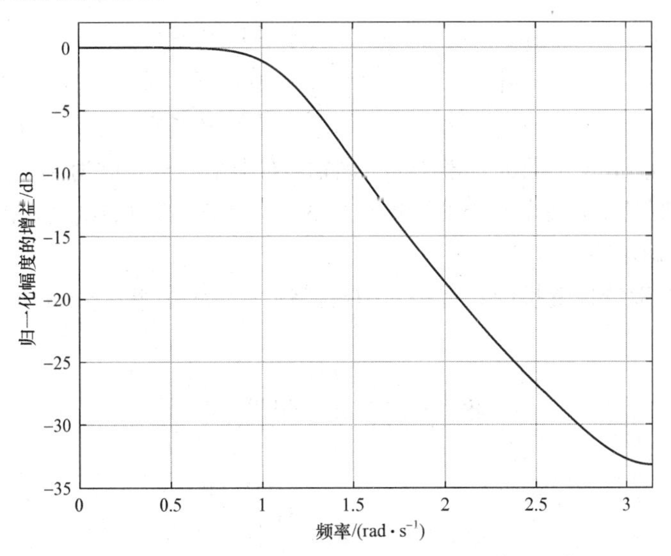

图 6－13　例 6－7 脉冲响应不变法得到数字滤波器的增益

6.4 双线性变换法设计 IIR 数字低通滤波器

脉冲响应不变法是直接对模拟滤波器单位冲激响应 $h(t)$ 离散采样得到数字滤波器单位脉冲响应 $h(n)$。根据采样定理可知，假设信号是带限的，当采样频率大于等于信号最高频率（或带宽）的两倍时，能够避免离散信号频谱的混叠现象，保持采样前后信号频谱不失真。但是在实际当中，模拟滤波器的频率响应都不是严格带限的，因此离散化之后得到的数字滤波器频率响应将会出现失真。

观察脉冲响应不变法 s 平面到 z 平面的映射关系，可以得知两个平面并不是一一对应地进行映射。双线性变换法是一种 s 平面到 z 平面实现一一对应映射的滤波器设计方法，能够消除脉冲响应不变法所带来的频谱混叠现象，其数学原理是将描述模拟滤波器的微分方程用差分方程来逼近，进而获得数字滤波器的系统函数。

（1）假设描述模拟滤波器系统函数为 $H(s)$，根据微分方程用差分方程来逼近的推导过程可得到对应数字滤波器系统函数为

$$H(z)=H(s)\Big|_{s=c\frac{1-z^{-1}}{1+z^{-1}}}$$

其中 $c=2/T$，T 为采样周期，映射法则为：

$$s=c\frac{1-z^{-1}}{1+z^{-1}} \tag{6-36}$$

式（6-36）称为 IIR 数字滤波器设计的双线性变换。

（2）由式（6-36）做变换可得到：

$$z=(c+s)/(c-s) \tag{6-37}$$

假设 $s=\sigma+\mathrm{j}\omega$，代入上式有：

$$z=(c+\sigma+\mathrm{j}\omega)/(c-\sigma-\mathrm{j}\omega) \tag{6-38}$$

因此

$$|z|=\sqrt{\frac{(c+\sigma)^2+\omega^2}{(c-\sigma)^2+\omega^2}}\begin{cases}<1,\ \sigma<0\\=1,\ \sigma=0\\>1,\ \sigma>0\end{cases} \tag{6-39}$$

由式（6-39）得知：s 平面的左半平面、虚轴、右半平面分别映射到 z 平面的单位圆内部、单位圆圆周、单位圆外部，属于一一对应的映射关系，所以稳定模拟滤波器由双线性变换得到的数字滤波器也是稳定的。

（3）为了明确在双线性变换中数字频率和模拟频率的关系，将 $s=\mathrm{j}\omega$ 和 $z=\mathrm{e}^{\mathrm{j}\Omega}$ 代入式（6-36），得到

$$\mathrm{j}\omega=c\frac{1-\mathrm{e}^{-\mathrm{j}\Omega}}{1+\mathrm{e}^{-\mathrm{j}\Omega}}=c\mathrm{j}\tan\left(\frac{\Omega}{2}\right) \tag{6-40}$$

所以

$$\omega=c\tan\left(\frac{\Omega}{2}\right) \tag{6-41}$$

当 $\omega\in(-\infty,+\infty)$ 时，$\Omega\in(-\pi,\pi)$，可以看出数字频率 Ω 和模拟频率 ω 是一一对应的映射关

系，消除了脉冲响应不变法的频谱混叠现象。但是式（6−41）同时说明了两种频率之间的非线性关系。

（4）双线性变换法设计 IIR 数字滤波器的过程为：首先根据式（6−41）将数字滤波器技术指标转化为模拟滤波器技术指标，利用 6.2 节内容设计对应的模拟滤波器。得到模拟滤波器系统函数 $H(s)$ 之后，利用式（6−36）代入得到 IIR 数字滤波器系统函数 $H(z)$。

例 6−8：已知模拟低通滤波器系统函数为

$$H(s)=\frac{1}{(s+2)(s+3)}$$

采用双线性变换法将其转换为 IIR 数字滤波器（T=1s）。

解：

（1）利用式（6−36）可得出 IIR 数字滤波器为：

$$H(z)=H(s)\Big|_{s=c\frac{1-z^{-1}}{1+z^{-1}}}=\frac{0.083\,3\left(1+z^{-1}\right)^2}{1+0.833\,3z^{-1}+0.166\,7z^{-2}}$$

（2）由图 6−14 可以看出在已知模拟滤波器系统函数的前提下，双线性变换法转换得到的数字滤波器能够实现低通滤波的功能。

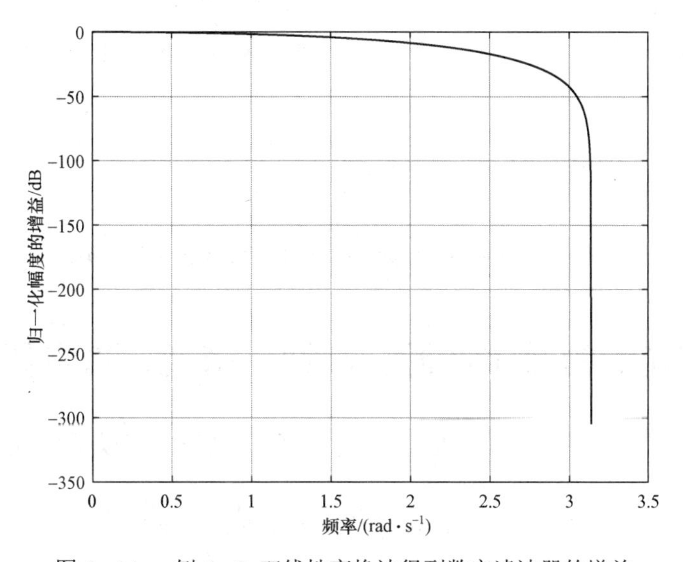

图 6−14　例 6−8 双线性变换法得到数字滤波器的增益

例 6−9：已知数字低通滤波器的技术指标为：通带截止频率 $\Omega_p=1\,\text{rad}$，阻带截止频率 $\Omega_s=2.8\,\text{rad}$，通带最大衰减 $\alpha_p=2\,\text{dB}$，阻带最小衰减 $\alpha_s=30\,\text{dB}$。试用双线性变换法设计该滤波器（T=1s）。

解：

（1）选择巴特沃斯低通滤波器作为双线性变换法的模拟滤波器原型。

（2）由式（6−41）得到模拟滤波器的技术指标：

通带截止频率 $\omega_p=1.09\,\text{rad/s}$，阻带截止频率 $\omega_s=11.6\,\text{rad/s}$。

而通带最大衰减和阻带最小衰减两个指标不变：$\alpha_p=2\,\text{dB}$，$\alpha_s=30\,\text{dB}$。

（3）由例 6−1 可知：BWLP 的阶数 $N=2$，3 dB 截止频率 $\omega_c=2.063\,3$（取 ω_p 和 α_p 计算），代入式（6−12）和式（6−5），得到 BWLP 系统函数为：

$$H(s)=\frac{4.2573}{s^2+2.9180s+4.2573}$$

（4）利用式（6-36）得到数字滤波器的系统函数：

$$H(z)=\frac{0.3021\left(1+z^{-1}\right)^2}{1+0.0365z^{-1}+0.1718z^{-2}}$$

（5）由图 6-15 可以看出在给出设计指标前提下，双线性变换法转换得到的数字滤波器能够按指标实现低通滤波的功能。

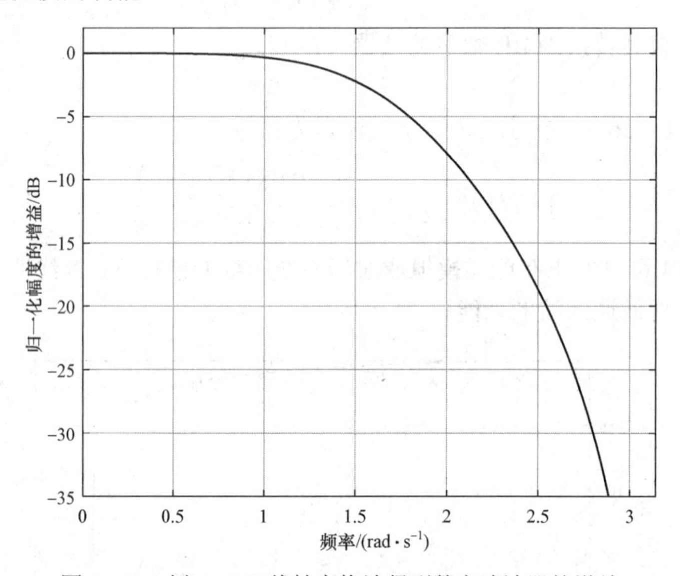

图 6-15　例 6-9 双线性变换法得到数字滤波器的增益

6.5　频带变换法的数字低通、高通、带通、带阻滤波器的设计

要设计给定指标的数字低通、高通、带通、带阻滤波器，可以采取前面所讲述的方法来进行设计，即：

（1）先把数字滤波器的技术指标通过脉冲响应不变法或者双线性变换法转化为模拟滤波器指标。

（2）通过模拟域频率变换方法设计模拟原型低通滤波器，进而获得模拟低通、高通、带通、带阻滤波器。

（3）采取脉冲响应不变法或双线性变换法对模拟滤波器进行变换，最终得到给定指标的数字低通、高通、带通、带阻滤波器。

在某些情况下，我们已经获得数字原型低通滤波器的系统函数，根据数字低通、高通、带通、带阻滤波器和数字原型低通滤波器频率响应特性的区别，例如高通滤波器频率响应的幅度特性是由低通滤波器频率响应的幅度特性分别向左右两个方向平移 π 之后叠加得到，经过数学公式推导，可以获得数字原型低通滤波器和各种类型数字滤波器的直接变换关系。

假设数字原型低通滤波器的系统函数为 $H_{\mathrm{LP}}(z)$，变换后得到其他类型数字滤波器的系统函数为 $H_{\mathrm{D}}(J)$，两者的变换关系为：

$$H_{\mathrm{D}}(J)=H_{\mathrm{LP}}(z)\Big|_{z^{-1}=F\left(J^{-1}\right)} \tag{6-42}$$

其中，$F(\bullet)$是表示某种映射法则，当取$z=\mathrm{e}^{\mathrm{j}\phi}$和$J=\mathrm{e}^{\mathrm{j}\omega}$时，就可以获得变换前后的频率响应特性，因而称为数字域频带变换法。数字原型低通滤波器和各种类型数字滤波器的变换关系如表 6-1 所示，z平面和J平面的数字频率分别用ϕ和ω表示，ϕ_{c}表示变换前数字原型低通滤波器通带截止频率。

表 6-1　数字原型低通滤波器和各种类型数字滤波器的变换关系

变换类型	映射法则	参数定义
数字低通 | 数字低通	$z^{-1}=\dfrac{J^{-1}-\gamma}{1-\gamma J^{-1}}$	$\gamma=\sin\left(\dfrac{\phi_{\mathrm{c}}-\omega_{\mathrm{c}}}{2}\right)\Big/\sin\left(\dfrac{\phi_{\mathrm{c}}+\omega_{\mathrm{c}}}{2}\right)$ ω_{c}是变换后数字低通滤波器的通带截止频率
数字低通 | 数字高通	$z^{-1}=-\left(\dfrac{J^{-1}+\gamma}{1+\gamma J^{-1}}\right)$	$\gamma=-\cos\left(\dfrac{\phi_{\mathrm{c}}+\omega_{\mathrm{c}}}{2}\right)\Big/\cos\left(\dfrac{\phi_{\mathrm{c}}-\omega_{\mathrm{c}}}{2}\right)$ ω_{c}是变换后数字高通滤波器的通带截止频率
数字低通 | 数字带通	$z^{-1}=-\dfrac{J^{-2}-\dfrac{2\gamma\lambda}{\lambda+1}J^{-1}+\dfrac{\lambda-1}{\lambda+1}}{\dfrac{\lambda-1}{\lambda+1}J^{-2}-\dfrac{2\gamma\lambda}{\lambda+1}J^{-1}+1}$	$\gamma=\cos\left(\dfrac{\omega_{\mathrm{H}}+\omega_{\mathrm{L}}}{2}\right)\Big/\cos\left(\dfrac{\omega_{\mathrm{H}}-\omega_{\mathrm{L}}}{2}\right)$ $\lambda=\cot\left(\dfrac{\omega_{\mathrm{H}}-\omega_{\mathrm{L}}}{2}\right)\tan\dfrac{\phi_{\mathrm{c}}}{2}$ ω_{H}、ω_{L}分别表示变换后数字带通滤波器通带上、下截止频率
数字低通 | 数字带阻	$z^{-1}=\dfrac{J^{-2}-\dfrac{2\gamma}{1+\lambda}J^{-1}+\dfrac{1-\lambda}{1+\lambda}}{\dfrac{1-\lambda}{1+\lambda}J^{-2}-\dfrac{2\gamma}{1+\lambda}J^{-1}+1}$	$\gamma=\cos\left(\dfrac{\omega_{\mathrm{H}}+\omega_{\mathrm{L}}}{2}\right)\Big/\cos\left(\dfrac{\omega_{\mathrm{H}}-\omega_{\mathrm{L}}}{2}\right)$ $\lambda=\tan\left(\dfrac{\omega_{\mathrm{H}}-\omega_{\mathrm{L}}}{2}\right)\tan\dfrac{\phi_{\mathrm{c}}}{2}$ ω_{H}、ω_{L}分别表示变换后数字带阻滤波器通带上、下截止频率

6.6　本章内容的 Matlab 实现

6.6.1　模拟低通滤波器设计的 Matlab 实现

模拟低通滤波器可以调用多个 Matlab 函数来进行设计。第一步将模拟滤波器指标作为参数代入对应函数，通过函数返回值可以获得模拟滤波器的阶数和特征频率（贝塞尔模拟低通滤波器例外）；第二步将阶数和特征频率代入另一函数，通过函数返回值可以获得模拟滤波器系统函数分子分母多项式的系数，代入 s 因子和 $s=\mathrm{j}\omega$ 即可获得系统函数和频率响应。常用的模拟低通滤波器 Matlab 设计函数如表 6－2 所示。

表 6－2　常用的模拟低通滤波器 Matlab 设计函数

函数类型	函数格式及参数含义
巴特沃斯 （1）buttord （2）butter	[N，fc]=buttord(wp，ws，Ap，As，'s'); [B，A]=butter(N，fc，'s'); buttord 函数的参数含义：ω_p 为通带截止频率，ω_s 为阻带截止频率，A_p 为通带最大衰减，A_s 为阻带最小衰减，'s'表示设计模拟滤波器，buttord 函数返回滤波器阶数 N 和 3 dB 截止频率 f_c; butter 函数的参数含义：N 为滤波器阶数，f_c 为 3 dB 截止频率，'s'表示设计模拟滤波器，butter 函数返回模拟滤波器系统函数分子多项式系数矩阵 $\boldsymbol{B}$ 和分母多项式系数矩阵 $\boldsymbol{A}$
切比雪夫 I 型 （1）cheb1ord （2）cheby1	[N，fc]=cheb1ord(wp，ws，Ap，As，'s'); [B，A]=cheby1(N，Ap，fc，'s'); 其中 $f_c=\omega_p$，其余参数含义同上
切比雪夫 Ⅱ 型 （1）cheb2ord （2）cheby2	[N，fc]=cheb2ord(wp，ws，Ap，As，'s'); [B，A]=cheby2(N，As，fc，'s'); 其中 f_c 为满足阻带衰减指标的阻带截止频率最小值，亦可直接取 $f_c=\omega_s$，其余参数含义同上
椭圆 （1）ellipord （2）ellip	[N，fc]=ellipord(wp，ws，Ap，As，'s'); [B，A]=ellip(N，Ap，As，fc，'s'); 其中 $f_c=\omega_p$，其余参数含义同上
贝塞尔 besself	[B，A]=besself(N，wo); 其中 ω_o 表示贝塞尔低通滤波器频率响应群时延为常数的最高频率，即在[0，ω_o]频率范围之间的信号分量时延相同，滤波器输出波形不失真； 参数含义同上

例 6－10：已知通带截止频率 $\omega_p=10\ \mathrm{rad/s}$，通带最大衰减 $\alpha_p=2\ \mathrm{dB}$，阻带截止频率 $\omega_s=15\ \mathrm{rad/s}$，阻带最小衰减 $\alpha_s=40\ \mathrm{dB}$。按照以上技术指标采用 Matlab 设计巴特沃斯低通滤波器，其运行图像如图 6－16 所示。

解：

```
clc;
clear all;
wp=10;ws=15;Ap=2;As=40;   %输入滤波器指标
[N，fc]=buttord(wp，ws，Ap，As，'s'); %计算阶数 N 和 3 dB 截止频率
[B，A]=butter(N，fc，'s'); %设计巴特沃斯低通滤波器
w=linspace(0，50，1 000);
h=freqs(B，A，w);
figure
plot(w，20*log10(abs(h)/abs(h(1))))
```

```
title('例 6-10  BWLP 频率响应增益');
grid;
xlabel('频率/(rad/s)');
ylabel('频率响应增益 / (dB)');
```

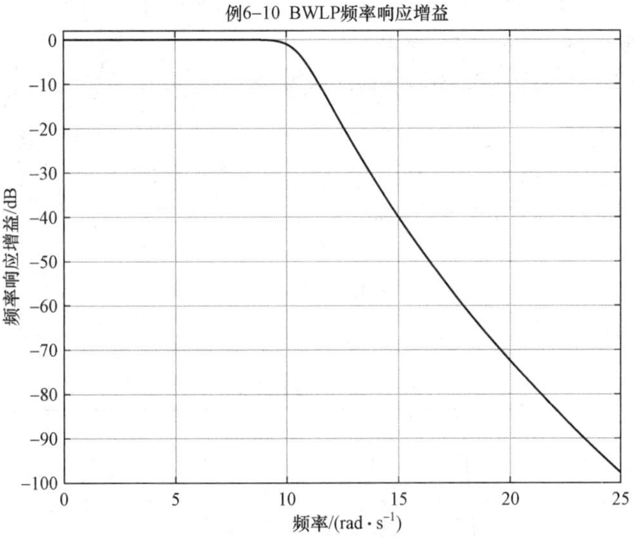

图 6-16　例 6-10 采用 Matlab 设计巴特沃斯低通滤波器的增益

6.6.2　模拟域频率变换的 Matlab 实现

利用已知的模拟低通滤波器进行频率变换，可以获得其他类型的模拟滤波器。常用的模拟域频率变换的 Matlab 设计函数如表 6-3 所示。其中 *num* 和 *den* 表示变换前系统函数的分子和分母多项式系数，*NUM* 和 *DEN* 表示变换后系统函数的分子和分母多项式系数。

表 6-3　常用的模拟域频率变换 Matlab 设计函数

变换类型	函数格式	参数含义
低通—低通	[NUM，DEN]=lp2lp(num，den，wo)	ω_0 为取正值的参数
低通—高通	[NUM，DEN]=lp2hp(num，den，wo)	ω_0 为取正值的参数
低通—带通	[NUM，DEN]=lp2bp(num，den，wo，B)	ω_0 为通带中心频率，*B* 为通带带宽
低通—带阻	[NUM，DEN]=lp2bs(num，den，wo，B)	ω_0 为阻带中心频率，*B* 为阻带带宽

例 6-11： 已知带通滤波器技术指标为：通带截止频率 $\omega_{p1}=6\ \mathrm{rad/s}$，$\omega_{p2}=10\ \mathrm{rad/s}$，阻带截止频率 $\omega_{s1}=4\ \mathrm{rad/s}$，$\omega_{s2}=12\ \mathrm{rad/s}$，通带最大衰减 $\alpha_p=1\ \mathrm{dB}$，阻带最小衰减 $\alpha_s=35\ \mathrm{dB}$，试用 Matlab 模拟域频率变换函数及 BWLP 来实现该带通滤波器，其运行图像如图 6-17 所示。

解：

```
clc;
```

```
clear all;
w=linspace(0, 30, 100);
[N, wc]=buttord(1, 1.75, 1, 35, 's');
%由式（6-29）计算巴特沃斯低通滤波器的阻带截止频率
[num, den]=butter(N, wc, 's');
[NUM, DEN]=lp2bp(num, den, 7.75, 4);
%由式（6-30）计算带通滤波器的通带带宽及中心频率
h1=freqs(NUM, DEN, w);
plot(w, 20*log10(abs(h1)/max(abs(h1))));
title('例 6-11 带通滤波器的频率响应增益');
grid;
xlabel('频率/(rad/s)');
ylabel('归一化幅度(dB)');
```

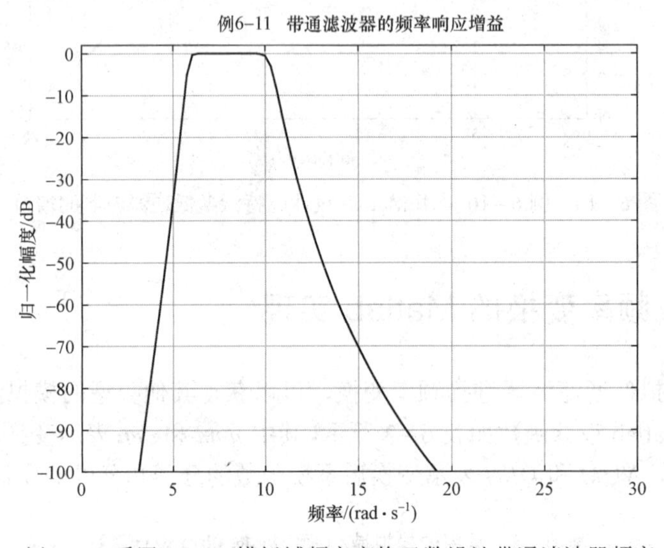

图 6-17 例 6-11 采用 Matlab 模拟域频率变换函数设计带通滤波器频率响应增益

6.6.3 脉冲响应不变法设计 IIR 数字低通滤波器的 Matlab 实现

脉冲响应不变法设计数字滤波器思路为：先利用式（6-35）将数字滤波器指标转化为模拟滤波器指标，设计对应的模拟滤波器，将式(6-32)代入求得数字滤波器。Matlab 的 impinvar 函数用于脉冲响应不变法设计，使用格式为：

```
[numd, dend]=impinvar(num, den, 1/T)
```

其中，***num*** 和 ***den*** 是模拟滤波器系统函数的分子和分母多项式系数矩阵，T 为采样周期，***numd*** 和 ***dend*** 是数字滤波器系统函数的分子和分母多项式系数矩阵。

例 6-12：已知数字低通滤波器的技术指标为：通带截止频率 $\Omega_p = 2\,\text{rad}$，阻带截止频率 $\Omega_s = 2.6\,\text{rad}$，通带最大衰减 $\alpha_p = 1\,\text{dB}$，阻带最小衰减 $\alpha_s = 38\,\text{dB}$。试用脉冲响应不变法的 Matlab 设计函数实现该数字低通滤波器设计（T=1s），其运行图像如图 6-18 所示。

解：

```
clc;
clear all;
w=linspace(0，pi，1 024);
[N，wc]=buttord(2，2.6，1，38，'s');
%采用式（6-35）完成数字频率到模拟频率的转换
[num，den]=butter(N，wc，'s');
%采用巴特沃斯低通滤波器设计模拟滤波器
[numd，dend]=impinvar(num，den，1);
% 利用 impinvar 函数完成脉冲响应不变法的设计，采样周期 T=1s
h2=freqz(numd，dend，w);
%freqz 函数计算数字滤波器在[0 π]范围内的频率响应
plot(w，20*log10(abs(h2)/max(abs(h2))));
title('例 6-12 脉冲响应不变法得到数字滤波器增益 ');
grid;
xlabel('频率/(rad)');
ylabel('归一化幅度的增益/(dB)');
```

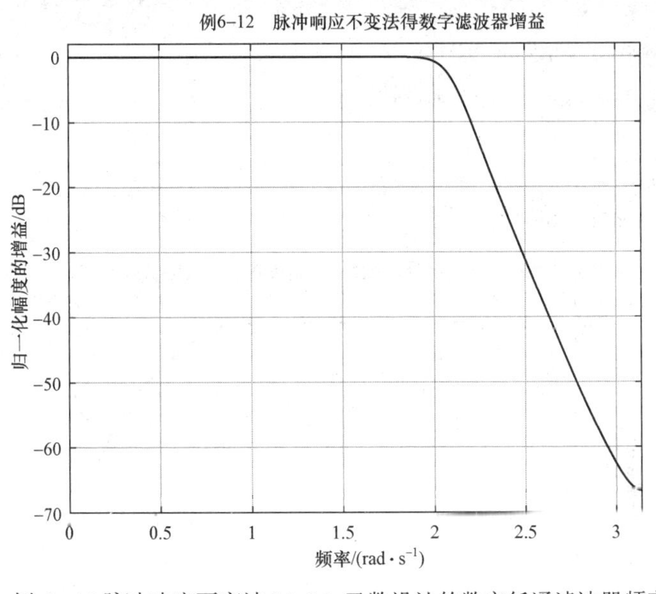

图 6-18 例 6-12 脉冲响应不变法 Matlab 函数设计的数字低通滤波器频率响应增益

6.6.4 双线性变换法设计 IIR 数字低通滤波器的 Matlab 实现

双线性变换法设计数字滤波器思路为：先利用式（6-41）将数字滤波器指标转化为模拟滤波器指标，设计对应的模拟滤波器，将式（6-36）代入求得数字滤波器。

Matlab 的 bilinear 函数用于双线性变换法设计，使用格式为：

```
[numd，dend]= bilinear(num，den，1/T)
```

其中，***num*** 和 ***den*** 是模拟滤波器系统函数的分子和分母多项式系数矩阵，T 为采样周期，***numd*** 和 ***dend*** 是数字滤波器系统函数的分子和分母多项式系数矩阵。

例 6－13：已知数字低通滤波器的技术指标为：通带截止频率 $\Omega_p = 2\ \text{rad}$，阻带截止频率 $\Omega_s = 2.6\ \text{rad}$，通带最大衰减 $\alpha_p = 1\ \text{dB}$，阻带最小衰减 $\alpha_s = 38\ \text{dB}$。试用双线性变换法的 Matlab 设计函数实现该数字低通滤波器设计（T=1s），其运行图像如图 6－19 所示。

解：

```
clc;
clear all;
w=linspace(0, pi, 1024);
[N, wc]=buttord(3.11, 7.2, 1, 38, 's');
%利用式（6-41）将数字频率转换为模拟频率
[num, den]=butter(N, wc, 's');
%采用巴特沃斯低通滤波器设计模拟滤波器
[numd, dend]=bilinear(num, den, 1);
% 利用 bilinear 函数完成双线性变换法的设计，采样周期 T=1s
h2=freqz(numd, dend, w);
%freqz 函数计算数字滤波器在[0 π]范围内的频率响应
figure
plot(w, 20*log10(abs(h2)/max(abs(h2))));
title('例 6-13 双线性变换法得到数字滤波器增益');
grid;
xlabel('频率/(rad)');
ylabel('归一化幅度的增益/(dB)');
```

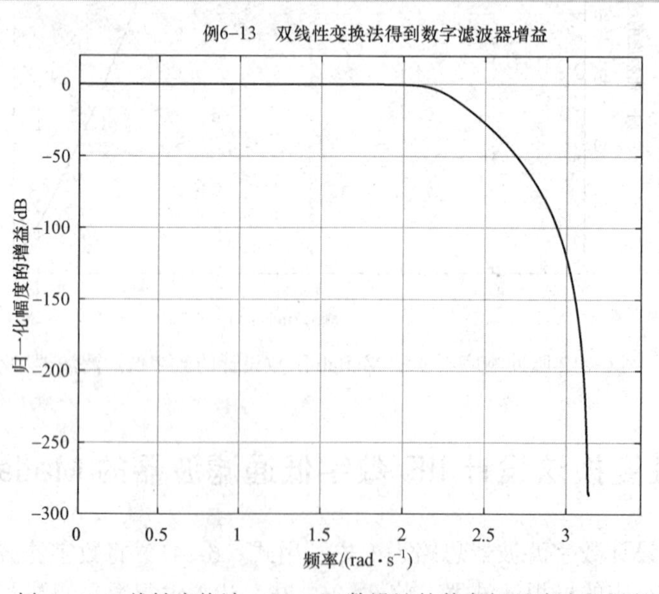

图 6－19　例 6－13 双线性变换法 Matlab 函数设计的数字低通滤波器频率响应增益

本章小结

本章对 IIR 数字滤波器的设计思想进行了介绍，把数字滤波器设计转化为模拟滤波器设计。重点阐述了巴特沃斯模拟低通滤波器的设计，对切比雪夫Ⅰ型、切比雪夫Ⅱ型、椭圆、贝塞尔四种模拟低通滤波器进行了简要介绍，并对 5 种模拟滤波器的性能进行了比较。重点阐述了滤波器的模拟低通到模拟高通及模拟带通频率转换。采用脉冲响应不变法和双线性变换法两种方法对模拟滤波器进行转换，得到对应的数字滤波器。简要介绍了数字滤波器的数字域频带变换法。采用 Matlab 软件对本章各个知识点的数学模型进行仿真，验证了设计理论的正确性，并给出了相应的函数和程序。

习　题

1. 已知通带截止频率 $\omega_p = 4\ \text{rad/s}$，阻带截止频率 $\omega_s = 12\ \text{rad/s}$，通带最大衰减 $\alpha_p = 1\ \text{dB}$，阻带最小衰减 $\alpha_s = 40\ \text{dB}$，根据给出指标设计巴特沃斯低通滤波器。

2. 已知通带截止频率 $\omega_p = 6\ \text{rad/s}$，阻带截止频率 $\omega_s = 11\ \text{rad/s}$，通带最大衰减 $\alpha_p = 1\text{dB}$，阻带最小衰减 $\alpha_s = 38\ \text{dB}$，根据给出指标设计切比雪夫Ⅰ型低通滤波器。

3. 已知通带截止频率 $\omega_p = 6\ \text{rad/s}$，阻带截止频率 $\omega_s = 11\ \text{rad/s}$，通带最大衰减 $\alpha_p = 1\ \text{dB}$，阻带最小衰减 $\alpha_s = 38\ \text{dB}$，根据给出指标设计切比雪夫Ⅱ型低通滤波器。

4. 比较习题 2 和 3 的滤波器频率响应特性，找出切比雪夫Ⅰ型和Ⅱ型低通滤波器在通带、阻带、过渡带的异同点。

5. 已知高通滤波器的技术指标为：通带截止频率 $\omega_p = 12\ \text{rad/s}$，阻带截止频率 $\omega_s = 5\ \text{rad/s}$，通带最大衰减 $\alpha_p = 2\ \text{dB}$，阻带最小衰减 $\alpha_s = 30\ \text{dB}$，试用 BWLP 来实现该高通滤波器。

6. 已知带通滤波器技术指标为：通带截止频率 $\omega_{p1} = 8\ \text{rad/s}$，$\omega_{p2} = 12\ \text{rad/s}$，阻带截止频率 $\omega_{s1} = 4\ \text{rad/s}$，$\omega_{s2} = 15\ \text{rad/s}$，通带最大衰减 $\alpha_p = 2\ \text{dB}$，阻带最小衰减 $\alpha_s = 30\ \text{dB}$。试用 BW LP 来实现该带通滤波器。

7. 已知下列模拟滤波器，试用脉冲响应不变法和双线性变换法来获得对应的数字滤波器。

（1）$H(s) = \dfrac{1}{s^2 + 2s - 15}$；

（2）$H(s) = \dfrac{s+1}{s^2 + 7s + 12}$。

8. 已知数字低通滤波器的技术指标为：通带截止频率 $\Omega_p = 0.8\ \text{rad}$，阻带截止频率 $\Omega_s = 2.6\ \text{rad}$，通带最大衰减 $\alpha_p = 1\ \text{dB}$，阻带最小衰减 $\alpha_s = 35\ \text{dB}$。试用脉冲响应不变法设计该滤波器（T=1s）。

9. 已知数字低通滤波器的技术指标为：通带截止频率 $\Omega_p = 0.8\ \text{rad}$，阻带截止频率 $\Omega_s = 2.6\ \text{rad}$，通带最大衰减 $\alpha_p = 1\ \text{dB}$，阻带最小衰减 $\alpha_s = 35\ \text{dB}$。试用双线性变换法设计该滤波器（T=1s）。

10. 比较习题 8 和 9 的滤波器频率响应特性，说明脉冲响应不变法和双线性变换法设计数字滤波器的优缺点。

11. 已知通带截止频率 $\omega_p = 6.5\ \text{rad/s}$，通带最大衰减 $\alpha_p = 2\ \text{dB}$，阻带截止频率 $\omega_s = 10.8\ \text{rad/s}$，阻带最小衰减 $\alpha_s = 40\ \text{dB}$。按照以上技术指标采用 Matlab 函数设计切比雪夫

Ⅰ型低通滤波器。

12. 已知模拟高通滤波器技术指标为：通带截止频率 $\omega_p = 8$ rad/s，阻带截止频率 $\omega_s = 6$ rad/s，通带最大衰减 $\alpha_p = 0.5$ dB，阻带最小衰减 $\alpha_s = 36$ dB。试用 Matlab 模拟域频率变换函数及 BWLP 来实现该高通滤波器。

13. 已知数字低通滤波器的技术指标为：通带截止频率 $\Omega_p = 1.5$ rad，阻带截止频率 $\Omega_s = 2.9$ rad，通带最大衰减 $\alpha_p = 0.5$ dB，阻带最小衰减 $\alpha_s = 42$ dB。试用脉冲响应不变法的 Matlab 设计函数实现该数字低通滤波器设计（T=1s）。

14. 已知数字低通滤波器的技术指标为：通带截止频率 $\Omega_p = 1.5$ rad，阻带截止频率 $\Omega_s = 2.9$ rad，通带最大衰减 $\alpha_p = 0.5$ dB，阻带最小衰减 $\alpha_s = 42$ dB。试用双线性变换法的 Matlab 设计函数实现该数字低通滤波器设计（T=1s）。

15. 比较习题 13 和 14 的 Matlab 设计代码，区别脉冲响应不变法和双线性变换法 Matlab 设计函数，指出其参数的含义。

16. 假设已知数字带通滤波器技术指标，请简述采用双线性变换法设计该滤波器的过程。

17. 假设某一类型模拟滤波器在通频带内的频率响应为：$H(\mathrm{j}\omega) = 3\mathrm{e}^{\mathrm{j}2\omega}$，请确定该滤波器的类型，说明其优点。

18. 假设有一信号 $x(t)$ 的表达式如下：

$$x(t) = 1 + \cos(2\pi \times 50t) + \sin(2\pi \times 100t)$$

假设采样周期 $T = \dfrac{1}{300}$ s，请利用 Matlab 设计函数完成：

（1）设计一数字带通滤波器，只保留信号 $x(t)$ 中的 50 Hz 成分；

（2）设计一数字高通滤波器，只保留信号 $x(t)$ 中的 100 Hz 成分；

（3）设计一数字低通滤波器，保留信号 $x(t)$ 中的 50 Hz 和直流成分。

其中通带最大衰减 $\alpha_p = 2$ dB，阻带最小衰减 $\alpha_s = 45$ dB，通带截止频率和阻带截止频率自定。

第7章 FIR有限长脉冲响应数字滤波器设计

7.0 引　　言

本章7.1节介绍了FIR数字滤波器的线性相位特性，FIR滤波器可以实现严格的线性相位，这是数字信号处理的重要优点，也是很多应用中所希望的，如宽带信号处理、数字传输、乐曲、医学影像等。根据具体的滤波器性能指标，计算出FIR滤波器的系数（单位脉冲响应），是FIR滤波器设计的主要内容，本章介绍最基本的FIR数字滤波器设计方法。7.2节介绍的窗函数法是一种从时域逼近理想滤波器的设计方法。7.3节介绍的频率采样法则是一种从频域逼近理想滤波器的设计方法。两种方法的设计过程都比较简单、直观。7.4节比较IIR滤波器和FIR滤波器的主要特点和典型应用。7.5节给出了本章例题和图示的Matlab程序。

7.1　线性相位FIR数字滤波器的条件和特点

7.1.1　FIR数字滤波器的基本特性

有限脉冲响应（FIR）滤波器是指单位脉冲响应长度有限的滤波器。因此，设计者总可以通过一定的延迟将FIR滤波器的单位脉冲响应转化为因果信号，因果性总能得到满足。

$$h(n)=\begin{cases}\neq 0,\ 0\leqslant n\leqslant N-1\\ =0,\ 其他\end{cases} \tag{7-1}$$

FIR滤波器的系统函数（也称传递函数或传输函数）$H(z)$是$h(n)$的z变换：

$$H(z)=\sum_{n=0}^{N-1}h(n)z^{-n}=h(0)+h(1)z^{-1}+\cdots+h(N-1)z^{-(N-1)} \tag{7-2}$$

为了符号表示的方便，将$H(z)$记作：

$$H(z)=\sum_{k=0}^{M}b_kz^{-k}=b_0+b_1z^{-1}+\cdots+b_Mz^{-M}=\frac{b_0z^M+b_1z^{M-1}+\cdots+b_M}{z^M} \tag{7-3}$$

容易看出，$H(z)$在$z=0$处有M个极点。由于极点都在单位圆内，因此，FIR 滤波器总是稳定的。

此外，FIR 滤波器当前的输出仅取决于当前的输入和过去的输入，而与过去的输出无关，其结构是非递归的，对有限字长带来的误差不敏感；FIR 滤波器的系数是有限长的，因此，计算滤波器输出响应的卷积运算采用 FFT 来实现，提高了计算效率。FIR 滤波器另一个重要特性是可以实现线性相位。如果一个滤波器具有线性相位，其对任意频率输入信号的延时都等于线性相位的斜率。因此，信号通过滤波器后仍能够保持不同频率成分间的谐波关系，不会引起相位失真。这一点对于很多应用场合十分重要，比如宽带信号处理、数字传输、乐曲、医学影像等。本章将重点讨论具有线性相位的 FIR 滤波器设计问题。

7.1.2 线性相位的含义和实现线性相位的条件

已知 FIR 滤波器系数$h(n)$的长度为N，滤波器的阶数为$M=N-1$。FIR 滤波器的频率响应$H\left(e^{j\Omega}\right)$是$h(n)$的离散时间傅里叶变换（DTFT）：

$$H\left(e^{j\Omega}\right)=\sum_{n=0}^{N-1}h(n)e^{-j\Omega n}=A(\Omega)e^{j\varphi(\Omega)} \tag{7-4}$$

$A(\Omega)$是正或负的实函数。因此，$A(\Omega)$和$\varphi(\Omega)$不同于幅频响应和相频响应，但对频率响应的两种描述方式是等价的，不会影响分析问题的结果。本章称$A(\Omega)$为幅度函数，$\varphi(\Omega)$为相位函数。

线性相位是指：

$$\varphi(\Omega)=\beta-\alpha\Omega \tag{7-5}$$

1. $\beta=0$ 时

$\beta=0$时，称 FIR 滤波器是严格线性相位的，在$h(0)\neq0$、$h(N-1)\neq0$的前提下（否则 FIR 滤波器系数$h(n)$的长度不等于N），以下 3 个结论是等价的：

① FIR 滤波器是严格线性相位的（$\varphi(\Omega)=-\alpha\Omega$）；

② $\sum_{n=0}^{N-1}h(n)\sin\left[(\alpha-n)\Omega\right]=0$ 对于$\Omega\in\mathbb{R}$恒成立；

③ $\alpha=\dfrac{N-1}{2}$ 且$h(n)=h(N-1-n)$，$(0\leqslant n<N-1)$。

证明①⇒②：

将$\varphi(\Omega)=-\alpha\Omega$代入到频率响应$H\left(e^{j\Omega}\right)$的表达式，得到：

$$\frac{\sin(\alpha\Omega)}{\cos(\alpha\Omega)}=\frac{\sum_{n=0}^{N-1}h(n)\sin(\Omega n)}{\sum_{n=0}^{N-1}h(n)\cos(\Omega n)} \tag{7-6}$$

经过整理不难得到：

$$\sum_{n=0}^{N-1}h(n)\sin\left[(\alpha-n)\Omega\right]=0 \tag{7-7}$$

证明③⇒①：

N是奇数时：

$$\begin{aligned}H\left(e^{j\Omega}\right)&=\sum_{n=0}^{N-1}h(n)e^{-j\Omega n}=\sum_{n=0}^{(N-3)/2}h(n)e^{-j\Omega n}+h\left(\frac{N-1}{2}\right)e^{-j\Omega\frac{N-1}{2}}+\sum_{n=(N+1)/2}^{N-1}h(n)e^{-j\Omega n}\\&=\sum_{n=0}^{(N-3)/2}h(n)e^{-j\Omega n}+h\left(\frac{N-1}{2}\right)e^{-j\Omega\frac{N-1}{2}}+\sum_{n=0}^{(N-3)/2}h(N-1-n)e^{-j\Omega(N-1-n)}\\&=\sum_{n=0}^{(N-3)/2}h(n)e^{-j\Omega n}+h\left(\frac{N-1}{2}\right)e^{-j\Omega\frac{N-1}{2}}+\sum_{n=0}^{(N-3)/2}h(n)e^{-j\Omega(N-1-n)}\\&=e^{-j\Omega\frac{N-1}{2}}\left\{h\left(\frac{N-1}{2}\right)+\sum_{n=0}^{(N-3)/2}2h(n)\cos\left[\left(\frac{N-1}{2}-n\right)\Omega\right]\right\}\end{aligned}$$

N是偶数时：

$$\begin{aligned}H\left(e^{j\Omega}\right)&=\sum_{n=0}^{N-1}h(n)e^{-j\Omega n}=\sum_{n=0}^{(N-2)/2}h(n)e^{-j\Omega n}+\sum_{n=N/2}^{N-1}h(n)e^{-j\Omega n}\\&=\sum_{n=0}^{(N-2)/2}h(n)e^{-j\Omega n}+\sum_{n=0}^{(N-2)/2}h(N-1-n)e^{-j\Omega(N-1-n)}\\&=\sum_{n=0}^{(N-2)/2}h(n)e^{-j\Omega n}+\sum_{n=0}^{(N-2)/2}h(n)e^{-j\Omega(N-1-n)}\\&=e^{-j\Omega\frac{N-1}{2}}\sum_{n=0}^{(N-2)/2}2h(n)\cos\left[\left(\frac{N-1}{2}-n\right)\Omega\right]\end{aligned}$$

或者，可由系数的对称性得到FIR滤波器的系统函数满足以下关系：

$$H(z)=\sum_{n=0}^{N-1}h(n)z^{-n}=\sum_{n=0}^{N-1}h(N-1-n)z^{-n}=z^{-(N-1)}H\left(z^{-1}\right) \tag{7-8}$$

根据频率响应与系统函数的关系，FIR滤波器的频率响应可写为：

$$H\left(e^{j\Omega}\right)=H(z)\Big|_{z=e^{j\Omega}}=\frac{1}{2}\left[H(z)+z^{-(N-1)}H\left(z^{-1}\right)\right]\Big|_{z=e^{j\Omega}} \tag{7-9}$$

借助欧拉公式计算得到：

$$H\left(e^{j\Omega}\right)=e^{-j\frac{N-1}{2}\Omega}\sum_{n=0}^{N-1}h(n)\cos\left[\left(\frac{N-1}{2}-n\right)\Omega\right]=A(\Omega)e^{j\varphi(\Omega)} \tag{7-10}$$

$$\varphi(\Omega)=-\frac{N-1}{2}\Omega=-\alpha\Omega \tag{7-11}$$

$A(\Omega)$是实函数，因此FIR滤波器具有线性相位。

证明②⇒③：

对②做傅里叶变换，从Ω变换到$\tilde{\Omega}$，得到：

$$\sum_{n=0}^{N-1}h(n)\left\{\delta\left[\tilde{\Omega}-(\alpha-n)\right]-\delta\left[\tilde{\Omega}+(\alpha-n)\right]\right\}=0 \tag{7-12}$$

整理后改写成：

$$\sum_{n=0}^{N-1} h(n)\delta\left[\tilde{\Omega}-(\alpha-n)\right]=\sum_{n=0}^{N-1} h(n)\delta\left[\tilde{\Omega}+(\alpha-n)\right] \tag{7-13}$$

对右端做变量代换 $n \leftarrow N-1-n$，得到：

$$\sum_{n=0}^{N-1} h(n)\delta\left[\tilde{\Omega}-(\alpha-n)\right]=\sum_{n=0}^{N-1} h(N-1-n)\delta\left\{\tilde{\Omega}+\left[\alpha-(N-1-n)\right]\right\} \tag{7-14}$$

对比两边冲激信号的位置和强度，得到：

$$\alpha=\frac{N-1}{2} \text{ 且 } h(n)=h(N-1-n)，(0 \leqslant n < N-1) \tag{7-15}$$

2. $\beta \neq 0$ 时

类似的，$\beta \neq 0$ 时，称 FIR 滤波器是广义线性相位的，在 $h(0) \neq 0$、$h(N-1) \neq 0$ 的前提下（否则 FIR 滤波器系数 $h(n)$ 的长度不等于 N），以下 3 个结论是等价的：

① FIR 滤波器是广义线性相位的 $\left(\varphi(\Omega)=\beta-\alpha\Omega\right)$；

② $\sum_{n=0}^{N-1} h(n)\sin\left[(\alpha-n)\Omega-\beta\right]=0$ 对于 $\Omega \in \mathbb{R}$ 恒成立；

③ $\alpha=\frac{N-1}{2}$，$\beta=\pm\frac{\pi}{2}$ 且 $h(n)=-h(N-1-n)$，$(0 \leqslant n < N-1)$。

证明方法与严格线性相位的情况类似，这里从略，留作读者练习。

因此，FIR 滤波器线性相位的条件是滤波器系数对称，即 $h(n)=\pm h(N-1-n)$。采用与上面同样的方法，分别计算滤波器系数 $h(n)$ 为偶对称和奇对称、N 为奇数和偶数时的滤波器频率响应，得到 4 种线性相位的滤波器，结果列在表 7－1 中。

表 7－1　4 种类型的线性相位 FIR 滤波器

滤波器类型	$h(n)$ 的对称性	N 的奇偶性	$H(e^{j\Omega})=A(\Omega)e^{j\varphi(\Omega)}$	$A(\Omega)$ 对称性	滤波器类型
类型Ⅰ	偶对称 $h(n)=-h(N-1-n)$	N 是奇数	$e^{-j\frac{N-1}{2}\Omega}\left\{h\left(\frac{N-1}{2}\right)+\sum_{n=0}^{(N-3)/2} 2h(n)\cos\left[\left(\frac{N-1}{2}-n\right)\Omega\right]\right\}$	关于 $\Omega=0$ 对称，关于 $\Omega=\pi$ 对称	低通、高通、带通、带阻
类型Ⅱ		N 是偶数	$e^{-j\frac{N-1}{2}\Omega}\sum_{n=0}^{(N-2)/2} 2h(n)\cos\left[\left(\frac{N-1}{2}-n\right)\Omega\right]$	关于 $\Omega=0$ 对称，关于 $\Omega=\pi$ 反对称	低通、带通
类型Ⅲ	奇对称 $h(n)=-h(N-1-n)$	N 是奇数	$e^{-j\left(\frac{N-1}{2}\Omega-\frac{\pi}{2}\right)}\sum_{n=0}^{(N-3)/2} 2h(n)\sin\left[\left(\frac{N-1}{2}-n\right)\Omega\right]$	关于 $\Omega=0$ 反对称，关于 $\Omega=\pi$ 反对称	带通
类型Ⅳ		N 是偶数	$e^{-j\left(\frac{N-1}{2}\Omega-\frac{\pi}{2}\right)}\sum_{n=0}^{(N-2)/2} 2h(n)\sin\left[\left(\frac{N-1}{2}-n\right)\Omega\right]$	关于 $\Omega=0$ 反对称，关于 $\Omega=\pi$ 对称	高通、带通
注意：奇对称且 N 是奇数时，$h\left(\frac{N-1}{2}\right)=0$。					

Ⅰ型滤波器具有最广泛的用途。因为它的幅度特性在$\Omega=0$ 和$\Omega=\pi$ 处的取值没有任何限制，所以可以用来做低通、高通、带通和带阻 4 种滤波器中的任何一种。

Ⅱ型滤波器的幅度特性在$\Omega=\pi$ 处必定为零。这就限制了它不能用于高通和带阻滤波器。

Ⅲ型和Ⅳ型滤波器的系数是反对称的，系数的累加值为零，意味着在零频率处幅度特性为零，所以它们拒绝一切直流的分量通过。Ⅲ型滤波器还拒绝高频分量通过，所以这两类滤波器都不适合作为选频之用。

4 种 FIR 数字滤波器的相位特性只取决于$h(n)$的对称性，而与$h(n)$的值无关；幅度特性与$h(n)$的取值有关；因此，设计 FIR 数字滤波器时，在保证$h(n)$对称的条件下，只要完成幅度特性的逼近即可。

例 7－1：FIR 滤波器的系数为[－1,2,4,2,－1]，求其幅频特性$\left|H\left(\mathrm{e}^{\mathrm{j}\Omega}\right)\right|$、相频特性$\angle H\left(\mathrm{e}^{\mathrm{j}\Omega}\right)$、幅度函数$A(\Omega)$和相位函数$\varphi(\Omega)$。

解：一方面，滤波器的频率响应特性可以分解为幅频特性和相频特性。

$$H\left(\mathrm{e}^{\mathrm{j}\Omega}\right)=\sum_{n=0}^{4}h(n)\cos(\Omega n)-\mathrm{j}\sum_{n=0}^{4}h(n)\sin(\Omega n)=\mathrm{Re}\left[H\left(\mathrm{e}^{\mathrm{j}\Omega}\right)\right]+\mathrm{j}\mathrm{Im}\left[H\left(\mathrm{e}^{\mathrm{j}\Omega}\right)\right]$$

幅频特性为：

$$\left|H\left(\mathrm{e}^{\mathrm{j}\Omega}\right)\right|=\sqrt{\mathrm{Re}\left[H\left(\mathrm{e}^{\mathrm{j}\Omega}\right)\right]^2+\mathrm{Im}\left[H\left(\mathrm{e}^{\mathrm{j}\Omega}\right)\right]^2}$$

相频特性为：

$$\angle H\left(\mathrm{e}^{\mathrm{j}\Omega}\right)=\arctan\left\{\mathrm{Im}\left[H\left(\mathrm{e}^{\mathrm{j}\Omega}\right)\right]/\mathrm{Re}\left[H\left(\mathrm{e}^{\mathrm{j}\Omega}\right)\right]\right\}$$

借助 Matlab 软件中的函数[H,w] = freqz(b,a,n)、abs(H)、angle(H)可以非常方便求解幅频特性和相频特性。

另一方面，滤波器的频率响应特性可以分解为幅度函数和相位函数。

$$\begin{aligned}H(\mathrm{j}\Omega)&=-1+2\mathrm{e}^{-\mathrm{j}\Omega}+4\mathrm{e}^{-\mathrm{j}2\Omega}+2\mathrm{e}^{-\mathrm{j}3\Omega}-\mathrm{e}^{-\mathrm{j}4\Omega}\\&=-\mathrm{e}^{-\mathrm{j}2\Omega}\left(\mathrm{e}^{\mathrm{j}2\Omega}+\mathrm{e}^{-\mathrm{j}2\Omega}\right)+2\mathrm{e}^{-\mathrm{j}2\Omega}\left(\mathrm{e}^{\mathrm{j}\Omega}+\mathrm{e}^{-\mathrm{j}\Omega}\right)+4\mathrm{e}^{-\mathrm{j}2\Omega}\\&=\left[-2\cos(2\Omega)+4\cos\Omega+4\right]\mathrm{e}^{-\mathrm{j}2\Omega}\end{aligned}$$

幅度函数为：

$$A(\Omega)=-2\cos(2\Omega)+4\cos(\Omega)+4$$

相位函数为：

$$\varphi(\Omega)=-2\Omega$$

幅频特性、相频特性、幅度函数、相位函数的结果如图 7－1 所示。

例 7－2：画出 4 种类型线性相位 FIR 滤波器的幅度函数。

（1）h_1=[3,－1,2,－3,5,－3,2,－1,3]；

（2）h_2=[3,－1,2,－3,－3,2,－1,3]；

（3）h_3=[3,－1,2,－3,0, 3, －2, 1,－3]；

（4）h_4=[3,－1,2,－3,3, －2, 1,－3]。

解：4 种类型的线性相位 FIR 滤波器如图 7－2 所示。通过例 7－2 验证了 4 种线性相位 FIR 滤波器的主要特点。

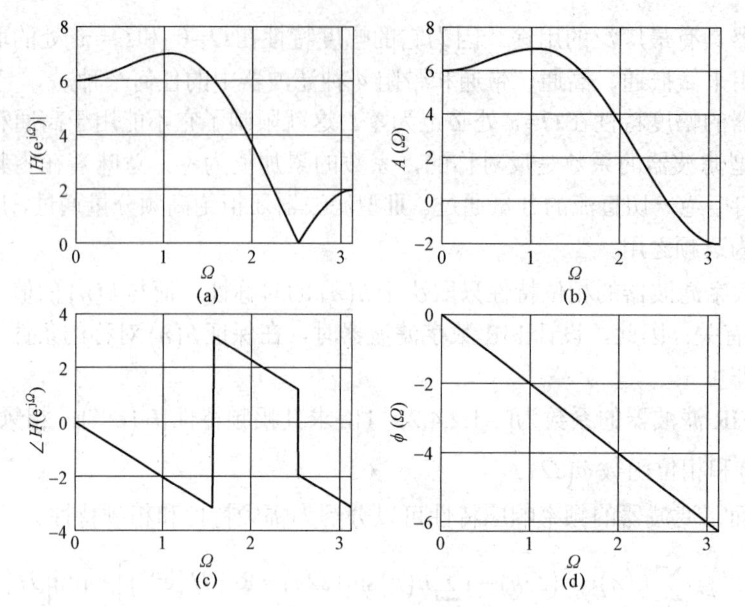

图 7-1　线性相位 FIR 滤波器的频率响应特性

（a）幅频特性；（b）幅度特性；（c）相频特性；（d）线性相位特性

类型Ⅰ：幅度特性关于 $\Omega=\pi$ 对称，在 $\Omega=0$ 和 $\Omega=\pi$ 处可以取任何值。

类型Ⅱ：幅度特性关于 $\Omega=\pi$ 反对称，在 $\Omega=0$ 处可以取任何值，在 $\Omega=\pi$ 处等于零。

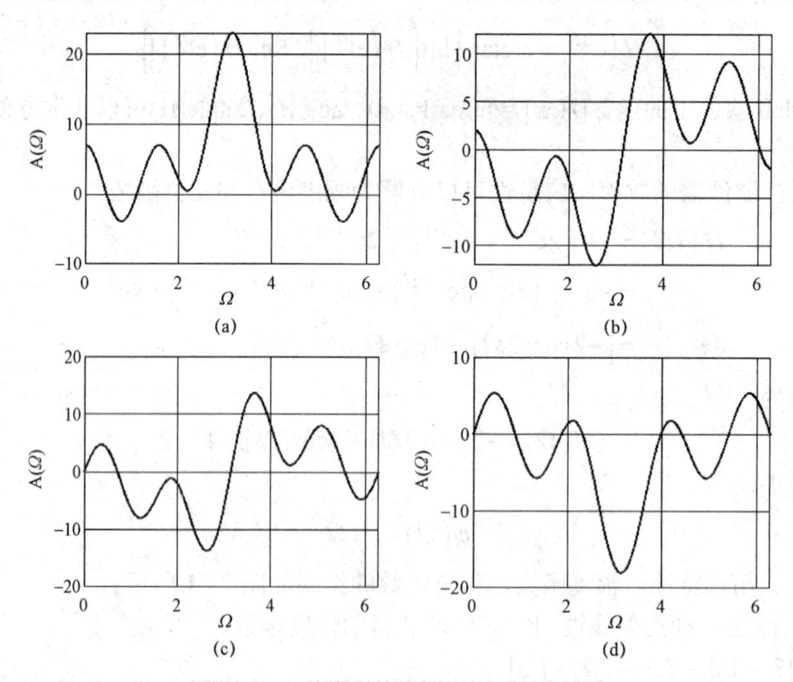

图 7-2　4 种类型的线性相位 FIR 滤波器

（a）Ⅰ型线性相位 FIR 滤波器；（b）Ⅱ型线性相位 FIR 滤波器；（c）Ⅲ型线性相位 FIR 滤波器；（d）Ⅳ型线性相位 FIR 滤波器

类型Ⅲ：幅度特性关于 $\Omega=\pi$ 反对称，在 $\Omega=0$ 和 $\Omega=\pi$ 处都等于零。

类型Ⅳ：幅度特性关于 $\Omega=\pi$ 对称，在 $\Omega=0$ 处等于零，在 $\Omega=\pi$ 处可以取任何值。

7.2 窗函数法设计 FIR 数字滤波器

窗函数法设计 FIR 数字滤波器的基本思想是：① 根据要求选取理想滤波器，但理想滤波器的单位脉冲响应是无限长、非因果的，因此，物理上不可实现。② 对理想滤波器的单位脉冲响应加窗处理，形成线性相位和因果的实际滤波器，并使实际滤波器的性能逼近理想滤波器。所以，窗函数法设计 FIR 滤波器的重点是选择合适的理想滤波器与合适的窗函数。

7.2.1 窗函数法的原理

以一个截止频率为 Ω_c 的线性相位理想低通滤波器为例，讨论窗函数法设计 FIR 数字滤波器的原理。

1. 对于给定的理想低通滤波器 $H_d\left(e^{j\Omega}\right)$，计算单位脉冲响应 $h_d(n)$

理想低通滤波器的幅度函数在通带内为 1，阻带内为 0；在通带内的相位函数与Ω呈线性关系。其单位脉冲响应和幅度响应如图 7-3 所示。

$$H_d\left(e^{j\Omega}\right)=\begin{cases}e^{-j\Omega\alpha}, & |\Omega|\leqslant\Omega_c\\0, & \Omega_c<|\Omega|\leqslant\pi\end{cases} \tag{7-16}$$

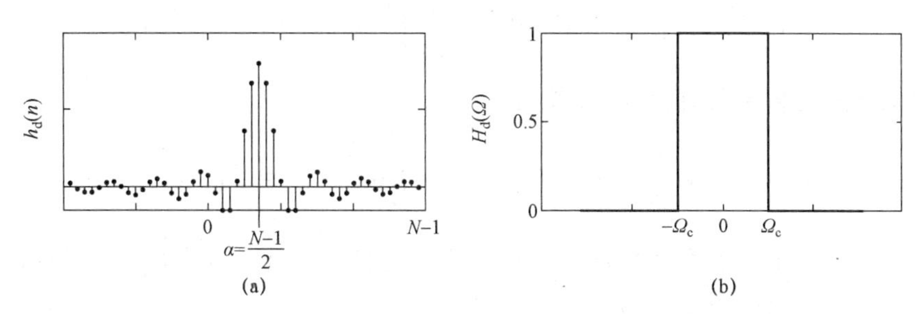

图 7-3 理想低通滤波器的单位脉冲响应和幅度响应

（a）单位脉冲响应；（b）幅度响应

对 $H_d\left(e^{j\Omega}\right)$ 进行离散时间傅里叶反变换（IDTFT），得到 $h_d(n)$。

$$h_d(n)=\frac{1}{2\pi}\int_{-\pi}^{\pi}H_d\left(e^{j\omega}\right)e^{j\omega n}d\omega=\frac{\sin\left[\omega_c(n-\alpha)\right]}{\pi(n-\alpha)} \tag{7-17}$$

$h_d(n)$ 是一个以 α 为中心的偶对称无限长非因果序列，如果截取 0 到 $N-1$ 的 $h_d(n)$ 作为 $h(n)$，为保证所得到的是线性相位 FIR 滤波器，α 应为 $h(n)$ 长度 N 的一半，即 $\alpha=\frac{N-1}{2}$。

2. 计算实际滤波器的单位脉冲响应 $h(n)$

对 $h_d(n)$ 进行加窗截取，得到一个有限长度、因果、对称的序列 $h(n)$。对于矩形窗 $w(n)=R_N(n)$：

$$h(n)=h_{\mathrm{d}}(n)w(n)=\begin{cases}h_{\mathrm{d}}(n), & 0\leqslant n\leqslant N-1\\ 0, & \text{其他}\end{cases} \tag{7-18}$$

3. 计算实际滤波器的频谱$H\left(\mathrm{e}^{\mathrm{j}\Omega}\right)$

矩形窗的频谱$W\left(\mathrm{e}^{\mathrm{j}\Omega}\right)$为：

$$W\left(\mathrm{e}^{\mathrm{j}\Omega}\right)=\sum_{n=-\infty}^{+\infty}w(n)\mathrm{e}^{-\mathrm{j}\Omega n}=\sum_{n=0}^{N-1}\mathrm{e}^{-\mathrm{j}\Omega n}=\frac{1-\mathrm{e}^{-\mathrm{j}\Omega N}}{1-\mathrm{e}^{-\mathrm{j}\Omega}}=\frac{\sin(\Omega N/2)}{\sin(\Omega/2)}\mathrm{e}^{-\mathrm{j}\Omega\left(\frac{N-1}{2}\right)}=W(\Omega)\mathrm{e}^{-\mathrm{j}\Omega\alpha} \tag{7-19}$$

矩形窗的单位脉冲响应和幅度响应如图 7-4 所示。

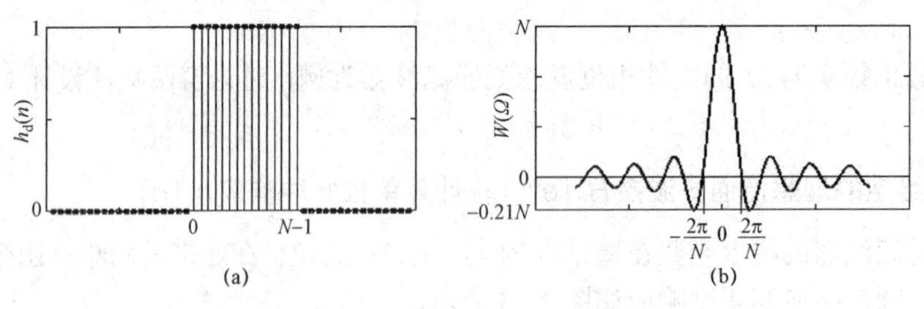

图 7-4　矩形窗的单位脉冲响应和幅度响应

（a）单位脉冲响应；（b）幅度响应

两个信号时域的乘积对应于频域的卷积，所以有：

$$H\left(\mathrm{e}^{\mathrm{j}\Omega}\right)=H_{\mathrm{d}}\left(\mathrm{e}^{\mathrm{j}\Omega}\right)*W\left(\mathrm{e}^{\mathrm{j}\Omega}\right)=\frac{1}{2\pi}\int_{-\pi}^{\pi}H_{\mathrm{d}}\left(\mathrm{e}^{\mathrm{j}\theta}\right)W\left[\mathrm{e}^{\mathrm{j}(\Omega-\theta)}\right]\mathrm{d}\theta \tag{7-20}$$

代入理想滤波器和窗函数的频谱，得到：

$$H\left(\mathrm{e}^{\mathrm{j}\Omega}\right)=\left[\frac{1}{2\pi}\int_{-\pi}^{\pi}H_{\mathrm{d}}(\theta)W(\Omega-\theta)\,\mathrm{d}\theta\right]\mathrm{e}^{-\mathrm{j}\omega\alpha}=H(\Omega)\mathrm{e}^{-\mathrm{j}\omega\alpha} \tag{7-21}$$

因此，实际滤波器的幅度函数$H(\Omega)$等于理想滤波器的幅度函数$H_{\mathrm{d}}(\Omega)$与窗函数幅度函数$W(\Omega)$的卷积，结果如图 7-5 所示。

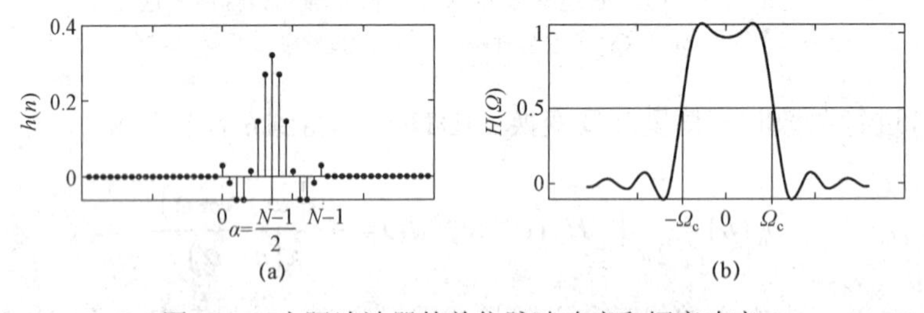

图 7-5　实际滤波器的单位脉冲响应和幅度响应

（a）单位脉冲响应；（b）幅度响应

时域加矩形窗可使理想低通滤波器变为实际的物理可实现的滤波器，但同时也使滤波器的选频特性偏离了理想的状况，如图 7-6 所示。加窗截取的主要影响包括产生过渡带和通带、阻带波动：

（1）改变了理想频率响应的边沿特性，形成过渡带。过渡带由主瓣引起，其宽度与$W(\Omega)$主瓣宽度$4\pi/N$正相关，窗口长度N增加，过渡带宽减小。

（2）过渡带两旁的通带和阻带内产生肩峰和余振。窗口长度 N 增加，$W(\Omega)$ 的旁瓣增多，通带和阻带内的余振增多；但并不改变主瓣与旁瓣的相对大小，因此肩峰值不变，最大肩峰永远为 8.95%，这种现象称为吉布斯（Gibbs）效应。

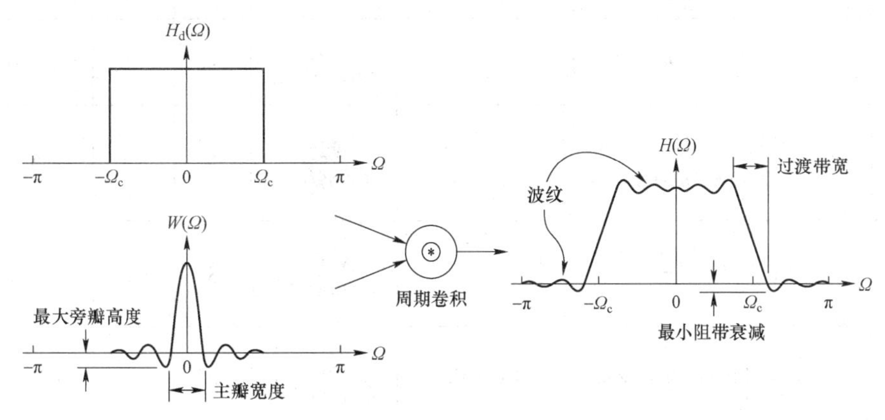

图 7－6　时域加矩形窗对滤波器频率响应的影响

7.2.2　常用窗函数及其特性

除了矩形窗外，常用的窗函数还包括三角形窗、汉宁窗、哈明窗、布莱克曼窗和凯塞窗。改变窗函数的形状相当于在矩形窗内对 $h_d(n)$ 做一定的加权处理，为了改善滤波器的特性，通常希望窗函数满足两点要求。

1. 要求

（1）窗谱主瓣宽度要窄，以获得较陡的过渡带。

（2）相对于主瓣幅度，旁瓣要尽可能小，使能量尽量集中在主瓣中，这样就可以减小肩峰和余振，以提高阻带衰减和通带平稳性。

但实际上这两点不能兼得，一般总是通过增加主瓣宽度来换取对旁瓣的抑制。

对这些窗函数重复上述过程，得到采用不同窗函数所设计的滤波器的阻带衰减、过渡带宽和通带波动等参数，结果在表 7－2 和表 7－3 中列出。由此可归纳出常用窗函数的一些重要特性。

2. 特性

（1）窗函数的过渡带宽与阻带衰减呈现正相关，因此，增大阻带衰减是以过渡带加宽为代价的。

（2）过渡带宽与主瓣宽度呈现正相关，与窗口长度 N 成反比，因此减小过渡带的措施是增大 N，但增大 N 将增加滤波器的复杂性和计算时间。

（3）除矩形窗外，其他窗函数没有负的幅度谱，有利于减小通带、阻带波动。

（4）除凯塞窗外，其他窗函数的阻带衰减是固定不变的，增加窗口长度无法增大阻带衰减。

表 7-2 常用窗函数的主要特性

窗函数类型	表达式	生成函数	主瓣宽度 (π/N)	过渡带宽 (π/N)	通带波动 R_p/dB	阻带衰减 A_s/dB
矩形窗	$w(n)=R_N(n)$	wd= boxcar(N);	4	1.8	0.741 6	21
三角形窗（Bartlett）	$w(n)=\begin{cases}2n/(n-1), & 0\leqslant n\leqslant (N-1)/2\\ 2-2n/(n-1), & (N-1)/2<n\leqslant N-1\end{cases}$	wd= triang(N);	8	6.1	0.199 9	25
汉宁窗（Hanning）	$w(n)=0.5\left[1-\cos\left(\frac{2\pi n}{N-1}\right)\right]R_N(n)$	wd= hanning(N);	8	6.2	0.054 6	44
哈明窗（Hamming）	$w(n)=\left[0.54-0.46\cos\left(\frac{2\pi n}{N-1}\right)\right]R_N(n)$	wd= hamming(N);	8	6.6	0.019 4	53
布莱克曼窗（Blackman）	$w(n)=\left[0.42-0.5\cos\left(\frac{2\pi n}{N-1}\right)+0.08\cos\left(\frac{4\pi n}{N-1}\right)\right]R_N(n)$	wd= blackman(N);	12	11	0.001 7	74
凯塞窗（Kaiser）（β=7.865）	$w(n)=\frac{I_0\left(\beta\sqrt{1-\left(1-\frac{2n}{N-1}\right)^2}\right)}{I_0(\beta)}$ $\beta=\begin{cases}0.110\,2(A_s-8.7), & A_s\geqslant 50\text{ dB}\\ 0.584\,2(A_s-21)^{0.4}+0.078\,86(A_s-21), & 21\text{ dB}<A_s<50\text{ dB}\\ 0, & A_s\leqslant 21\text{ dB}\end{cases}$ $N\approx\frac{A_s-7.95}{2.285(\Omega_s-\Omega_p)}$	wd= kaiser(N, beta);	10	10	0.000 9	80

表 7-3 凯塞窗的主要特性与参数 β 的关系

β	过渡带宽（π/N）	通带波动 R_p/dB	阻带衰减 A_s/dB
2.120	3.00	0.27	30
3.384	4.46	0.086 5	40
4.538	5.86	0.027 4	50
5.658	7.24	0.008 7	60
6.764	8.64	0.002 8	70
7.865	10.0	0.000 9	80
8.960	11.4	0.000 3	90
10.056	12.8	0.000 1	100

7.2.3 窗函数法设计 FIR 滤波器的步骤

窗函数法设计 FIR 滤波器的步骤如图 7－7 所示。

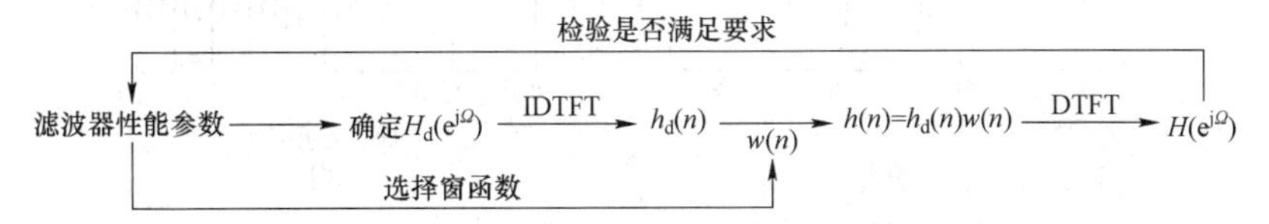

图 7－7　时域加矩形窗对滤波器频率响应的影响

（1）根据给定的滤波器性能参数，确定满足要求的理想滤波器的频率响应 $H_d\left(e^{j\Omega}\right)$；

（2）通过离散时间傅里叶反变换求理想滤波器的单位脉冲响应 $h_d(n)$；

（3）根据阻带衰减、通带波动等性能参数确定窗函数的类型；

（4）根据过渡带宽确定滤波器的长度；

（5）计算所选取的窗函数 $w(n)$；

（6）求出实际滤波器系数 $h(n)$；

（7）由 $h(n)$ 计算实际滤波器的频率响应，与给定的滤波器性能参数比较，若不满足要求，则重复上述步骤，直到满足要求为止。

例 7－3：根据下列技术指标：$\Omega_p=0.2\pi$，$R_p=0.25$ dB，$\Omega_s=0.3\pi$，$A_s=50$ dB，设计一个 FIR 低通滤波器，并给出所设计的滤波器的频率响应图。

解：哈明窗和布莱克曼窗均可提供大于 50 dB 的衰减。选择哈明窗，因为它有较小的过渡带，阶数较低。尽管在设计中未考虑通带波动值 $R_p=0.25$ dB，但必须检查设计结果的实际波动，验证它是否确实在给定容限内。

滤波器的截止频率为：

$$\Omega_c=\frac{\Omega_p+\Omega_s}{2}=\frac{0.2\pi+0.3\pi}{2}=0.25\pi$$

滤波器系数的长度为：

$$N=\frac{6.6\pi}{\Omega_s-\Omega_p}=\frac{6.6\pi}{0.3\pi-0.2\pi}\approx 67$$

利用 Matlab 软件将设计过程程序化，得到设计结果如图 7－8 所示；$N=67$，阻带衰减 $A_s=56$ dB，通带波动 $R_p=0.028\,2$ dB，达到要求。

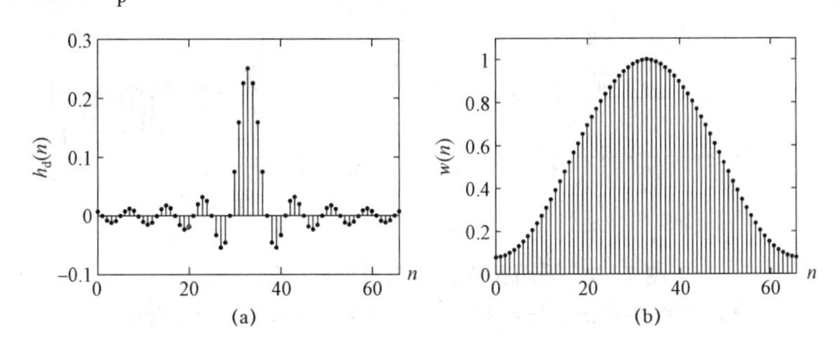

图 7－8　采用哈明窗函数设计的 FIR 低通滤波器

（a）理想脉冲响应；（b）哈明窗

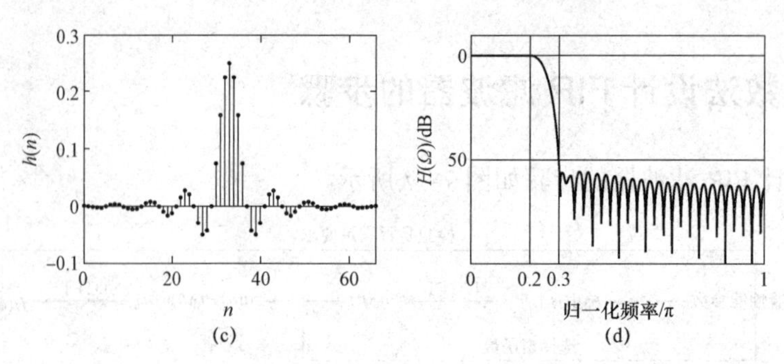

图 7−8 采用哈明窗函数设计的 FIR 低通滤波器（续）

（c）实际脉冲响应；（d）幅度响应

例 7−4：根据下列技术指标，$\Omega_{\mathrm{p}}=0.2\pi$，$R_{\mathrm{p}}=0.25\ \mathrm{dB}$，$\Omega_{\mathrm{s}}=0.3\pi$，$A_{\mathrm{s}}=50\ \mathrm{dB}$，选择凯塞窗，设计一个 FIR 低通滤波器，并给出所设计的滤波器的频率响应图。

解：与其他窗函数相比，凯塞窗可以通过调整参数β来调控主瓣宽度和旁瓣衰减，β越大，窗谱的主瓣越宽、旁瓣越小。$\beta=0$ 时，为矩形窗；$\beta=5.44$ 时，接近哈明窗；$\beta=8.5$ 时，接近布莱克曼窗；一般取 $4<\beta<9$。

根据凯塞窗函数设计的经验公式确定β和N：

$$\beta=0.110\,2\left(A_{\mathrm{s}}-8.7\right)=0.110\,2\left(50-8.7\right)=4.55$$

$$N=\frac{A_{\mathrm{s}}-7.95}{2.285\left(\Omega_{\mathrm{s}}-\Omega_{\mathrm{p}}\right)}=\frac{50-7.95}{2.285\times\left(0.3\pi-0.2\pi\right)}\approx 61$$

利用 Matlab 软件将设计过程程序化，得到设计结果如图 7−9 所示：$N=61$，阻带衰减 $A_{\mathrm{s}}=52\ \mathrm{dB}$，通带波动 $R_{\mathrm{p}}=0.042\,1\ \mathrm{dB}$，达到要求。它比哈明窗具有较低的阶数。

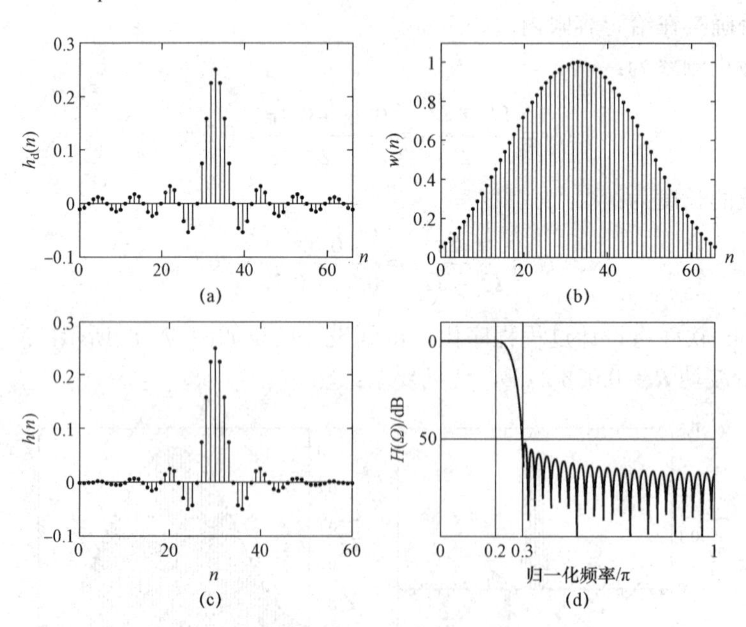

图 7−9 采用凯塞窗函数设计的低通滤波器

（a）理想脉冲响应；（b）凯塞窗；（c）实际脉冲响应；（d）幅度响应

例 7−5：设计如图 7−10 所示的数字带通滤波器。

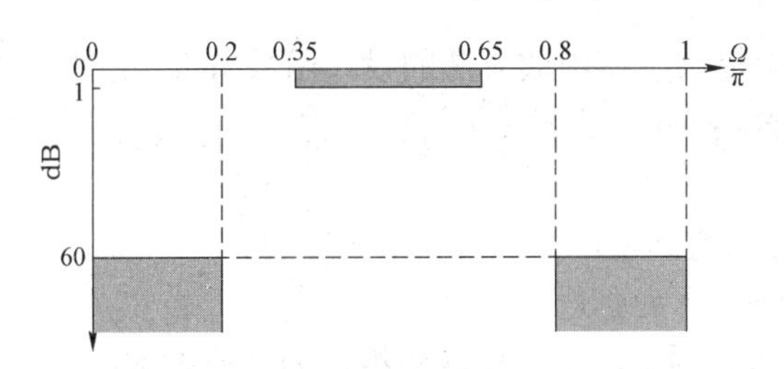

图 7－10　数字带通滤波器的设计参数

解：

低端阻带边缘：$\Omega_{1s}=0.2\pi$，$A_s=60$ dB；

低端通带边缘：$\Omega_{1p}=0.35\pi$，$R_p=1$ dB；

高端通带边缘：$\Omega_{2p}=0.65\pi$，$R_p=1$ dB；

高端阻带边缘：$\Omega_{2s}=0.8\pi$，$A_s=60$ dB。

理想带通滤波器可以由两个理想低通脉冲响应相减得到，如图 7－11 所示。但在窗设计中两个过渡带必须取得相同，不能单独设计。

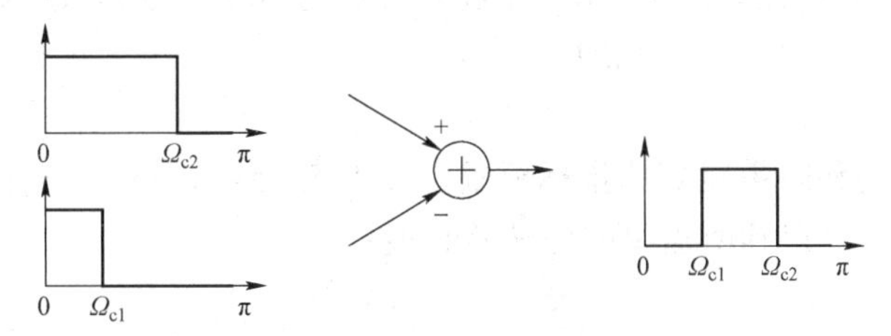

图 7－11　两个低通滤波器相减实现带通滤波器

根据阻带衰减，可以选择布莱克曼窗或凯塞窗，这里选择布莱克曼窗。

利用 Matlab 软件将设计过程程序化，得到设计结果如图 7－12 所示：$N=75$，$A_s=75$ dB，$R_p=0.001$，达到要求。

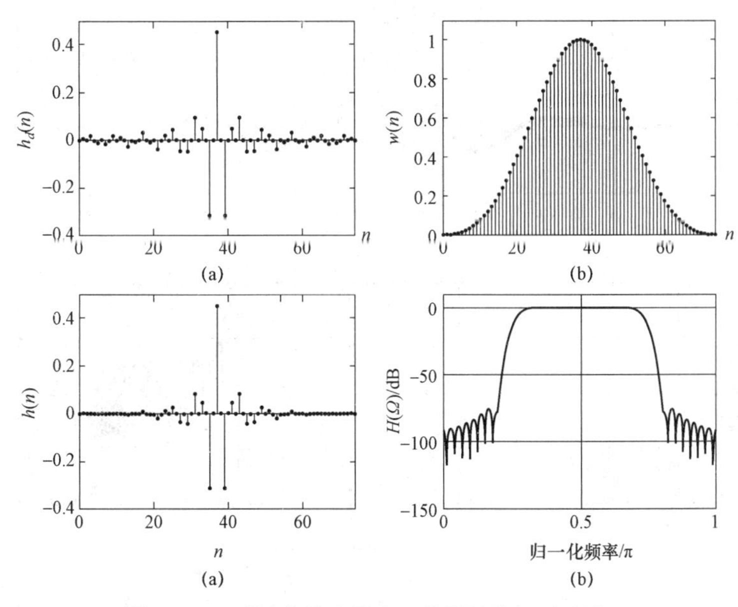

图 7－12　采用布莱克曼窗函数设计的低通滤波器

（a）理想脉冲响应；（b）布莱克曼窗；（c）实际脉冲响应；（d）幅度响应

在信号处理工具箱中提供了窗函数方法的设计函数 fir1。它的标准调用格式为：

```
b = fir1(M, wn, 'type', window)
```

其中：

b 为待设计的滤波器系数向量，其长度为 $N=M+1$；

M 为所选的滤波器阶数，为必选参数；

w_n 为滤波器给定的边缘频率，是标量或数组，为必选参数；注意 w_n 为归一化频率，比如截止频率为 0.1π，输入参数为 0.1；

type 为滤波器的类型，如低通、高通、带通、带阻等，为可选参数，默认为低通；

window 为选定的窗函数类型，为可选参数，缺省时为哈明窗；注意指定窗函数的同时要指定窗的长度。

例 7-6：使用信号处理工具箱中的函数 fir1，设计以下滤波器：

（1）低通滤波器的截止频率为 1 000 Hz，过渡带宽为 600～1 400 Hz，通带波动为 0.02 dB，阻带衰减为 50 dB，采样频率为 44.1 kHz；

（2）高通滤波器的截止频率为 1 000 Hz，过渡带宽为 800～1 200 Hz，通带波动为 0.005 dB，阻带衰减为 60 dB，采样频率为 44.1 kHz。

解：

（1）根据通带波动和阻带衰减的指标要求，查询表 7-2，可得哈明窗能满足要求。根据过渡带宽的指标要求可以得到所需要的滤波器长度：

$$N=\frac{6.6\pi}{2\pi\Delta f/f_s}=\frac{3.3\times 44\,100}{1\,400-600}\approx 182$$

选择滤波器系数偶对称、滤波器长度为奇数的 FIR 滤波器，所以将 N 调整为 $N=183$。

直接调用 fir1 函数生成滤波器的单位脉冲响应和幅频响应，如图 7-13 所示，满足设计指标要求。

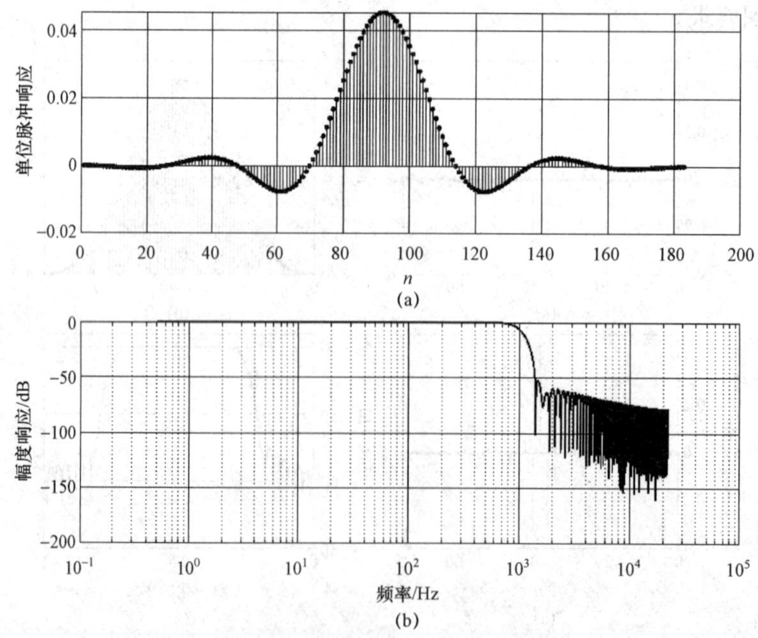

图 7-13　低通 FIR 滤波器设计结果（使用 fir1 函数）

（a）单位脉冲响应；（b）幅度响应

（2）根据通带波动和阻带衰减的指标要求，查询表 7-2，可得布莱克曼窗能满足要求。根据过渡带宽的指标要求可以得到所需要的滤波器长度：

$$N=\frac{11\pi}{2\pi\Delta f/f_s}=\frac{11\times 44\,100}{2\times(1\,200-800)}\approx 607$$

选择滤波器系数偶对称、滤波器长度为奇数的 FIR 滤波器，所以 $N=607$。

直接调用 fir1 函数生成滤波器的单位脉冲响应和幅频响应，如图 7-14 所示，满足设计指标要求。

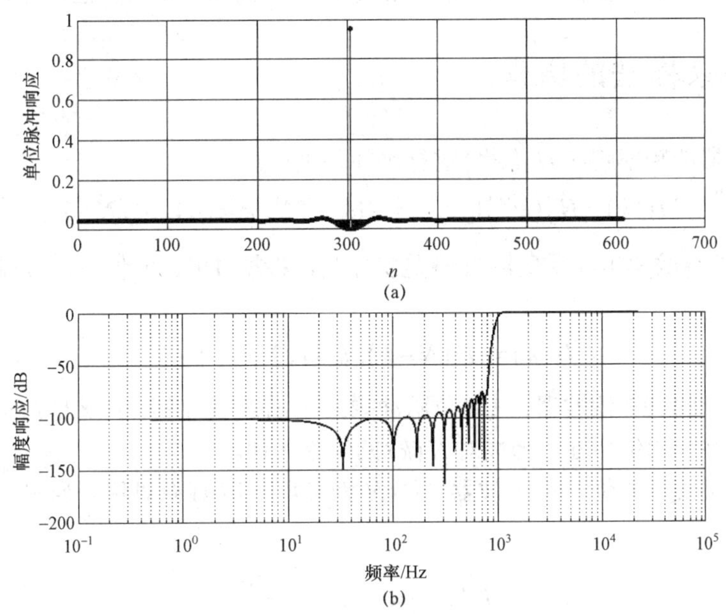

图 7-14　高通 FIR 滤波器设计结果（使用 fir1 函数）

（a）单位脉冲响应；（b）幅度响应

7.2.4　窗函数设计方法的评价

通过前面的理论分析和应用实例，可以总结出窗函数设计方法具有如下特点：

（1）设计过程非常简单，所需要的计算量很小。

（2）窗函数法设计出来的滤波器通常系数数目较多，导致滤波运算的效率较低。

（3）窗函数类型有限导致设计的灵活性不足，比如由于通带偏差和阻带偏差近似相等，有时使得窗函数无法同时满足通带起伏和阻带衰减的要求。

（4）窗函数法是一种时域设计方法，由于频域上的卷积效应，导致通带和阻带的边沿频率难以精确设计。

（5）对于任意的滤波器，理想的单位脉冲响应 $h_d(n)$ 难以计算，导致窗函数设计方法失效。

7.3　频率采样法设计 FIR 数字滤波器

窗函数法是通过对理想滤波器的单位脉冲响应进行加窗阶段来计算实际滤波器的系数的，时域截断的过程相当于理想滤波器的频率响应与窗函数频率响应的卷积，从而导致实际滤波器偏离理想的情况，产生通带、阻带波动和过渡带。

工程上，通常滤波器的性能指标是针对频域提出的，而窗函数法要迂回到时域进行设计过程，能否直接在频域进行滤波器设计从而避免窗函数法的缺点呢？本节介绍的频率采样法就是这样一种方法，它直接在频域对理想滤波器进行采样，然后利用 IDFT 计算滤波器的单位脉冲响应，因此，是一种在频域逼近理想滤波器的方法。

频率采样法的基本思想是：使所设计的 FIR 数字滤波器的频率特性在某些离散频率点上的值准确地等于所需滤波器在这些频率点处的值，在其他频率处的特性则有较好的逼近。

7.3.1 频率采样法的原理

对理想滤波器的频率响应 $H_d\left(e^{j\Omega}\right)$ 进行等间隔采样：

$$H(k)=H_d\left(e^{j\Omega}\right)|_{\Omega=2k\pi/N}=A(k)e^{j\varphi(k)},\ k=0,1,\cdots,N-1 \tag{7-22}$$

因为 $H(k)$ 的离散傅里叶反变换 $h(n)$ 是实序列，根据 DFT 的性质，$H(k)$ 满足共轭对称性，即：

$$H(k)=H^*(N-k),\ k=1,2,\cdots,N-1 \tag{7-23}$$

具有线性相位的 FIR 滤波器，其单位脉冲响应 $h(n)$ 是实序列，且满足 $h(n)=h(N-1-n)$，由此得到幅度特性和相位特性，形成对 $H(k)$ 的约束条件。

我们以第一类线性相位 FIR 滤波器（即 N 为奇数，$h(n)$ 偶对称）为例，看一看 $H(k)$ 需要满足的约束条件。

$$H\left(e^{j\Omega}\right)=A(\Omega)e^{-j\frac{N-1}{2}\Omega} \tag{7-24}$$

根据表 7-1 中第一类线性相位 FIR 滤波器的对称性得到：

$$A(k)=A(N-k),\ \varphi(k)=-\frac{(N-1)k\pi}{N},\ k=0,1,\cdots,N-1 \tag{7-25}$$

同样的方法，算出另外三种类型的线性相位 FIR 滤波器对幅度和相位的约束条件，结果在表 7-4 中列出。

表 7-4 频率采样法设计线性相位 FIR 滤波器对幅度和相位的约束条件

$h(n)$ 的对称性	N 的奇偶性	$A(k)$	$\varphi(k)$
偶对称 $h(n)=h(N-1-n)$	N 是奇数	$A(k)=A(N-k)$	$\varphi(k)=-\frac{(N-1)k\pi}{N}$
	N 是偶数	$A(k)=-A(N-k)$	$\varphi(k)=-\frac{(N-1)k\pi}{N}$
奇对称 $h(n)=-h(N-1-n)$	N 是奇数	$A(k)=-A(N-k)$	$\varphi(k)=\frac{\pi}{2}-\frac{(N-1)k\pi}{N}$
	N 是偶数	$A(k)=A(N-k)$	$\varphi(k)=\frac{\pi}{2}-\frac{(N-1)k\pi}{N}$

由 $h(n)$ 计算系统函数 $H(z)$ 和频率响应 $H\left(e^{j\Omega}\right)$：

$$H(z)=\sum_{n=0}^{N-1}h(n)z^{-n}=\sum_{n=0}^{N-1}\left[\frac{1}{N}\sum_{k=0}^{N-1}H(k)\mathrm{e}^{\mathrm{j}2\pi nk/N}\right]z^{-n}=\sum_{k=0}^{N-1}H(k)\varphi_k(z) \tag{7-26}$$

其中，$\varphi_k(z)=\dfrac{1}{N}\dfrac{1-z^{-N}}{1-W^{-k}z^{-1}}=\begin{cases}1, & z=W^{-k}\\ 0, & z=W^{-m}, m\neq k\end{cases}$，称为$H(z)$的内插函数。

$$H(\mathrm{e}^{\mathrm{j}\Omega})=H(z)|_{z=\mathrm{e}^{\mathrm{j}\Omega}}=\sum_{k=0}^{N-1}H(k)\varphi_k(\mathrm{e}^{\mathrm{j}\Omega}) \tag{7-27}$$

其中，$\varphi_k(\mathrm{e}^{\mathrm{j}\Omega})=\dfrac{1}{N}\dfrac{\sin(\Omega N/2)}{\sin[(\Omega-2\pi k/N)/2]}\mathrm{e}^{-\mathrm{j}\left(\frac{N-1}{2}\Omega+\frac{k\pi}{N}\right)}=\begin{cases}1, & \Omega=\dfrac{2\pi}{N}k\\ 0, & \Omega=\dfrac{2\pi}{N}m,\ m\neq k\end{cases}$，称为$H(\mathrm{e}^{\mathrm{j}\Omega})$的内插函数。

根据内插函数的特性得到频率采样法设计的滤波器的特点如图 7-15 所示。

（1）在采样频率上，实际滤波器和理想滤波器的幅度响应误差为零。

（2）在其余频率上的逼近误差取决于理想响应的形状；理想响应的轮廓越陡，逼近误差越大。

（3）靠近带的边缘误差大，在带内误差小。

（4）N增大，则采样点变密，逼近误差减小。

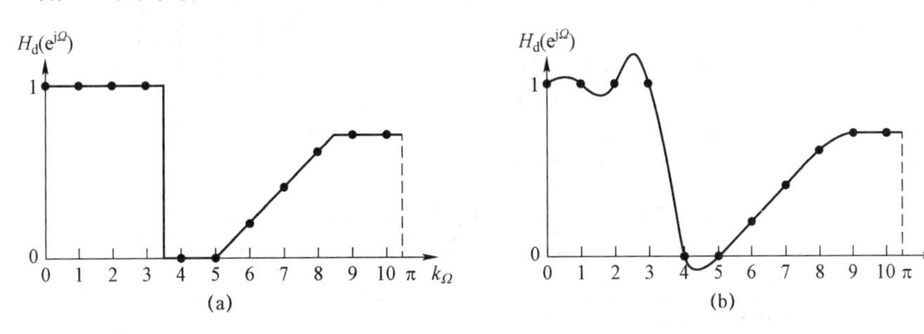

图 7-15 频率样本法的理想响应和逼近响应

（a）频率样本和理想响应；（b）频率样本和逼近响应

7.3.2 频率采样法设计 FIR 滤波器的步骤

频率采样法设计 FIR 滤波器的步骤如图 7-16 所示。

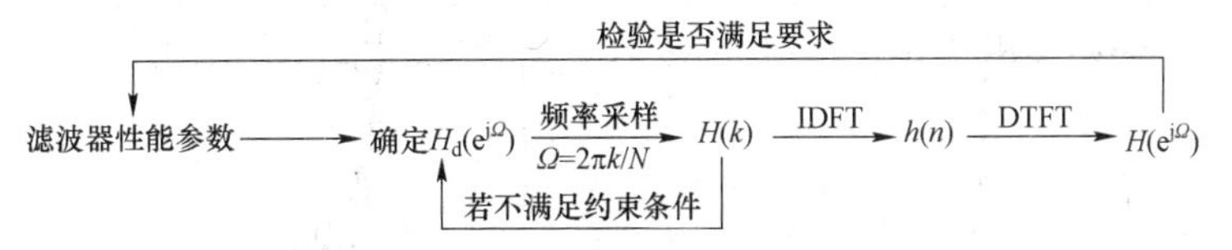

图 7-16 频率样本法的理想响应和逼近响应

（1）根据给定的滤波器性能参数，确定满足要求的理想滤波器的频率响应$H_\mathrm{d}(\mathrm{e}^{\mathrm{j}\Omega})$。

（2）对$H_\mathrm{d}(\mathrm{e}^{\mathrm{j}\Omega})$进行频域采样，得到$H(k)$。

（3）检查$H(k)$是否满足共轭对称条件及线性相位要求，若不满足要求，则需要修改$H_\mathrm{d}(\mathrm{e}^{\mathrm{j}\Omega})$，直到满足要求为止。

（4）计算 $H(k)$ 的 IDFT，得到滤波器系数 $h(n)$。

（5）由 $h(n)$ 计算实际滤波器的频率响应 $H(e^{j\Omega})$，与给定的滤波器性能参数做比较，若不满足要求，则重复上述过程，直到满足要求为止。

例 7－7：利用频率样本法设计线性相位低通滤波器，要求截止频率 $\Omega_c=\pi/3$，比较不同采样点数的影响。

按照频率样本法的设计步骤，利用 Matlab 软件将设计过程程序化，图 7－17 和图 7－18 分别给出了采样点数等于 15 和 65 时的频率样本、滤波器系数和幅度特性。

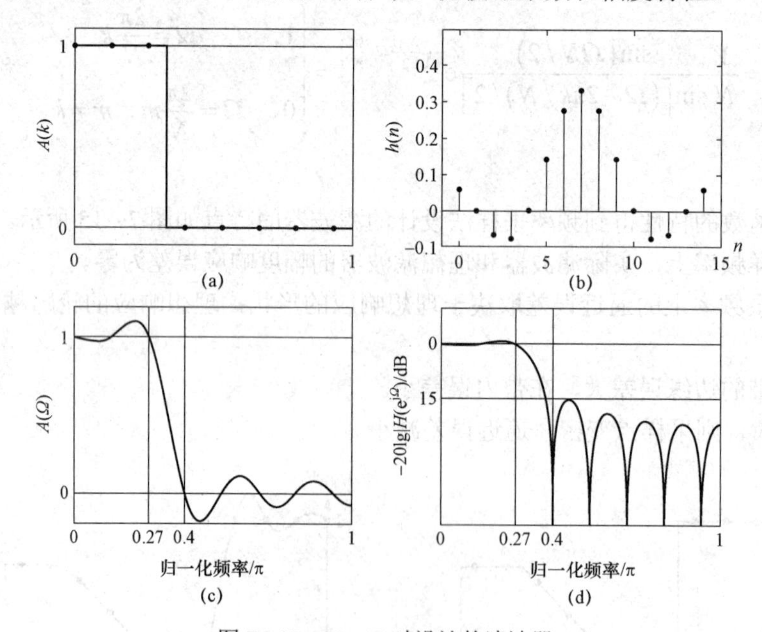

图 7－17　$N=15$ 时设计的滤波器

（a）频率样本；（b）脉冲响应；（c）幅度函数；（d）幅度响应

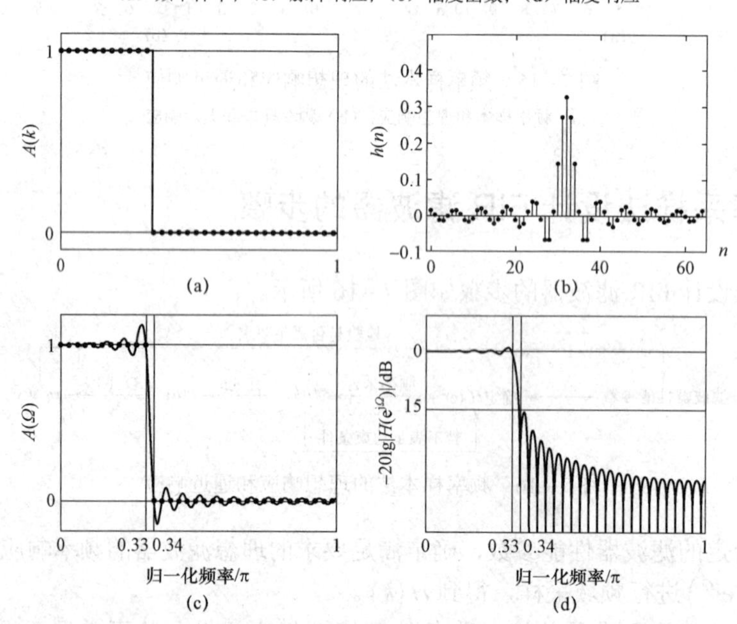

图 7－18　$N=65$ 时设计的滤波器

（a）频率样本；（b）脉冲响应；（c）幅度函数；（d）幅度响应

比较 $N=15$ 和 $N=65$ 的滤波器幅度响应可知：

（1）N 越大，特性越接近理想情况。

（2）N 越大，过渡带宽越小，但 R_p 和 A_s 没有改善。

（3）可见样本点处的幅度特性都等于给定值 1 或 0。

要想改善 R_p 和 A_s，最好在过渡带中加一个点，使过渡平缓。为了得到更大的衰减，必须增大 N，并且使过渡带中的样本成为自由样本，也就是说，可以改变它们的样本值，以便在给定的 N 和过渡带宽下得到最大的衰减。这个问题称为优化问题，利用线性规划技术可以解决它。若不想涉及优化的数学问题，也可以用试凑方法来解决，下面的例子可以说明改变过渡带样本值对设计的影响。

过渡带样本值取不同的值时，会得到不同的通带波动和阻带衰减，如图 7-19 所示。经过试凑（如表 7-5 所示），可知过渡带样本值取 0.38 时，得到最大的阻带衰减 44 dB。

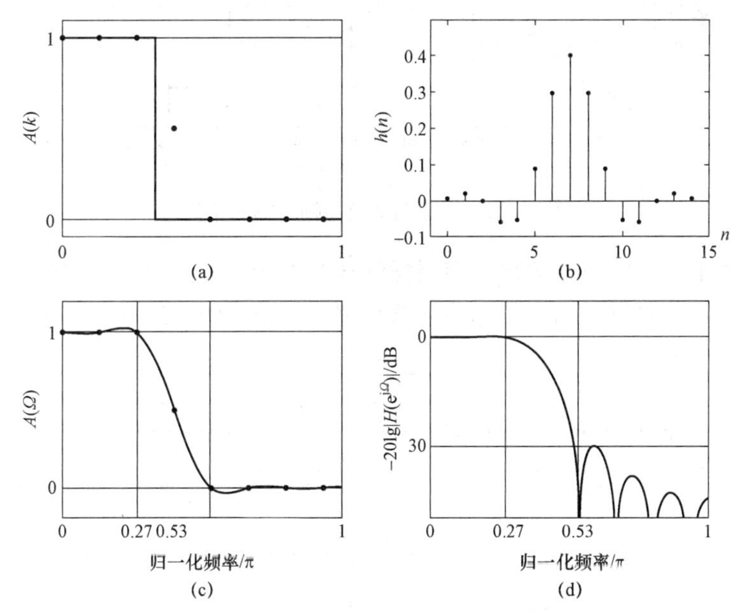

图 7-19　$N=15$、过渡带样本值取 0.5 时设计的滤波器

（a）频率样本；（b）脉冲响应；（c）幅度函数；（d）幅度响应

表 7-5　4 种类型的线性相位 FIR 滤波器

过渡带样本值	0.5	0.4	0.3	0.38
R_p/dB	0.385 4	0.646 7	0.905 9	0.698 7
A_s/dB	30	40	36	44

在信号处理工具箱中提供了频率样本法的设计函数 fir2。fir2 函数的一个很有用的功能是可以按指定频谱形状，生成滤波器的单位脉冲序列，它的标准调用格式为：

```
b=fir2(M, f, A, window);
```

其中：

b 为待设计的滤波器系数向量，其长度为 $N=M+1$。

M 为所选的滤波器阶数，为必选参数。

数组 f 和 A 给出它的预期频率响应：

f 为滤波器给定的边缘频率，单位为π，即 $0\leqslant f\leqslant 1$，$f=1$ 对应于采样频率的一半数。f 为必选参数。

A 为各指定频率上期望的幅度响应。A 和 f 的长度必须相等，为必选参数。

window 为选定的窗函数类型，为可选参数，缺省时使用哈明窗函数。

例 7-8：使用信号处理工具箱中的函数 fir2，设计线性相位滤波器，使满足图 7-20 所示的幅度响应特性。

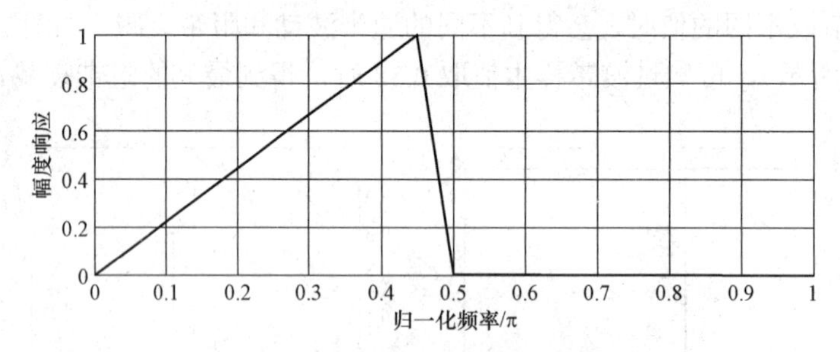

图 7-20　期望的滤波器幅度响应特性

选定滤波器的长度 $N=81$，采用频率采样法计算得到的滤波器系数和幅度响应如图 7-21 所示。与图 7-20 对比可以看出，实际滤波器与理想滤波器的逼近程度很好。

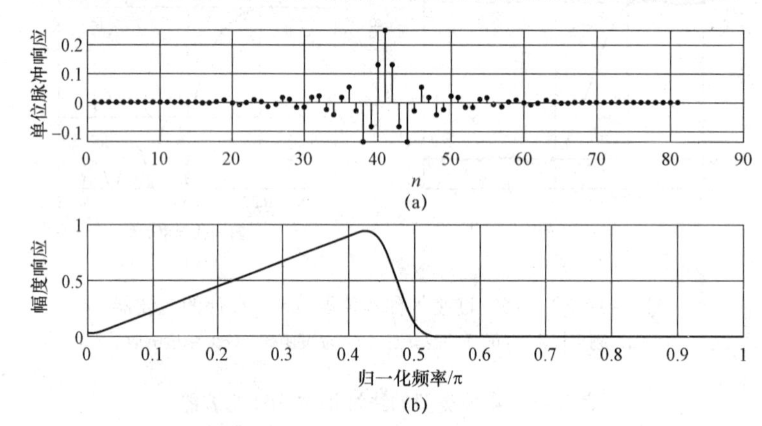

图 7-21　实际滤波器的单位脉冲响应和幅度响应特性

（a）滤波器系数；（b）实际的幅度响应

7.3.3　频率采样设计方法的评价

通过前面的理论分析和应用实例，可以总结出频率采样设计方法具有如下特点：

（1）直接从频域进行设计，物理概念清楚，直观方便。

（2）能够设计具有任意幅频响应的滤波器，适合于窄带滤波器设计，这时频率响应只有少数几个非零值。

（3）通带和阻带的边沿频率难以精确控制，一旦滤波器的长度确定之后，采样频率点就

完全确定了。频率取样点都局限在 $2\pi/N$ 的整数倍点上，充分加大 N，可以接近任何给定的频率，但计算量和复杂性增加。

（4）只能控制阻带衰减指标，无法控制通带波动。

7.4 IIR 滤波器与 FIR 滤波器的应用比较

IIR 滤波器与 FIR 滤波器的应用比较如表 7－6 所示。

表 7－6 IIR 滤波器与 FIR 滤波器的应用比较

	FIR	IIR
设计方法	一般无解析的设计公式，要借助计算机辅助设计程序完成	利用模拟滤波器的结果，可简单、有效地完成设计
设计结果	可得到幅频特性（可以多带）和线性相位（最大优点）	只能得到幅频特性，相频特性未知（一大缺点），如需要线性相位，须用全通网络校准，但增加滤波器阶数和复杂性
稳定性	极点全部在原点（永远稳定），无稳定性问题	有稳定性问题
阶数	高	低
结构	非递归系统	递归系统
运算误差	无反馈，运算误差小	有反馈，由于运算中的四舍五入会产生极限环
快速算法	可用 FFT 实现，减少运算量	无快速运算方法

7.5 本章内容的 Matlab 实现

7.5.1 滤波器的频率响应特性

```
clear all; clc;
b=[-1,2,4,2,-1]; a=1;                    % 滤波器系数
[H,w]=freqz(b,a);                        % 求频率响应特性
subplot(2,2,1),plot(w,abs(H))            % 求出并画出幅频特性
title('幅频特性')
grid on
subplot(2,2,3),plot(w,angle(H))          % 求出并画出幅频特性
title('相频特性')
grid on
A=-2*cos(2*w)+4*cos(w)+4;                % 求幅度特性
theta=-2*w;                              % 求线性相位特性
```

```
subplot(2,2,2),plot(w,A)                    % 画出幅度特性
title('幅度特性')
line([0,pi],[0,0]),grid on
subplot(2,2,4),plot(w,theta)                % 画出线性相位特性
title('线性相位特性')
grid on
set(gcf,'color','w');                       % 置图形背景色为白
```

7.5.2 4 种类型的线性相位 FIR 滤波器

```
clear all; clc;
h1 = [3, -1,2, -3,5, -3,2, -1,3];           % 类型Ⅰ的线性相位 FIR 滤波器系数
[A1,w1,typea,tao1] = amplres(h1,2);
subplot(2,2,1),plot(w1,A1),grid on
title('I 型线性相位 FIR 滤波器')
ylabel('A(\Omega)')
xlabel('\Omega')
h2 = [3, -1,2, -3, -3,2, -1,3];             % 类型Ⅱ的线性相位 FIR 滤波器系数
[A2,w2,typeb,tao2] = amplres(h2,2);
subplot(2,2,2),plot(w2,A2),grid on
title('II 型线性相位 FIR 滤波器')
ylabel('A(\Omega)')
xlabel('\Omega')
h3 = [3, -1,2, -3,0,3, -2,1, -3];           % 类型Ⅲ的线性相位 FIR 滤波器系数
[A3,w3,typec,tao3] = amplres(h3,2);
subplot(2,2,3),plot(w3,A3),grid on
title('III 型线性相位 FIR 滤波器')
ylabel('A(\Omega)')
xlabel('\Omega')
h4 = [3, -1,2, -3,3, -2,1, -3];             % 类型Ⅳ的线性相位 FIR 滤波器系数
[A4,w4,typed,tao4] = amplres(h4,2);
subplot(2,2,4),plot(w4,A4),grid on
title('IV 型线性相位 FIR 滤波器')
ylabel('A(\Omega)')
xlabel('\Omega')
set(gcf,'color','w');                       % 置图形背景色为白
```

7.5.3 矩形窗函数法的原理

```
clear all; clc;
```

```
wc=1;N=15;alpha=(N-1)/2;                              % 理想低通滤波器的频率特性参数
ns=-19;nf=29;n=[ns:nf]+1e-10;
hd=sin(n-alpha)./(n-alpha)/pi;                        % 理想低通滤波器的单位脉冲响应
subplot(3,2,1),stem(n,hd,'.'),ylabel('h_d(n)')
subplot(3,2,2),plot([-pi,-1,-1,1,1,pi],[0,0,1,1,0,0])   % 理想低通滤波器的频谱
ylabel('H_d(\Omega)')
win=[zeros(1,0-ns),ones(1,N),zeros(1,nf-N+1)];         % 矩形窗函数
subplot(3,2,3),stem(n,win,'.'),ylabel('w(n)')
w=[-1:0.01:1]*pi+1e-10;
Win=sin(0.5*N*w)./sin(0.5*w);                         % 矩形窗函数的频谱
subplot(3,2,4),plot(w,Win),ylabel('W(\Omega)')
h=seqmult(hd,n,win,n);                                % 实际滤波器的单位脉冲响应
subplot(3,2,5),stem(n,h,'.'),ylabel('h(n)')
N1=round(1/0.01/pi);
Hd=[zeros(1,100-N1),ones(1,2*N1+1),zeros(1,100-N1)];
H=conv(Hd,Win)/201;                                   % 实际滤波器的频谱
subplot(3,2,6),plot(w,H(floor(0.5*length(w):1.5*length(w)-1)));
ylabel('H(\Omega)')
set(gcf,'color','w')                                  % 置图形背景色为白
```

7.5.4 用哈明窗设计 FIR 低通滤波器

```
clear all;clc;
wp = 0.2*pi; ws = 0.3*pi; deltaw = ws - wp;           %过渡带宽Δω的计算
N0 = ceil(6.6*pi/deltaw);                             % 计算哈明窗的长度
N=N0+mod(N0+1,2);                                     % 确保其长度N为奇数
wdham = (hamming(N))';                                % 求窗函数
wc = (ws+wp)/2;                                       % 截止频率取两边平均值为截止频率
hd = ideallp(wc,N);                                   % 求理想脉冲响应
h = hd .* wdham;                                      % 设计的脉冲响应
[db,mag,pha,grd,w] = myfreqz(h,[1]);                  % 对设计结果进行检验
dw = 2*pi/1 000;
Rp = -(min(db(1:wp/dw+1)))                            % 检验通带波动
As=-round(max(findpeaks(db(fix(ws/dw)+1:501))))       % 检验最小阻带衰减
%绘图
n=0:N-1;
subplot(2,2,1); stem(n,hd,'.'); title('理想脉冲响应')
axis([0 N-1 -0.1 0.3]); ylabel('h_d(n)');text(N+1,-0.1,'n')
subplot(2,2,2); stem(n,wdham,'.');title('哈明窗')
axis([0 N-1 0 1.1]); ylabel('w(n)');text(N+1,0,'n')
```

```
subplot(2,2,3); stem(n,h,'.');title('实际脉冲响应')
axis([0 N-1  -0.1 0.3]); xlabel('n'); ylabel('h(n)')
subplot(2,2,4); plot(w/pi,db);title('幅度响应');grid
axis([0 1  -100 10]); xlabel('归一化频率(\pi)'); ylabel('H(\Omega)(dB)')
set(gca,'XTickMode','manual','XTick',[0,0.2,0.3,1])
set(gca,'YTickMode','manual','YTick',[-50,0])
set(gca,'YTickLabelMode','manual','YTickLabels',['50';' 0'])
set(gcf,'color','w');                                   % 置图形背景色为白
```

7.5.5 用凯塞窗设计 FIR 低通滤波器

```
clear all; clc;
wp = 0.2*pi; ws = 0.3*pi; As = 50;                      % 给定指标
deltaf= (ws  -  wp)/(2*pi);                             % 过渡带宽Δf的计算
N0 = ceil((As-7.95)/(14.36* deltaf)) + 1;               % 计算凯塞窗的长度
N=N0+mod(N0+1,2);                                       % 确保其长度N为奇数
beta = 0.110 2*(As-8.7)                                 % 计算凯塞窗的β值
wdkai = (kaiser(N,beta))';                              % 求凯塞窗函数
wc = (ws+wp)/2; hd = ideallp(wc,N);                     % 求理想脉冲响应
h = hd .* wdkai;                                        % 设计的脉冲响应
[db,mag,pha,grd,w] = myfreqz(h,[1]);                    % 对设计结果进行检验
dw = 2*pi/1 000;
Rp =  -(min(db(1:wp/dw+1)))                             % 检验通带波动
As=-round(max(findpeaks(db(fix(ws/dw)+1:501))))         % 检验最小阻带衰减
%绘图
n=0:N-1;
subplot(2,2,1); stem(n,hd,'.'); title('理想脉冲响应')
axis([0 N-1  -0.1 0.3]); ylabel('hd(n)');text(N+1,-0.1,'n')
subplot(2,2,2); stem(n,wdkai,'.');title('凯塞窗')
axis([0 N-1 0 1.1]);    ylabel('w(n)');text(N+1,0,'n')
subplot(2,2,3); stem(n,h,'.');title('实际脉冲响应')
axis([0 N-1  -0.1 0.3]); xlabel('n'); ylabel('h(n)')
subplot(2,2,4);plot(w/pi,db);title('幅度响应');grid
axis([0 1  -100 10]); xlabel('归一化频率(\pi)'); ylabel('H(\Omega)(dB)')
set(gca,'XTickMode','manual','XTick',[0,0.2,0.3,1])
set(gca,'YTickMode','manual','YTick',[-50,0])
set(gca,'YTickLabelMode','manual','YTickLabels',['50';' 0'])
set(gcf,'color','w');                                   % 置图形背景色为白
```

7.5.6 用布莱克曼窗设计 FIR 带通滤波器

```
ws1 = 0.2*pi; wp1 = 0.35*pi;                          % 给定指标
wp2 = 0.65*pi; ws2 = 0.8*pi;
As = 60;
deltaw = min((wp1 - ws1),(ws2 - wp2));                % 求两个过渡带中的小者
N0 = ceil(11*pi/deltaw);                              % 求滤波器应有长度N0
N = N0 + mod(N0 + 1,2);                  % 为了实现第一类偶对称滤波器，应使其长度N为奇数
wdbla = (blackman(N))';                               % 求窗函数
wc1 = (ws1 + wp1)/2; wc2 = (wp2 + ws2)/2;             % 截止频率取通带阻带边界频率的平均值
hd = ideallp(wc2,N) - ideallp(wc1,N);                 % 求带通滤波器理想脉冲响应
h = hd .* wdbla;                                      % 求实际滤波器脉冲响应及其系数向量
[db,mag,pha,grd,w] = myfreqz(h,[1]);                  % 检验设计出的滤波器的频率响应
dw = 2*pi/1 000;
Rp = -min(db(wp1/dw + 1:wp2/dw))                      % 实际的通带波动
% As = -round(max(db(ws2/dw + 1:501)))                % 最小阻带衰减
As = -round(max(findpeaks(db(fix(ws2/dw) + 1:501))))
% 画图
n = [0:N - 1];
subplot(2,2,1); stem(n,hd,'.'); title('理想脉冲响应')
axis([0 N - 1  -0.4 0.5]);   ylabel('h_d(n)');text(N + 1, -0.4,'n')
subplot(2,2,2); stem(n,wdbla,'.');title('布莱克曼窗')
axis([0 N - 1 0 1.1]); ylabel('w(n)');text(N + 1,0,'n')
subplot(2,2,3); stem(n,h,'.');title('实际脉冲响应')
axis([0 N - 1  -0.4 0.5]); xlabel('n'); ylabel('h(n)')
subplot(2,2,4);plot(w/pi,db);axis([0 1  -150 10]);
title('幅度响应');grid;
xlabel('归一化频率(\pi)'); ylabel('H(\Omega)(dB)')
set(gcf,'color','w');                                 % 置图形背景色为白
```

7.5.7 用频率采样法设计 FIR 低通滤波器

```
% N = input('N = (N必须为奇数)');
% wc = input('wc = ');
N = 65;
wc = pi/3;
N = N + mod(N + 1,2);
N1 = fix(wc/(2*pi/N));N2 = N - 2*N1 - 1;
A = [ones(1,N1 + 1),zeros(1,N2),ones(1,N1)];          % 幅度特性
```

```
theta = -pi*[0:N-1]*(N-1)/N;                          % 相位特性
H=A.*exp(j*theta);                                    % 频率特性
h=real(ifft(H));                                      % 求脉冲序列，去掉运算误差造成的虚部
wp1=2*pi/N*fix(wc/(2*pi/N));ws1=wp1+2*pi/N;
[db,mag,pha,grd,w]=myfreqz(h,[1]);                    % 检验设计出的滤波器的频率响应
[Ar,ww,type,L0]=amplres(h);                           % 检验设计出的滤波器的幅度特性
dw=2*pi/1 000;
Rp = -min(db(1:fix(wp1/dw)+1));                       % 实际的通带波动
%As = -round(max(db(fix(ws1/dw)+1:501)));             % 最小阻带衰减
As=-round(max(findpeaks(db(fix(ws1/dw)+1:501))));
l=0:N-1; wl=(2*pi/N)*l;                               % 由频率样本下标换成频率样本值
wdl=[0,wc,wc,2*pi-wc,2*pi-wc,2*pi]/pi;Adl=[1,1,0,0,1,1];
subplot(2,2,1);plot(wl(1:N)/pi,A(1:N),'.',wdl,Adl);
axis([0,1,-0.1,1.1]); title('频率样本')
xlabel(''); ylabel('A(k)')
set(gca,'XTickMode','manual','XTick',[0,1])
set(gca,'YTickMode','manual','YTick',[0,1]); grid
subplot(2,2,2); stem(l,h,'.'); axis([-1,N,-0.1,0.5])
title('脉冲响应');ylabel('h(n)');text(N+1,-0.1,'n')
subplot(2,2,3); plot(ww/pi,Ar,wl(1:N)/pi,A(1:N),'.');
axis([0,1,-0.2,1.2]); title('幅度响应')
xlabel('频率(\pi)'); ylabel('A(\Omega)')
set(gca,'XTickMode','manual','XTick',chop([0,wp1/pi,ws1/pi,1],2))
set(gca,'YTickMode','manual','YTick',[0,1]); grid
subplot(2,2,4);plot(w/pi,db); axis([0,1,-50,10]); grid
title('幅度响应'); xlabel('频率(\pi)');
ylabel('A(\Omega)(dB)');
set(gca,'XTickMode','manual','XTick',chop([0,wp1/pi,ws1/pi,1],2))
set(gca,'YTickMode','Manual','YTick',[-As;0]);
set(gca,'YTickLabelMode','manual','YTickLabels',[num2str(As);' 0'])
set(gcf,'color','w');                                 % 置图形背景色为白
```

7.5.8 用 fir2 函数计算 FIR 滤波器系数

```
clear all; close all;clc;
N=input('N=');
%N=81;                                                % 滤波器长度
f=[0,0.45,0.5,1];                                     % 期望滤波器的截止频率
A=[0,1,0,0];                                          % 指定频率点上的幅度响应
```

```
h = fir2(N - 1,f,A);                                % 计算实际滤波器系数
[H,w] = freqz(h,1);                                 % 计算实际滤波器频率响应
figure;
subplot(2,1,1);plot(f,A);grid;                      % 绘图，期望滤波器的幅频响应
xlabel('归一化频率(\pi)');ylabel('幅度响应');
figure;
subplot(2,1,1);stem(h,'.');grid;                    % 绘图，实际滤波器时域波形
xlabel('n');ylabel('单位脉冲响应');
subplot(2,1,2);plot(w/pi,abs(H));grid;              % 绘图，实际滤波器幅频响应
xlabel('归一化频率(\pi)');ylabel('幅度响应');
```

本章小结

FIR 滤波器在设计和实现上具有如下的优越性：① 相位响应可为严格的线性，对所有频率分量有固定的延时，因此，不存在相位失真；② 不存在稳定性问题，因此，设计相对简单；③ 只包含实数算法，不包含复数算法，不需要递推运算。

设计 FIR 滤波器的窗函数法和频率采样法分别从时域和频域逼近理想滤波器，设计过程都比较简单、直观。但它们存在共同的问题：一是无法精确控制通带截止频率 Ω_p 和阻带截止频率 Ω_s，只能设计完成之后，检查是否满足技术指标要求。二是通带偏差 δ_p 和阻带偏差 δ_s 不能同时确定，窗函数法中 $\delta_p = \delta_s$，而频率采样法则只能对 δ_s 进行控制。最优化方法能够解决上述问题。

习　题

1. 已知 $N=8$ 的 FIR 滤波器的 DTFT 为 $H\left(e^{j\Omega}\right)$，并且 $H(k)=H\left(e^{j\Omega}\right)\big|_{\Omega=\frac{2\pi}{N}k}=\{3,1,1,1,1,1,1,1\}$，$0\leqslant k\leqslant 7$，判断该 FIR 滤波器是否具有线性相位。

2. $F(z)=1+2z^{-1}+3z^{-2}$ 是满足线性相位 FIR 滤波器系统函数 $H(z)$ 的一个因子，求满足条件的最低阶的 $H(z)$。

3. 限定滤波器长度为偶数，能否设计出线性相位 FIR 带阻滤波器。若能，给出一个实例；若不能，说明理由。

4. 限定滤波器系数为偶对称且长度为偶数，能否设计出线性相位 FIR 高通滤波器。若能，给出一个实例；若不能，说明理由。

5. 某 FIR 滤波器的单位脉冲响应如图 7–22 所示，求：

（1）滤波器的频率响应、幅度函数和相位函数。

（2）判断滤波器是否为线性相位，并说明依据；若为线性相位 FIR 滤波器，画出线性相位型结构。

（3）判断滤波器是否为因果系统，是否稳定，说明依据。

（4）判断滤波器为何种类型的数字滤波器（低通、高通、带通、带阻），并说明依据。

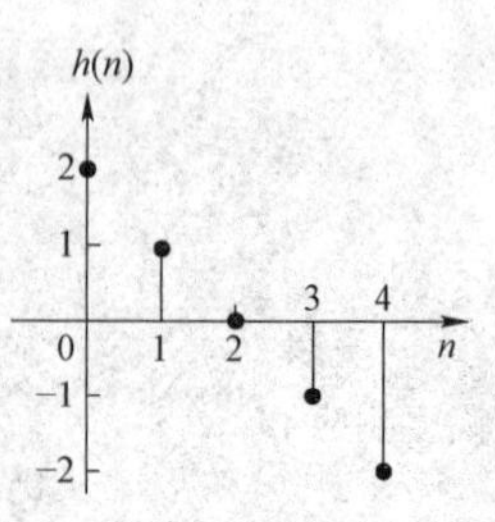

图 7-22　某 FIR 滤波器的单位脉冲响应

6. 已知线性相位 FIR 滤波器的系统函数 $H(z)=3-2z^{-1}+0.5z^{-2}-0.5z^{-4}+2z^{-5}-3z^{-6}$，画出直接型和线性相位型结构，判断滤波器的类型（低通、高通、带通、带阻），并说明依据。

7. 已知 FIR 滤波器的系统函数 $H(z)=\left(1-0.25z^{-1}\right)\left(1+6z^{-1}\right)\left(1-4z^{-1}\right)\left(1+\dfrac{1}{6}z^{-1}\right)\left(1-z^{-1}\right)$，画出直接型和级联型结构。

8. 使用 Matlab 函数 fir1，设计线性相位 FIR 低通滤波器。技术指标要求为：截止频率为 1 000 Hz，过渡带为 600～1 400 Hz，通带波动为 0.02 dB，阻带衰减为 50 dB，采样频率为 44.1 kHz。

9. 使用 Matlab 函数 fir1，设计线性相位 FIR 高通滤波器。技术指标要求为：截止频率为 1 000 Hz，过渡带为 800～1 200 Hz，通带波动为 0.005 dB，阻带衰减为 60 dB，采样频率为 44.1 kHz。

10. 选择凯塞窗函数设计一个线性相位 FIR 带通滤波器，技术指标要求为：$\Omega_{1s}=0.2\pi$，$\Omega_{1p}=0.35\pi$，$\Omega_{2p}=0.65\pi$，$\Omega_{2s}=0.8\pi$，$A_s=60$ dB，$R_p=1$ dB。

11. 用矩形窗设计线性相位带通滤波器 $H_d\left(e^{j\Omega}\right)=\begin{cases}e^{-j\Omega\alpha}, & \left|\Omega-\Omega_0\right|\leqslant\Omega_c\\0, & 其他\end{cases}$。

（1）计算 N 为奇数时的 $h(n)$；

（2）计算 N 为偶数时的 $h(n)$；

（3）若改用哈明窗设计，写出以上两种 $h(n)$ 的表达式。

12. 如果需要设计 FIR 低通滤波器，其性能要求为：阻带的衰减大于 35 dB，过渡带宽度小于π/6。选择合适的窗函数，并确定滤波器的最小长度。

13. 低通滤波器的技术指标为：$\Omega_p=0.2\pi$，$\Omega_s=0.3\pi$，$\delta_p=\delta_s=0.001$。选择合适的窗函数设计满足这些技术指标的线性相位 FIR 滤波器，确定窗函数的类型、长度和滤波器系数。

第8章

数字信号处理应用与实现

8.0 引　　言

自然界中存在的各种各样的信息可以通过传感器转换为电信号，例如声音、语言和音乐可以通过传声器（如话筒）转换成音频信号；人体器官的运动信息（如心电、脑电、血压和血流）可转换成不同类型的生物医学信号；机器运转产生的一些物理变化（如温度、压力、转速、振动和噪声等）可用不同类型的传感器转换成对应于各种物理量的电信号；在人造卫星上用遥感技术可得到地面上的地形、地貌，甚至农田水利和各种建筑设施的信息；雷达、声呐能探测远方飞机和潜艇的距离、方位和运行速度等信息。总之，在现代社会里，信息和信号无处不在。本章介绍数字信号处理的应用和常用的处理平台，并用一个详细的案例介绍了数字信号处理的过程。

8.1　数字信号处理应用

数字信号处理技术作为一门处理信号的学科，利用计算机或专用处理设备，对信号进行采集、变换、滤波、估值、增强、压缩、识别等处理，以得到符合人们需要的信号形式，在现代科技发展中发挥着极其重要的作用。数字信号处理技术在语音处理，雷达声呐、地震、图像、通信、控制、生物医学、遥感遥测、地质勘探、航空航天、故障检测、自动化仪表等领域都发挥着重要的作用。

经过多年的发展，数字信号处理技术已经成为在信息化时代里的一门非常重要的技术，深刻地影响着人民生活、经济建设、国防建设等方面，如图8-1所示。

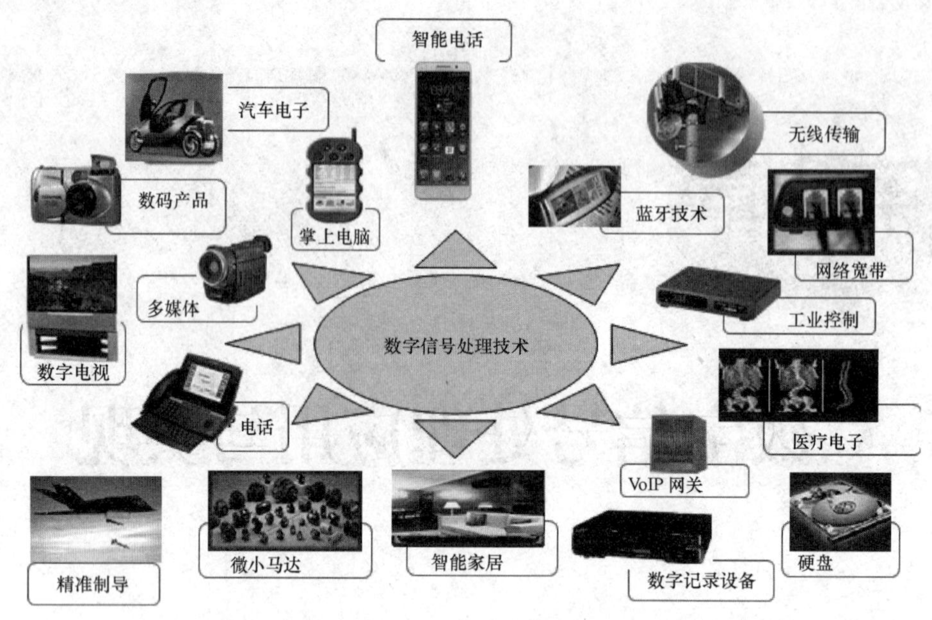

图 8-1　数字信号处理技术的应用

8.2　常用数字信号处理平台简介

数字信号处理技术的算法可以在计算机软件上实现，也可以在计算机、单片机等硬件平台上实现。数字信号处理系统可以是个硬件设备也可以是软件程序，现实信号既有模拟信号也有数字信号，因此实际应用中数字信号处理系统可表示为如图 8-2 所示。下面简单介绍几款常用的数字信号处理平台。

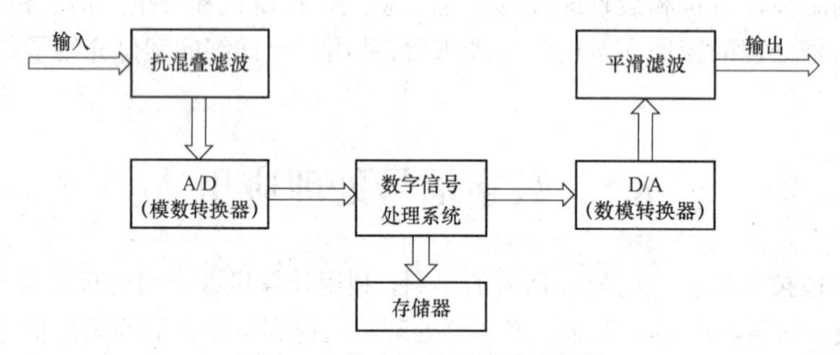

图 8-2　数字信号处理系统框图

8.2.1　Matlab 软件集成开发平台

Matlab 是 Matrix & Laboratory 两个词的组合，意为矩阵实验室，是由美国 MathWorks 公司发布的主要面对科学计算、可视化以及交互式程序设计的高科技计算环境。它将数值分析、矩阵计算、科学数据可视化以及非线性动态系统的建模和仿真等诸多强大功能集成在一个易于使用的视窗环境中，为科学研究、工程设计以及必须进行有效数值计算的众多科学领域提供了一种全面的解决方案。Matlab 软件具有高效的数值计算及符号计算功能，拥有 600 多个工程中常用的数学运算函数，针对许多专门领域都开发了功能强大的模块集和工具箱，可以方便地实现用户所需的各种计算功能。Matlab 编程语言是一个高级的矩阵、阵列语言，语法简单，符合科技人员对数学表达式的书写格式。它具有完备的图形处理功能，实现计算结果和编程的可视化，友好的用户界面及接近数学表达式的自然化语言，易于学习和掌握。

在数学类科技应用软件中 Matlab 与 Mathematica、Maple 并称三大数学软件，Matlab 在数值计算方面首屈一指。它可以进行矩阵运算、绘制函数和数据、实现算法、创建用户界面、连接其他编程语言的程序等，主要应用于工程计算、控制设计、信号处理与通信、图像处理、信号检测、金融建模设计与分析等领域。Matlab 的工具箱示例如图 8－3 所示。

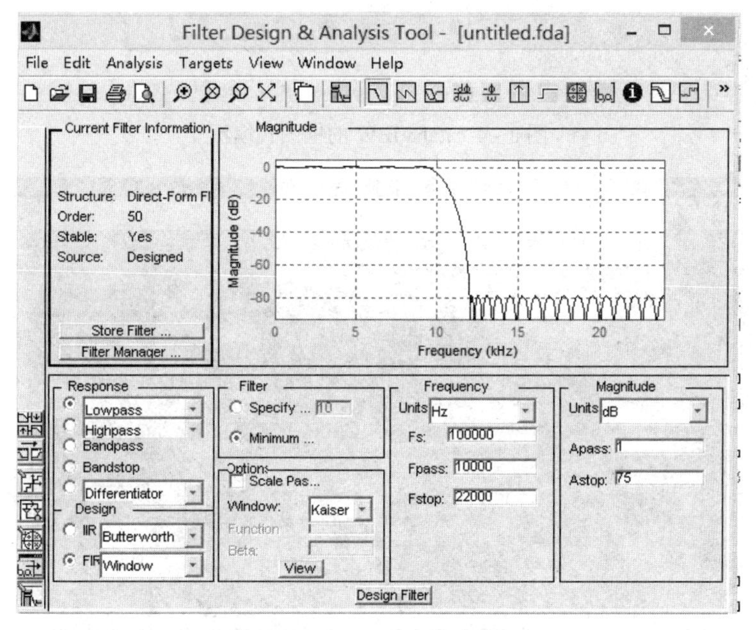

图 8－3 Matlab 的工具箱示例

8.2.2 LabVIEW 软件集成开发平台

LabVIEW（Laboratory Virtual Instrument Engineering Workbench）是由美国国家仪器（NI）公司研发的一种图形化的编程语言开发环境。与其他编程语言不同的是，LabVIEW 采用的是图形化编辑语言——G 语言编写程序，这种语言利用研发人员所熟悉的术语、图标和概念构成编程的元素，使用流图或框图方式辅以少量代码进行编程，产生的程序是框图的形式。

LabVIEW 集成了满足 GPIB、VXI、RS-232 和 RS－485 协议的硬件及数据采集卡通信的全部功能，它还内置了便于应用 TCP/IP、ActiveX 等软件标准的库函数，集成了各种适用于测试测量领域的 LabVIEW 工具包及专门用于控制领域的模块。因此，LabVIEW 在测试测量、控制等领域有着非常广泛的应用，特别适合进行仪器系统的模拟、仿真、原型设计等工作，其图形化的界面使得编程过程变得生动有趣。LabVIEW 的框图式编程截图如图 8－4 所示，LabVIEW 的仪表模型设计如图 8－5 所示。

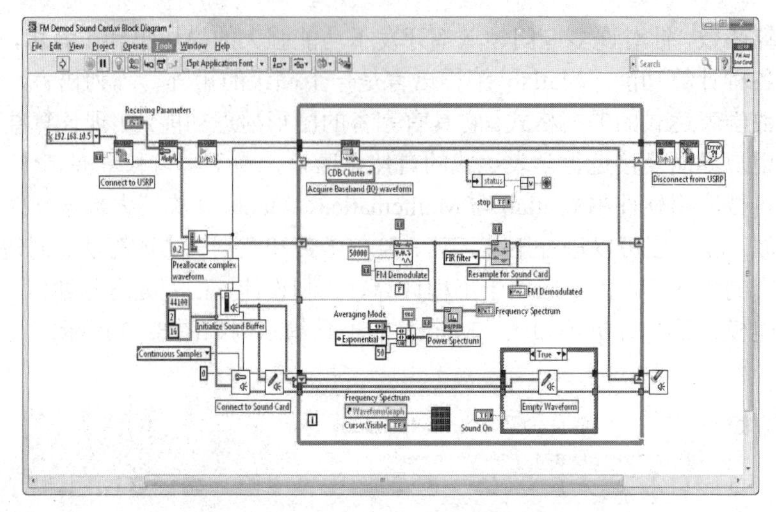

图 8－4　LabVIEW 的框图式编程

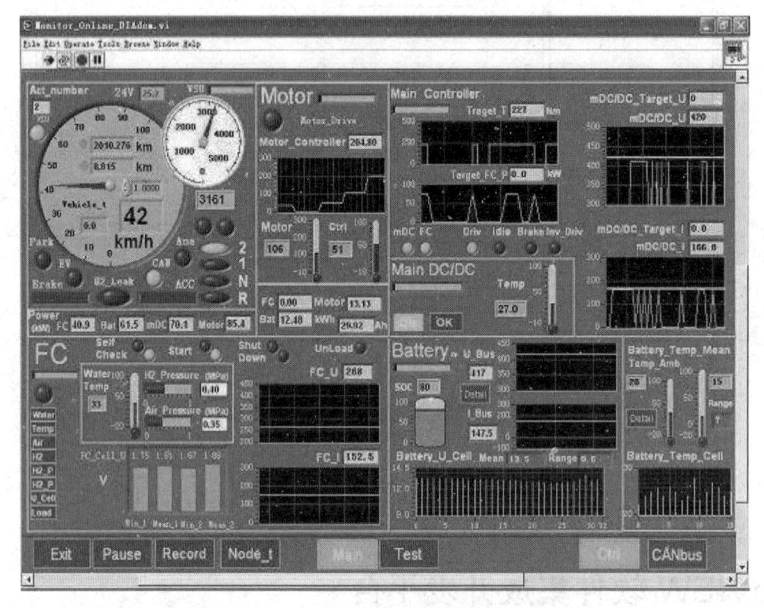

图 8－5　LabVIEW 的仪表模型设计

8.2.3　Python 软件开发平台

Python 是近几年比较受欢迎的程序设计语言之一，它是一种动态的、面向对象的脚本语言，最初被设计用于编写自动化脚本（shell）。20 世纪 90 年代初 Python 语言诞生至今，它具有开源性、可移植性、易学易用等优点。Python 功能强大，拥有丰富的扩展库，可以轻易完成各种高级任务，众多开源的科学计算软件包都提供了 Python 的调用接口。Python 语言及其众多的扩展库所构成的开发环境十分适合开发人员处理大量数据、制作图表，甚至开发科学计算应用，目前 Python 语言在游戏编程、串口通信、图像处理、机器人控制、AI、自然语言分析等领域有重要应用。随着大数据时代的到来，Python 软件开发平台必将发挥更大的作用，其编程界面如图 8－6 所示。

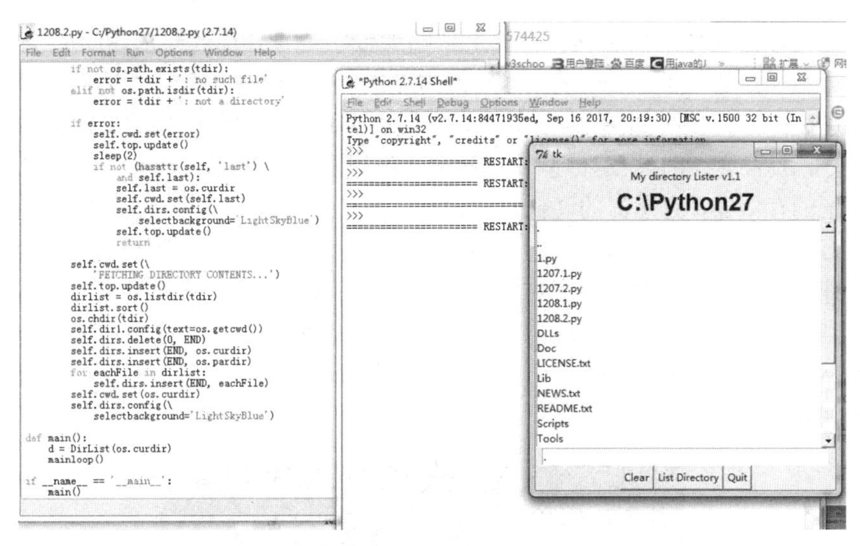

图 8－6　Python 编程界面

8.2.4　单片机处理器

单片机（Microcontrollers）是一种采用超大规模集成电路技术把具有数据处理能力的 CPU、RAM、ROM、多种 I/O 口和中断系统、定时器/计数器、多种功能的串行和并行 I/O 口等功能集成到一块硅片的微型计算机系统，其开发板如图 8－7 所示。单片机具有位处理能力，强调控制和事务处理功能，开发环境完备，开发工具齐全，应用资料众多，非常适合初学者学习硬件开发。单片机价格低廉，在中、低成本控制领域具有优势，在如智能仪表、实时工控、通信设备、导航系统、家用电器等领域得到广泛应用。

图 8－7　单片机开发板

8.2.5　数字信号处理器（DSP 芯片）

数字信号处理器（Digital Signal Processor，DSP）是专门针对数字信号处理应用而设计的微处理器，在处理器硬件结构和软件设计上都贴近数字信号处理的要求，DSP 器件内置高速的硬件乘法器和加法器，可以在一个机器周期内完成一次乘加运算，极大地提高了数字信号处理算法运算速度，其开发板如图 8-8 所示。它提供了高度专业化的指令集，集成了数字信号处理算法指令，提高了 FFT 快速傅里叶变换和滤波器的运算速度。与单片机相比，DSP 器件具有更大容量的存储器，更丰富的硬件资源，具有更高速的数据运算能力，实时运行速度可达每秒数以千万条复杂指令程序，远远超过通用微处理器。此外，DSP 器件提供 JTAG 接口，具有更先进的开发手段，批量生产测试更方便，开发工具可实现全空间透明仿真，不占用用户任何资源。在当今的数字化时代背景下，DSP 器件是数字信号处理领域最重要的硬件开发平台之一，已成为通信、计算机、航空航天、自动控制、消费类电子产品等领域的基础器件。基于 DSP 的数码相机系统如图 8-9 所示。

图 8-8　DSP 开发板

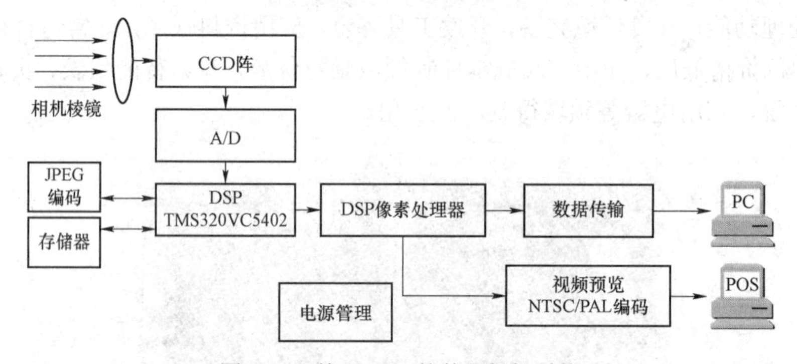

图 8-9　基于 DSP 的数码相机系统

8.3　基于 DSP 平台的信号滤波处理实例

自然界或实际工作环境中采集到的信号往往混杂噪声，信号处理中极为重要的工作就是滤除信号中的噪声，凸显有用信号便于后续进行信息提取。

本节详细介绍基于美国 TI 公司的 DSP 处理器 TMSC320 5416 上实现语音信号去噪处理技术。首先根据待处理的信号的特点，确定滤波器的功能和技术指标，并利用 Matlab 编程软件设计该滤波器的系数等参数，然后根据滤波器的系数等参数在 DSP 平台上编程实现滤波器系统，最后将受高频噪声“污染”的语音信号导入滤波器系统中去除高频部分，系统框图如图 8-10 所示。

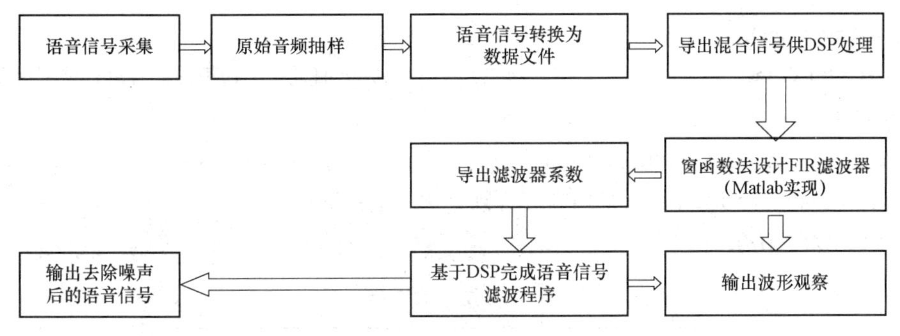

图 8－10 基于 DSP 语音处理程序框图

8.3.1 语音信号处理

1. 语音信号采集

利用声音采集设备以及声音采集软件可以方便地进行声音采集，这些软件自动完成语音信号的模/数转换，并保存为标准声音格式。

如将话筒插入计算机的语音输入插口上，启动 2010 超级音频录音机，如图 8－11 所示。按下录音按钮，接着对话筒录音，录音结束后以文件名“w0”保存入 Matlab 当前工作路径中。可以看到，文件存储器的后缀默认为.wav，这是 Windows 操作系统规定的声音文件保存的标准。

图 8－11 语音采集

2. 语音信号的时域和频域分析

在 Matlab 软件平台下可以利用函数 wavread 对语音信号进行采样，得到的声音数据用变量 x 表示，对 x 进行傅里叶变换，观察其频谱如图 8－12 所示，可见原始语言信号的频域分量多集中在 0～5 000 Hz 范围内，在原始信号中加上噪声信号 noise4，频率为 15 000 Hz 和 25 000 Hz 叠加的正弦信号图如图 8－13 所示。其程序如下：

```
[x,Fs,bits]=wavread('C:\Users\SPURMIKY\Desktop\music.wav',1024);
x=x(:,1);
m=length(x);
y=fft(x,m);
f=(Fs/m)*[1:m];                                    % 对应点的频率
t=[1:m]/Fs;                                        % 时间
figure(1);
subplot(211);plot(t,x);title('原始信号波形');xlabel('时间/s');
subplot(212);plot(f,abs(y));title('原始信号频谱');xlabel('频率/Hz');

noise4=1.5*sin(2*pi*15000*t)+2*sin(2*pi*25000*t);  % 噪声
X4=x+noise4';                                      % 加了高频噪声的信号
```

```
%sound(X4,Fs);
Y41 = fft(X4,m);                                   % 对加了高频噪声的信号进行傅里叶变换
figure(2);
subplot(211);plot(t,X4);title('加了高频噪声的信号时域图');xlabel(时间/s');
subplot(212);plot(f,abs(Y41));title('加了高频噪声的信号频谱图');
xlabel('频率/Hz');
```

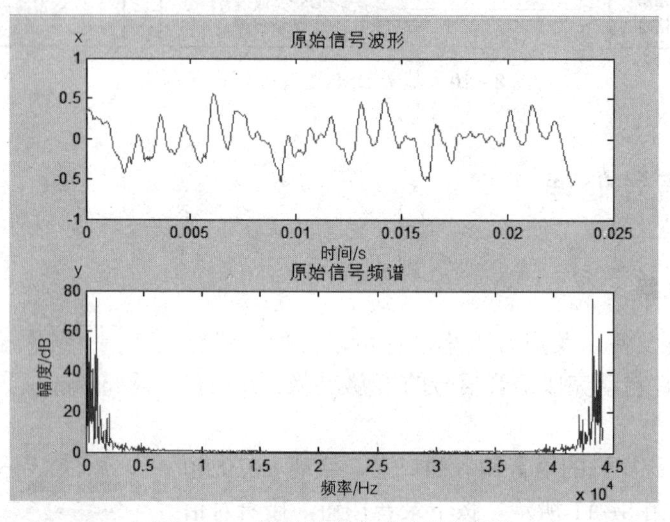

图 8－12　原始语音信号波形和频谱

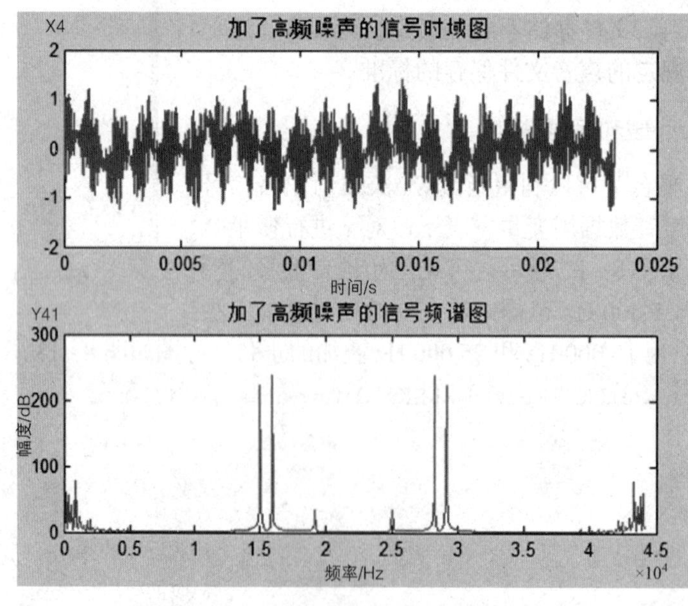

图 8－13　混入高频噪声的语音信号波形和频谱

8.3.2　基于 Matlab 平台设计 FIR 滤波器

根据待处理信号的频域特性，设计具有低通特性的 FIR 滤波器，选取滤波器的性能参数

指标为：采样频率 f_s = 100 000 Hz，通带截止频率 f_p = 10 000 Hz，阻带最小衰减为 75 dB，采用窗函数法来设计 FIR 滤波器，窗函数选用凯塞窗。

Matlab 中有强大的信号处理工具箱，提供了滤波器设计函数 fir1 可以设计标准幅频特性的滤波器，fir2 可以设计任意幅频特性的滤波器，同时也提供可图形界面设计滤波器的工具包 FDATool。下面分别介绍这两种方法。

1. 用函数设计 FIR 滤波器

利用 Matlab 软件中的滤波器设计函数 fir1、fir2 即可轻松获得具有标准和任意幅频特性的滤波器（具体参数可见 Matlab 帮助手册），从而得到 FIR 滤波器的系数和阶数 M。

```
fp = 10 000;                              % 通带截止频率 10 kHz
fs = 22 000;                              % 阻带截止频率 22 kHz
rs = 75;                                  % 阻带最小衰减 75 dB
F = 100 000;
wp = 2*pi*fp/F;
ws = 2*pi*fs/F;
Bt = ws - wp;                             % 过渡带宽度
alph = 0.112*(rs - 8.7);                  % 凯塞窗的控制参数
M = ceil((rs - 8)/2.285/Bt);              % 滤波器的阶数
wc = (wp + ws)/2/pi;                      % 3dB 通带截止频率
hn = fir1(M,wc,kaiser(M + 1,alph));       % 求得 h(n)
figure(3);
freqz(hn,1);
x4get = filter(hn,1,X4);sound(x4get,Fs);
Y4get = fft(x4get,m);
figure(4);
subplot(211);plot(t,x4get);
title('加了高通噪声的信号滤波后时域图');xlabel('时间/s');
subplot(212);plot(f,abs(Y4get));
titlc('加了高通噪声的信号滤波后频谱图');
xlabel('频率/Hz');
```

可以得到一个 40 阶的低通滤波器频域波形图如图 8-14 所示，其加了高频噪声的信号滤波后时域、频域图如图 8-15 所示。

2. 用滤波器图形工具设计 FIR 滤波器

在 Matlab 左下角单击 Start→ToolBoxs→Filter Design→Filter Design & Analysis Tool 命令，会出现如图 8-16 所示的窗口界面。然后，根据滤波要求设置滤波器类型、通带截止频率、指定阶数、采样频率等。指定完设计参数后单击按钮“Design Filter”，生成滤波器系数，其生成窗口如图 8-17 所示。

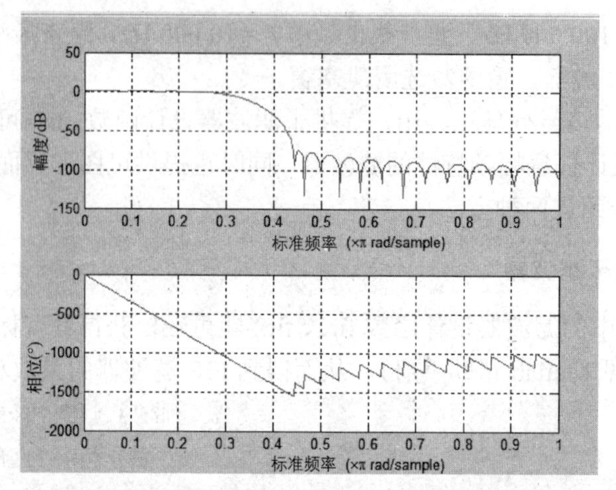

图 8－14　FIR 低通滤波器频谱

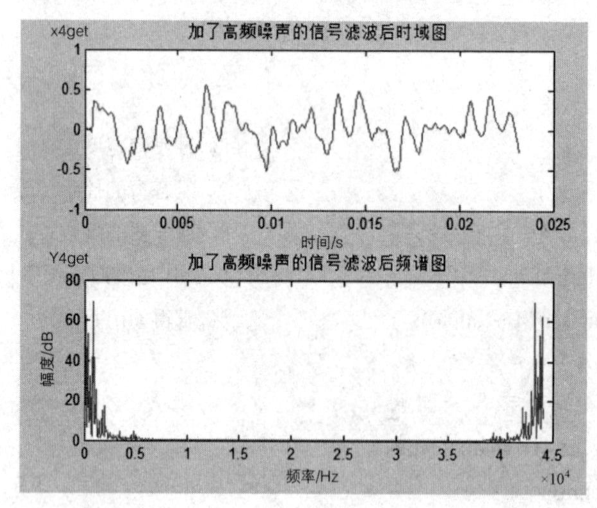

图 8－15　信号滤波器后时域图和频域图

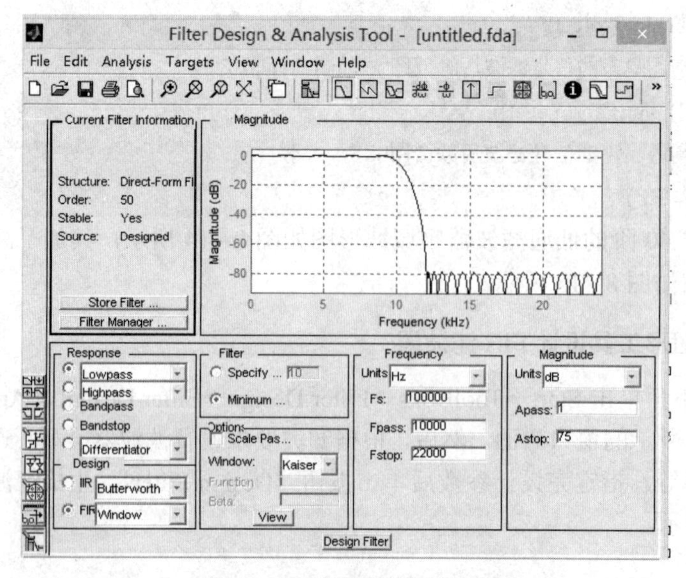

图 8－16　滤波器设计窗口

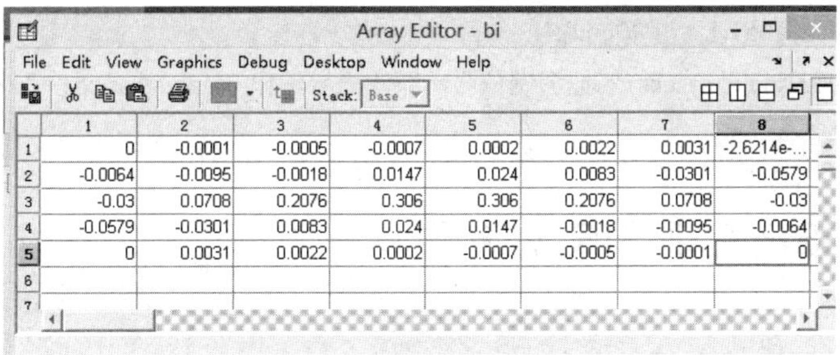

图 8－17　滤波器生成窗口

最后将把生成的滤波器系数传到目标 DSP。选择菜单 Targets→Export to Code Composer Studio（tm）IDE，打开“Export to C Header File”对话框，选择“C header file”，填写变量名（滤波器阶数和系数向量）、输出数据类型等，目标板板号和处理器号等信息，如图 8－18 所示。

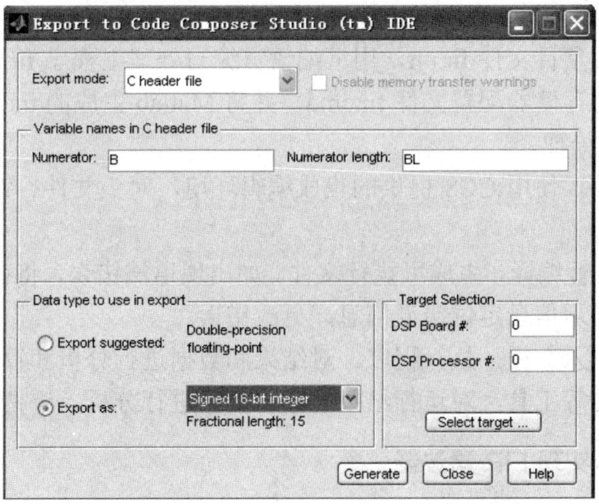

图 8－18　滤波器系数导出窗口

3. 将语音信号转换为数据文件

DSP 处理器不能直接处理.wav 格式数据，需要用软件或编程将语音文件格式转换成 DSP 处理器可以识别的数据文件格式。

```
;xout=X4/max(X4);
xto_ccs=round(32 767*xout);
%TMS32054X 是 16 位定点处理器，在进行汇编程序设计时，FIR 滤波器系数需要采用 Q15 格式
myfile1=fopen('indata1.dat','w');%新建
fprintf(myfile1,'1651 1 e5 1 12c\n');
fprintf(myfile1,'%d\n',xto_ccs);%把调制信号+原始信号输出 indata.dat 文件
fclose(myfile1);
xo=x/max(x);
xt_ccs=round(32767*xo);
%TMS32054X 是 16 位定点处理器，在进行汇编程序设计时，FIR 滤波器系数需要采用 Q15 格式
myfile2=fopen('orgdata.dat','w');%新建
```

```
fprintf(myfile2,'1651 1 e5 1 12c\n');
fprintf(myfile2,'%d\n',xt_ccs);%把调制信号+原始信号输出 orgdata.dat 文件
fclose(myfile2);
```

8.3.3 基于 DSP 实现 FIR 滤波器

1. DSP 集成编程环境介绍

CCS（Code Composer Studio）是一种针对 DSP 的集成开发环境，在 Windows 操作系统下，采用图形接口界面，提供环境配置、源文件编辑、程序调试、跟踪和分析等工具，提供了配置、建立、调试、跟踪和分析程序的工具，从而完成编辑、编译、链接、调试和数据分析等工作。

在 CCS 中编写汇编语言程序，进行调试，实现 FIR 滤波的功能。本课程设计使用 CCS 开发应用程序的步骤为：

（1）创建一个工程项目文件 fir.pjt，用汇编语言编写处理主程序 fir.asm。另外根据板上的存储器配置方式，编写存储器配置文件 fir.cmd。并将 Matlab 生成的 indata.dat 文件通过“data load”输入程序并进行处理。

（2）编辑各类文件。使用 CCS 提供的集成编辑环境，对头文件、链接命令文件和源程序进行编辑。

（3）对工程项目进行编译，生成可执行文件。如出现语法错误，将在构建窗口中显示错误信息。用户可以根据显示信息定位错误信息，更改错误。

（4）下载程序、输入数据，执行程序，对结果和数据进行分析和算法评估。利用 CCS 提供的探测点、图形显示等工具，对运行结果、输出数据进行分析，评估算法性能。

2. 基于 DSP 平台实现 FIR 滤波器

用 DSP 平台实现低通 FIR 滤波器，就是编程实现的下列差分方程的算法。

$$y(n)=\sum_{k=0}^{40} b_k x(n-k)$$

求 n 时刻系统滤波后的输出 $y(n)$，即将输入信号 $x(n)$、$x(n-1)$、…、$x(n-40)$ 与滤波器系数 b_{40}、b_{39}、…、b_0 相乘，再将结果相加，以此类推。若要输出 $n+1$ 时刻系统滤波后的输出 $y(n+1)$，将输入信号 $x(n+1)$、$x(n)$、$x(n-1)$、…、$x(n-39)$ 与滤波器系数 b_{40}、b_{39}、…、b_0 相乘，结果相加，依此类推，将所有输入信号样本处理完毕。

为了节约存储单元，采用循环缓冲区法来实现信号的存储和读取，循环缓冲区法的原理如图 8-19 所示。

循环缓冲区法的特点如下：

（1）对于 N 级 FIR 滤波器，在数据存储器中开辟一个 N 单元的缓冲区（滑窗），用来存放最新的 N 个输入样本。

（2）按输入时间顺序，从最新样本到最旧数据顺序开始取数，每取一个样本数据，将该样本数与滤波器相应系数相乘，并与前一样本计算的计算结果相加。

（3）读完最后一个样本（最旧样本）后，输入最新样本来代替最旧样本，而其他数据位置不变。

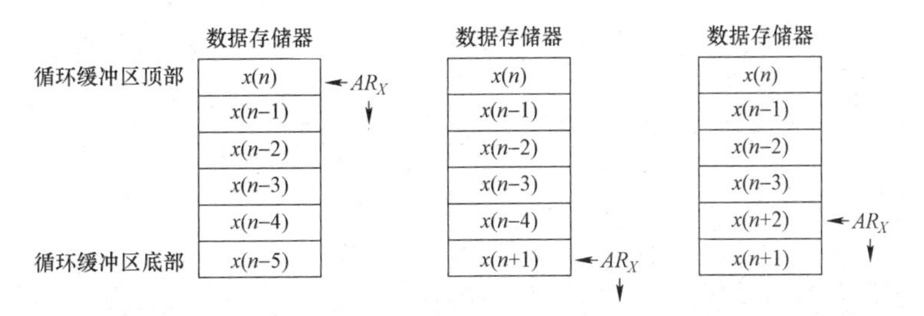

图 8－19　循环缓冲区法的原理

主要程序如下：

```
stm     #40,bk                  ;缓冲区大小 40
stm     #1023,brc               ;块重复 1 024 次
stm     #xn+39,ar2              ;AR2 指向第 x(n)一个输入 x(n-40)
stm     #bi+39,ar3              ;AR3 指向 bi 第一个输入 b40
stm     #-1,ar0                 ;AR0 赋值-1
ld      #0,a                    ;累加器清零
rptb    loop-1                  ;块程序重复大小
rptz    a,#39
mac     *ar2+0%,*ar3+0%,a       ;计算一个输出 a=
sth     a,@yn                   ;暂时保存输出
mvkd    @yn,*ar5+               ;将 y(n)一次保存到 out 数据存储段
mvdd    *ar4+,*ar2+0%           ;读进一个输入
loop:   nop
b       loop                    ;死循环
```

3. 软件仿真验证

打开 CCS IDE 中 file 的 data 加载初始化 data 数据，在 Address 中输入数据存放的起始地址 firin，并设置数据栈长度。运行程序，查看输入输出波形，修改相应参数进行调试。在 View 的 Graph 中单击 Time/frequency 出现“graph property dialog”框。将显示类型、图形名称、起始地址、抽样点数、数据类型等，分别进行设置，输出各种波形。将“Display Type”改为“FFT Magnitude”就可以看到滤波前信号的频谱，将“Start Address”改为“firout”就可以看到滤波后信号的时域波形和频谱。各类波形如图 8－20～图 8－25 所示。

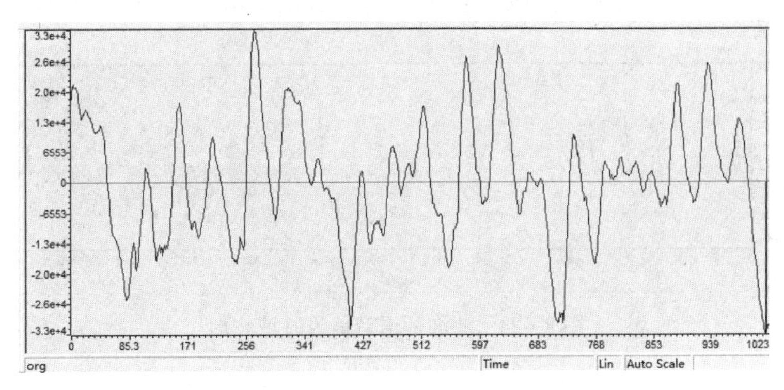

图 8－20　原始语音信号时域波形

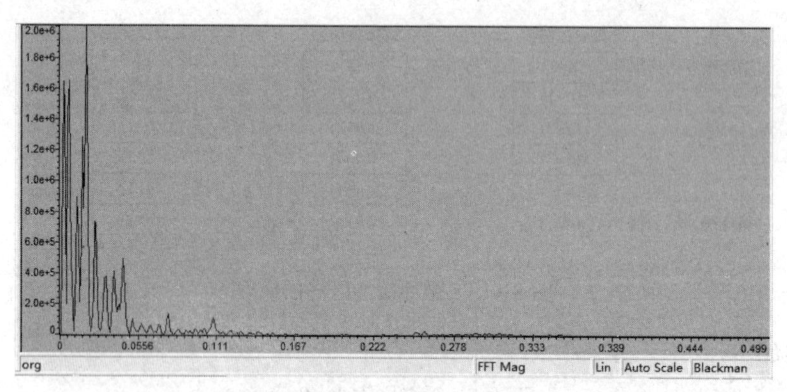

图 8－21　原始语音信号频域波形

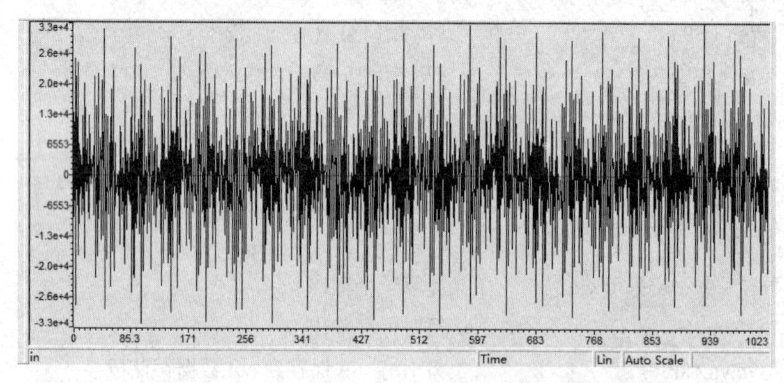

图 8－22　加高频噪声后的语音信号时域波形

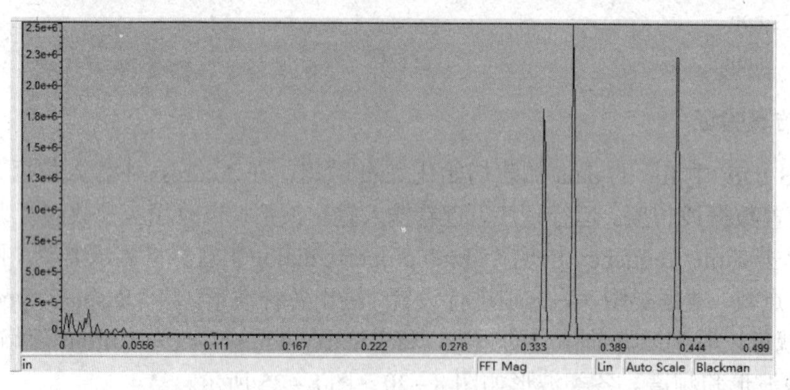

图 8－23　加高频噪声后的语音信号频域波形

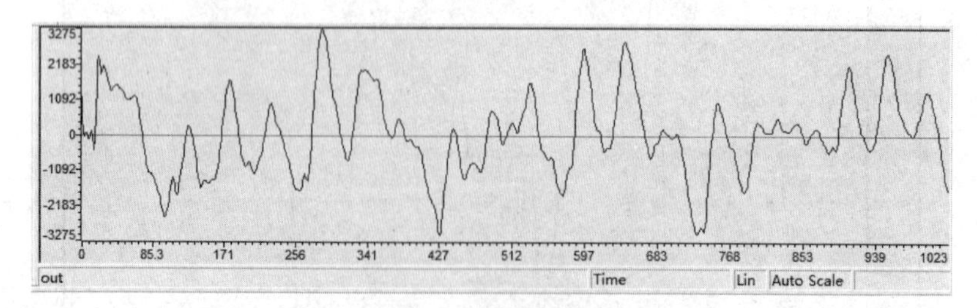

图 8－24　滤波后语音信号时域波形

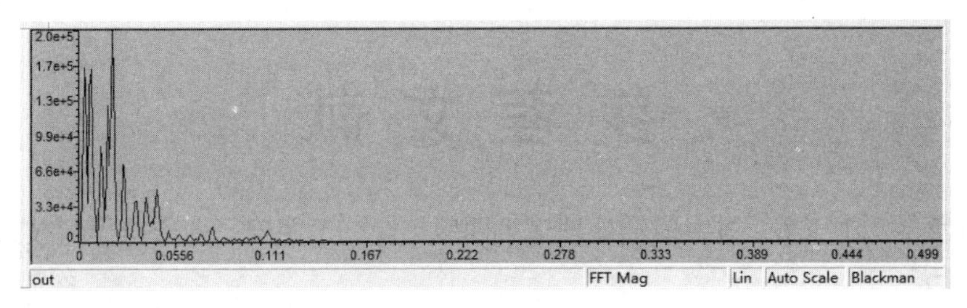

图 8－25　滤波后语音信号频域波形

滤波前混有噪声的信号的时域波形变化剧烈，声音刺耳，滤波后信号的时域波形变化更平滑，从信号的频域波形图中可见，在滤波后输入信号的高频部分全部被滤去，CCS 的仿真结果基本上和 Matlab 的仿真结果一样。语音信号能量向低频部分集中，信号时域变化较之前平缓，语音信号变得更加低沉一些。

本章小结

随着计算机和信息技术的飞速发展，数字信号处理技术在人们生活、经济建设、国防建设等方面发挥着越来越重要的作用。本章介绍了常用的数字信号处理开发软硬件平台，并详细地阐述了基于 DSP 的语音处理系统的设计过程。

习　题

1. 当前最新的数字信号处理技术有哪些？这些技术在本专业技术领域中有哪些运用？

2. 结合当前的信息技术发展和生活中的观察，说一说人们对数字信号处理有哪些新的要求？

3. 数字信号处理技术还有哪些运用？请举具体案例。

4. 结合数字信号处理知识，参考本章所举数字信号处理案例，试描述一项数字信号处理技术具体应用的设计过程。

参 考 文 献

[1] 高西全，丁玉美. 数字信号处理（第四版）[M]. 西安：西安电子科技大学出版社，2016.

[2] [美] A. V. Oppenheim，等. 信号与系统 [M]. 刘树裳，译. 西安：西安电子科技大学出版社，2001.

[3] 胡广书. 数字信号处理——理论、算法与实现 [M]. 北京：清华大学出版社，1998.

[4] 张莉，陈迎春. 数字信号处理学习指导与题解 [M]. 西安：西安电子科技大学出版社，2011.

[5] 宋知用. Matlab 数字信号处理 85 个使用案例精讲——入门到进阶 [M]. 北京：北京航空航天大学出版社，2016.

[6] Proakis J G，Manolakis D G. 数字信号处理——原理、算法与应用 [M]. 第四版. 方艳梅，刘永清，等，译. 北京：电子工业出版社，2014.

[7] 程佩青. 数字信号处理教程 [M]. 第四版. 北京，清华大学出版社，2013.

[8] 高西全，丁玉美. 数字信号处理学习指导 [M]. 第 2 版. 西安：西安电子科技大学出版社，2001.

[9] [美] Proakis J G，Manolakis D G. 数字信号处理——原理、算法与应用 [M]. 张晓林，译. 北京：电子工业出版社，2004.

[10] 陈后金. 数字信号处理 [M]. 北京：高等教育出版社，2004.

[11] 王嘉梅. 基于 MATLAB 的数字信号处理与实践开发 [M]. 西安：西安电子科技大学出版社，2007.

[12] 吴镇扬. 数字信号处理 [M]. 第三版. 北京：高等教育出版社，2016.

[13] [美] 亚瑟·B·威廉姆斯. 模拟滤波器与电路设计手册 [M]. 路秋生，译. 北京：电子工业出版社，2015.

[14] [美] A. V. Oppenheim，等. 离散时间信号处理 [M]. 第二版. 刘树棠，译. 西安：西安交通大学出版社，2001.